亚热带建筑科学国家重点实验室 华南理工大学建筑历史文化研究中心 资助
国家自然科学基金资助项目「中国古代城市规划、设计的哲理、学说及历史经验研究」（项目号 50678070）
国家自然科学基金资助项目「中国古城水系营建的学说及历史经验研究」（项目号 51278197）
亚热带建筑科学国家重点实验室开放基金资助项目「景观建筑在古粤西的建构方略与活化研究」（项目号 2017ZB07）
国家自然科学基金资助项目「西南文化锋面城市历史建筑由基型到原型的现象及演变分析——以柳州为例」（项目号 51208528）

中国城市营建史研究书系

吴庆洲 主编

柳州城市发展及其形态演进（唐—民国）

Liuzhou Urban Development and Morphological Evolution (Tang－Republic of China)

何丽 著

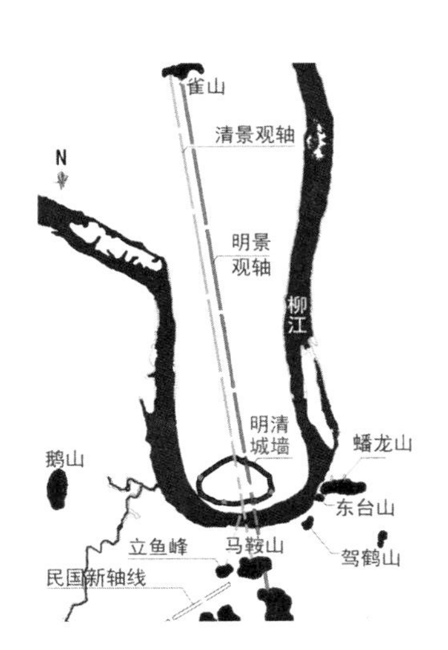

中国建筑工业出版社

图书在版编目（CIP）数据

柳州城市发展及其形态演进（唐—民国）/ 何丽著. —北京：中国建筑工业出版社，2018.5
（中国城市营建史研究书系）
ISBN 978-7-112-22007-6

Ⅰ.①柳… Ⅱ.①何… Ⅲ.①城市建设—城市史—柳州—唐代—民国 Ⅳ.① TU984.267.3

中国版本图书馆CIP数据核字（2018）第058397号

责任编辑：付 娇 兰丽婷
责任校对：张 颖

中国城市营建史研究书系 吴庆洲 主编
柳州城市发展及其形态演进（唐—民国）
何 丽 著
*
中国建筑工业出版社出版、发行（北京海淀三里河路9号）
各地新华书店、建筑书店经销
北京京点图文设计有限公司制版
北京中科印刷有限公司印刷
*
开本：787×1092毫米 1/16 印张：17¼ 字数：323千字
2018年9月第一版 2018年9月第一次印刷
定价：78.00元
ISBN 978-7-112-22007-6
（31880）

总序　迎接中国城市营建史研究之春天

吴庆洲

本文是中国建筑工业出版社于2010年出版的“中国城市营建史研究书系”的总序。笔者希望借此机会，讨论中国城市营建史研究的学科特点、研究方法、研究内容和研究特色等若干问题，以推动中国城市营建史研究的进一步发展。

一、关于“营建”

“营建”是经营、建造之谓，包含了从筹划、经始到兴造、缮修、管理的完整过程，正是建筑史学中关于城市历史研究的经典范畴，故本书系以“城市营建史”称之。在古代汉语文献中，国家、城市、建筑的构建都常使用营建一词，其所指不仅是建造，也同时有形而上的意涵。

中国城市营建史研究的主要学科基础是建筑学、城市规划学、考古学和历史学，以往建筑史学中有“城市建设史”、“城市发展史”、“城市规划史”等称谓，各有关注的角度和不同的侧重。城市营建史是城市史学研究体系的子系统，不能离开城市史学的整体视野。

二、国际城市史研究及中国城市史研究概况

城市史学的形成期十分漫长。在城市史被学科化之前，已经有许多关于城市历史的研究了，无论是从历史的视角还是社会、政治、文学等其他视角，这些研究往往与城市的集中兴起、快速发展或危机有关。

古希腊的城邦和中世纪晚期意大利的城市复兴分别造就了那个时代关于城市的学术讨论，现代意义上的城市学则源自工业革命之后的城市发展高潮。一般认为，西方的城市史学最早出现于20世纪20年代的美国芝加哥等地，与城市社会学渊源颇深。[1]第二次世界大战后，欧美地区的社会史、城市史、地方史等有了进一步发展。但城市史学作为现代意义上的历史学的一个分支学科，是在20世纪60年代才出现的。著名的城市理论家刘易斯·芒福德（Lewis Mumford，1895—1990）著《城市发展史——起源、演变和前景》即成书于1961年。现在，芒福德、本奈沃洛（Leonardo

[1]　罗澍伟．中国城市史研究述要[J]. 城市史研究，1988，1.

Benevolo，1923—）、科斯托夫（Spiro Kostof，1936—1991）等城市史家的著作均已有中文译本。据统计，国外有关城市史著作20世纪60年代按每年度平均计算突破了500种，70年代中期为1000种，1982年已达到1400种。[1]此外，海外关于中国城市的研究也日益受到重视，施坚雅（G.William Skinner，1923—2008）主编的《中华帝国晚期的城市》、罗威廉（William Rowe，1931—）的汉口城市史研究、申茨（Alfred Schinz，1919—）的中国古代城镇规划研究、赵冈（1929—）的经济制度史视角下的城市发展史研究、夏南悉（Nancy Shatzman-Steinhardt）的中国古代都城研究以及朱剑飞、王笛和其他学者关于北京、上海、广州、佛山、成都、扬州等地的城市史研究已经逐渐为国内学界熟悉。仅据史明正著《西文中国城市史论著要目》统计，至2000年11月，以外文撰写的中国城市史有论著200多部篇。

中国古代建造了许多伟大的城市，在很长的时间里，辉煌的中国城市是外国人难以想象也十分向往的"光明之城"。中国古代有诸多关于城市历史的著述，形成了相应的城市理论体系。现代意义上的中国城市史研究始于20世纪30年代。刘敦桢先生的《汉长安城与未央宫》发表于1932年《中国营造学社汇刊》第3卷3期，开国内城市史研究之先河。中国城市史研究的热潮出现在20世纪80年代以后，应该说，这与中国的快速城市化进程不无关系。许多著作纷纷问世，至今已有数百种，初步建立了具有自身学术特色的中国城市史研究体系。这些研究建立在不同的学术基础上，历史学、地理学、经济学、人类学、水利学和建筑学等一级学科领域内，相当多的学者关注城市史的研究。城市史论著较为集中地来自历史地理、经济史、社会史、文化史、建筑史、考古学、水利史、人类学等学科，代表性的作者如侯仁之（1911—2013）、史念海（1912—2001）、杨宽（1914—2005）、韩大成（1924—）、隗瀛涛（1930—2007）、皮明庥（1931—）、郭湖生（1931—2008）、马先醒（1936—）、傅崇兰（1940—）等先生。因著作数量较多，恕不一一列举。

由20世纪80年代起，到2010年，研究中国城市史的中外著作，加上各大学城市史博士学位论文，估计总量应达500部以上。一个研究中国城市史的热潮正在形成。

近年来城市史学研究中一个引人注目的现象就是对空间的日益重视——无论是形态空间还是社会空间，而空间研究正是城市营建史的传统领域，营建史学者们在空间上的长期探索已经在方法上形成了深厚的积淀。

[1] 近代重庆史课题组．近代中国城市史研究的意义、内容及线索．载天津社会科学院历史研究所、天津城市科学研究会主办．城市史研究．第5辑．天津：天津教育出版社，1991.

三、中国城市营建史研究的回顾

城市营建史研究在方法和内容上不能脱离一般城市史学的基本框架，但更加偏重形式制度、城市规划与设计体系、形态原理与历史变迁、建造过程、工程技术、建设管理等方面。以往的中国城市营建史研究主要由建筑学者、考古学者和历史学者来完成，亦有较多来自社会学者、人类学者、经济史学者、地理学者和艺术史学者等的贡献，学科之间融合的趋势日渐明显。

虽然刘敦桢先生早在1932年发表了《汉长安城与未央宫》，但相对于中国传统建筑的研究而言，中国城市营建史的起步较晚。同济大学董鉴泓教授主编的《中国城市建设史》1961年完成初稿，后来补充修改成二稿、三稿，阮仪三参加了大部分资料收集及插图绘制工作，1982年由中国建筑工业出版社出版，是系统讨论中国城市营建史的填补空白之作，也是城市规划专业的教科书。我本人教过城市建设史，用的就是董先生主编的书。后来该书又不断修订、增补，内容更加丰富、完善。

郭湖生先生在城市史研究上建树颇丰，在《建筑师》上发表了中华古代都城小史系列论文，1997年结集为《中华古都——中国古代城市史论文集》（台北：空间出版社）。曹汛先生评价：

“郭先生从八十年代开始勤力于城市史研究，自己最注重地方城市制度、宫城与皇城、古代城市的工程技术等三个方面。发表的重要论文有《子城制度》、《台城考》、《魏晋南北朝至隋唐宫室制度沿革——兼论日本平城京的宫室制度》等三篇，都发表在日本的重头书刊上。”[1]

贺业钜先生于1986年发表了《中国古代城市规划史论丛》，1996年出版的《中国古代城市规划史》是另一本重要著作，对中国古代城市规划的制度进行了较深入细致的研究。

吴良镛先生一直关注中国城市史的研究，英文专著《中国古代城市史纲》1985年在联邦德国塞尔大学出版社出版，他还关注近代南通城市史的研究。

华南理工大学建筑学科对城市史的研究始于龙庆忠（非了）先生，龙先生1983年发表的《古番禺城的发展史》是广州城市历史研究的经典文献。

其实，建筑与城市规划学者关注和研究城市史的人越来越多，以上只是提到几位老一辈的著名学者。至于中青年学者，由于人数较多，难以一一列举。

华南理工大学建筑历史与理论博士点自20世纪80年代起就开始培养

[1] 曹汛．伤悼郭湖生先生[J]．建筑师，2008，6：104-107.

城市史和城市防灾研究的博士生，龙先生培养的五个博士中，有四位的博士论文为城市史研究：吴庆洲《中国古代城市防洪研究》（1987），沈亚虹《潮州古城规划设计研究》（1987），郑力鹏《福州城市发展史研究》（1991），张春阳的《肇庆古城研究》（1992）。龙先生倡导在城市史研究中重视城市防灾（其实质是重视城市营建与自然地理、百姓安危的关系）、重视工程技术和管理技术在城市营建过程中的作用、重视从古代的城市营建中获取能为今日所用的经验与启迪。

龙老开创的重防灾、重技术、重古为今用的特色，为其学生们所继承和发扬。陆元鼎教授、刘管平教授、邓其生教授、肖大威教授、程建军教授和笔者所指导的博士中，不乏研究城市史者，至2010年9月，完成的有关城市营建史的博士学位论文已有20多篇。

四、中国城市营建史研究的理论与方法

诚如许多学者所注意到的，近年以来，有关中国城市营建史的研究取得了长足的进展，既有基于传统研究方法的整理和积累，也从其他学科和海外引入了一些新的理论、方法，一些新的技术也被引入到城市史研究中。笔者完全同意何一民先生的看法：城市史研究已经逐渐成为与历史学、社会学、经济学、地理学等学科密切联系而又具有相对独立性的一门新学科。[1]

笔者认为，中国城市营建史的研究虽然面临着方法的极大丰富，但仍应注意立足于稳固的研究基础。关于方法，笔者有如下的体会：

1. 系统学方法

系统学的研究对象是各类系统。“系统”一词来自古代希腊语“systεmα”，是指若干要素以一定结构形式联结构成的具有某种功能的有机整体。现代系统思想作为一种对事物整体及整体中各部分进行全面考察的思想，是由美籍奥地利生物学家贝塔朗菲（Ludwig Von Bertalanffy，1901—1972）提出的。系统论的核心思想是系统的整体观念。

钱学森先生在1990年提出的“开放的复杂巨系统”（Open Complex Giant System）理论中，根据组成系统的元素和元素种类的多少以及它们之间关联的复杂程度，将系统分为简单系统和巨系统两大类。还原论等传统研究方法无法处理复杂的系统关系，从定性到定量的综合集成法（meta-synthesis）才是处理开放、复杂巨系统的唯一正确的方法。这个研究方法具有以下特点：（1）把定量研究和定性研究有机结合起来；（2）把科学技术方法和经验知识结合起来；（3）把多种学科结合起来进行交叉

[1] 何一民.近代中国衰落城市研究[M].成都：巴蜀书社，2007：14.

研究；（4）把宏观研究和微观研究结合起来。[1]

城市是一个开放的复杂巨系统，不是细节的堆积。

2. 多学科交叉的方法

中国城市营建史不只是城市规划史、形态史、建筑史，其研究涉及建筑学、城市规划学、水利学、地理学、水文学、天文学、宗教学、神话学、军事学、哲学、社会学、经济学、人类学、灾害学等多种学科，只有多学科的交叉，多角度的考察，才可能取得好的成果，靠近真实的城市历史。

3. 田野与文献不能偏废，应采用实地调查与查阅历史文献相结合、考古发掘成果与历史文献的记载进行印证相结合、广泛的调查考察与深入细致的案例分析相结合的方法。

4. 比较研究

和许多领域的研究一样，比较研究在城市史中是有效的方法。诸如中西城市，沿海与内地城市，不同地域、不同时期、不同民族的城市的比较研究，往往能发现问题，显现特色。

5. 借鉴西方理论和方法应考虑是否适用中国国情

中国城市营建史的研究可以借鉴西方一些理论和方法，诸如形态学、类型学、人类学、新史学的理论和方法等。但不宜生搬硬套，应考虑其是否适用于中国国情。任放先生所言极有见地：

“任何西方理论在中国问题研究领域的适用度，都必须通过实证研究加以证实或证伪，都必须置于中国本土的历史情境中予以审视，绝不能假定其代表客观真理，盲目信从，拿来就用，造成所谓以论带史的削足适履式的难堪，无形中使中国历史的实态成为西方理论的注脚。我们应通过扎实的历史研究，对西方理论的某些概念和分析工具提出修正或予以抛弃，力求创建符合中国社会情境的理论架构。

在借鉴西方诸社会科学方法时，应该保持警觉，力戒西方中心主义的魅影对研究工作造成干扰。”[2]

6. 提倡研究理论和方法的创新

依靠多学科交叉、借鉴其他学科，就有可能找到新的研究理论和方法。

比如，拙著《中国古城防洪研究》第四章第三节“古代长江流域城市水灾频繁化和严重化”中，研究表明，中国历代人口的变化与长江流域城市水灾的频率的变化有着惊人的相关性，从而得出“古代中国人口的剧增，加重了资源和环境的压力，加重了城市水灾”的结论。[3] 这是从社会学的

[1] 钱学森，于景元．戴汝．一个科学新领域——开放的复杂巨系统及其方法论 [J]. 自然杂志，1990，1: 3-10.

[2] 任放．中国市镇的历史研究与方法 [M]. 商务印书馆，2010：357-358，367.

[3] 吴庆洲．中国古城防洪研究 [M]. 北京：中国建筑工业出版社，2009：187-195.

角度以人口变化的背景研究城市水灾变化的一种探索，仅仅从工程技术的角度是很难解答这一问题的。

五、中国城市营建史的研究要突出中国特色

类似生物有遗传基因那样，民族的传统文化（包括科学），也有控制其发育生长，决定其性状特征的“基因”，可称“文化基因”。文化基因表现为民族的传统思维方式和心理底层结构。中国传统文化作为一个整体有明显的阴性偏向，其本质性特征与一般女性的心理和思维特征相一致；而西方则有明显的阳性偏向，其特征与一般男性的心理和思维特征相一致。

在古代学术思想史上，西方学者多立足空间以视时间；中国学者多立足时间以视空间。所以西方较多地研究了整体的空间特性和空间性的整体，中国则较多地探寻了整体的时间特性和时间性的整体。[1]

世界上几乎每个民族都有自己特殊的历史、文化传统和思维方式。思维方式有极强的渗透性、继承性、守常性。从文化人类学的观点看，思维方式的考察对于说明世界历史的发展有重要的理论价值。在社会、哲学、宗教、艺术、道德、语言文字等方面，中国与欧洲鲜明显示出两种不同的体系，不同的走向，不同的格调。[2]

由于“文化基因”的不同，中国城市的营建必然具有中国特色，中国的城市是中国人在自己的哲学理念指导下，根据城市的地理环境选址，按照自己的理想和要求营建的，中国的城市体现的是中国的文化特色。中国城市营建史一定要注意中国特色、研究中国特色、突出中国特色。

我们运用现代系统论的理论，也要认识到中国古代的易经和老子哲学也是用的系统论观点，认为天、地、人三才为一个开放的宇宙大系统，天、地、人三才合一为古人追求的最高的理想境界，这些都投射到了城市营建之中。

赵冈先生从经济史的角度出发，发现中国与西方的城市发展完全不同。第一，中国城市发展的主要因素是政治力量，不待工商业之兴起，所以中国城市兴起很早。第二，政治因素远不如工商业之稳定，常常有巨大的波动及变化，所以许多城市的兴衰变化也很大，繁华的大都市转眼化为废墟是屡见不鲜之事。此外，赵冈的研究还发现中国的城乡并不似欧洲中世纪那样对立，战国以后井田制度解体，城乡人民可以对流，基本上城乡是打成一片的。[3] 赵冈先生的研究成果显现了中国城市的若干特色。

中国城市营建史中有着太多的特色等待着更多的研究者去做深入的发

[1] 田盛颐 . 中国系统思维再版序 . 刘长林著 . 中国系统思维——文化基因探视 [M]. 北京：社会科学文献出版社，2008.
[2] 刘长林 . 中国系统思维——文化基因探视 [M]. 北京：社会科学文献出版社，2008：1-2.
[3] 赵冈 . 中国城市发展史论集 [M]. 新星出版社，2006：90-91.

掘。即以笔者的研究体会为例：

中国的古城的城市水系，是多功能的统一体，被称为古城的血脉。[1]这是一大特色。

作为军事防御用的中国古代城池，同时又能防御洪水侵袭，它是军事防御和防洪工程的统一体，[2]为其一大特色。

研究城市形态，可别忘了，我国古人按照周易哲学，有“观象制器”的传统，也有“仿生象物”的营造意匠。[3]

只有关注中国特色，才能发现并突出中国特色，才能研究出真正的中国城市营建史的成果。

六、研究中国城市营建史的现实意义

中国古城有六千年以上的历史，在古代世界，中国的城市规划、设计取得了举世瞩目的成就，建设了当时最壮美、繁荣的城市。汉唐的长安城、洛阳城，六朝古都南京城、宋代东京城、南宋临安城、元大都城、明清北京城都是当时最壮丽的都市。明南京城是世界古代最大的设防城市。中国古代城市无论在规模之宏大、功能之完善、生态之良好、景观之秀丽上，都堪称当时世界之最。

吴良镛院士指出：

“中国古代城市是中国古代文化的重要组成部分。在封建社会时期，中国城市文化灿烂辉煌，中国可以说是当时世界上城市最发达的国家之一。其特点是：城市分布普遍而广泛，遍及黄河流域、长江流域、珠江流域等；城市体系严密规整，国都、州、府、县治体系严明；大城市繁荣，唐长安、宋开封、南宋临安等地区可能都拥有百万人口；城市规划制度完整，反映了不得逾越的封建等级制度等等；所有这些都在世界城市史上占有独特的重要地位。……中国古代城市有高水平的建筑文化环境。中国传统的城市建设独树一帜，‘辨方正位’，‘体国经野’，有一套独具中国特色的规划结构、城市设计体系和建筑群布局方式，在世界城市史上也占有独特的位置。”[4]

中国古人在城市规划、城市设计上有相应的哲理、学说以及丰富的历史经验，这是一笔丰厚的文化与科学技术遗产，值得我们去挖掘、总结，并将其有生命活力的部分，应用于今天的城市规划、城市设计之中。

20 世纪 80 年代之后，我国的城市化进程迅速加快，但城市规划的理

[1] 吴庆洲 . 中国古代的城市水系 [J]. 华中建筑，1991，2：55-61.
[2] 吴庆洲 . 中国古城防洪研究 [M]. 北京：中国建筑工业出版社，2009：563-572.
[3] 吴庆洲 . 仿生象物——传统中国营造意匠探微 [J]. 城市与设计学报，2007，9，28：155-203.
[4] 吴良镛 . 建筑・城市・人居环境 [M]. 石家庄：河北教育出版社，2003：378-379.

论和实践处于较低水平，并且理论尤为滞后。正因为城市规划理论的滞后，我们国家的城市面貌出现城市无特色的“千城一面”的状况。出现这种状况有两种原因：

一是由于我们的规划师、建筑师不了解我国城市的过去，也没有结合国情来运用西方的规划理论，而是盲目效仿。正如刘太格先生所认为的：“欧洲城市建设善于利用山、水和古迹，其现代化和国际化的创作都具有本土特色，在长期的城市发展中，设计者们较好地实现了新旧文明的衔接，并进而向全球推广欧洲文化。亚洲城市建设过程中缺少对山水和古迹的保护，设计者中‘现代化’、‘国际化’的追随者较多，设计缺少本土特色。”即亚洲的“建设者自信不足，不了解却迷信西方文化，盲目地崇拜和模仿西洋建筑，而不珍惜亚洲自己的文化。”[1] 事实上，山、水在中国古代城市的营建中具有十分重要的意义，例如广州城，便立意于“云山珠水”。只是由于当代人对城市历史的不了解，山水才在城市的蔓延和拔高中逐渐变得微不足道，以至于成为了被慢慢淡忘的“历史”了。

二是中国古城营建的哲理、学说和历史经验，尚有待总结，才能给城市规划师、建筑师和有关决策者、建设者和管理人员参考运用。城市营建的历史本身是一种记忆，也是一门重要而深奥的学问。中国城市营建史研究不可建立在功利性的基础之上，但城市营建的现实性决定了它也不能只发生在书斋和象牙塔之内，对于处于巨变中的中国城市来说，城市营建在观念、理论、技术和管理上的历史经验、智慧和教训完全应该也能够成为当代城市福祉的一部分。

中国城市营建史之研究，有重大的理论价值和指导城市规划、城市设计的实践意义。从创造和建设具有中国特色的现代化城市，以及对世界城市规划理论作出中国应有的贡献这两方面，这一研究的理论和实践意义都是重大的。

七、中国城市营建史研究的主要内容

各个学科研究城市史各有其关注的重点。笔者认为，以建筑学和城市规划学以及历史学为基础学科的中国城市营建史的研究应体现出自身学科的特色，应在城市营建的理论、学说，城市的形态、营建的科学技术以及管理等方面作更深入、细致的研究。中国城市营建史应关注：

（1）中国古代城市营建的学说；

（2）影响中国古代城市营建的主要思想体系；

[1] 万育玲．亚洲城乡应与欧洲争艳——刘太格先生谈亚洲的城市建设 [J]. 规划师 .2006，3：82-83.

（3）中国古代城市选址的学说和实践；
（4）城市的营造意匠与城市的形态格局；
（5）中国古代城池军事防御体系的营建和维护；
（6）中国古城防洪体系的营造和管理；
（7）中国古代城市水系的营建、功用及管理维护；
（8）中国古城水陆交通系统的营建与管理；
（9）中国古城的商业市街分布与发展演变；
（10）中国古代城市的公共空间与公共生活；
（11）中国古代城市的园林和生态环境；
（12）中国古代城市的灾害与城市的盛衰；
（13）中国古代的战争与城市的盛衰；
（14）城市地理环境的演变与其盛衰的关系；
（15）中国古代对城市营建有创建和贡献的历史人物；
（16）各地城市的不同特色；
（17）城市营建的驱动力；
（18）城市产生、发展、演变的过程、特点与规律；
（19）中外城市营建思想比较研究；
（20）中外城市营建史比较研究，等等。

八、迎接中国城市营建史研究之春天

中国城市营建史研究书系首批出版十本，都是在各位作者所完成的博士学位论文的基础上修改补充而成的，也是亚热带建筑科学国家重点实验室和华南理工大学建筑历史文化研究中心的学术研究成果。这十本书分别是：

（1）苏畅著《〈管子〉城市思想研究》；
（2）张蓉著《先秦至五代成都古城形态变迁研究》；
（3）万谦著《江陵城池与荆州城市御灾防卫体系研究》；
（4）李炎著《清代南阳“梅花城”研究》；
（5）王茂生著《从盛京到沈阳——清代沈阳城市发展与空间形态研究》；
（6）刘剀著《晚清汉口城市发展与空间形态研究》；
（7）傅娟著《近代岳阳城市转型和空间转型研究（1899—1949）》；
（8）贺为才著《徽州城市村镇水系营建与管理研究》；
（9）刘晖著《珠三角城市边缘传统聚落形态的城市化演进研究》；
（10）冯江著《祖先之翼——明清广州府的开垦、聚族而居与宗族祠堂的衍变》。

这些著作研究的时间跨度从先秦至当下，以明清以来为主。研究的地域北至沈阳，南至广州，西至成都，东至山东，以长江以南为主。既有关于城市营建思想的理论探讨，也有对城市案例和村镇聚落的研究，以案例的深入分析为主。从研究特点的角度，可以看到这些研究主要集中于以下主题:城市营建理论、社会变迁与城市形态演变、城市化的社会与空间过程、城与乡。

《〈管子〉城市思想研究》是一部关于城市思想的理论著作，讨论的是我国古代的三代城市思想体系之一的管子营城思想及其对后世的影响。

有六位作者的著作是关于具体城市的案例解析，因为过往的城市营建史研究较多地集中于都城、边城和其他名城，相对于中国古代城市在层次、类型、时期和地域上的丰富性而言，营建史研究的多样性尚嫌不足，因此案例研究近年来在博士论文的选题中得到了鼓励。案例积累的过程是逐渐探索和完善城市营建史研究方法和工具的过程，仍然需要继续。

另有三位作者的论文是关于村镇甚至乡土聚落的，可能会有人认为不应属于城市史研究的范畴。在笔者看来，中国古代的城与乡在人的流动、营建理念和技术上存在着紧密的联系，区域史框架之内的聚落史是城市史研究的另一方面。

正是因为这些著作来源于博士学位论文，因此本书系并未有意去构建一个完整的框架，而是期待更多更好的研究成果能够陆续出版，期待更多的青年学人投身于中国城市营建史的研究之中。

让我们共同努力，迎接中国城市营建史研究之春天的到来!

吴庆洲

华南理工大学建筑学院　教授

亚热带建筑科学国家重点实验室　学术委员

华南理工大学建筑历史文化研究中心　主任

2010 年 10 月

目　录

第一章　绪　论

当今许多城市在发展规模与速度上面临着前所未有的城市化进程，新旧形态的更替与演变难以避免，确认历史城市空间形态的人文价值以避免经济为主导的城市化，是城市保护与更新的前提。柳州有2100年的城市历史，作为国家历史文化名城（1994年由国务院命名），还是南中国古人类“柳江人”的源居地。这些丰富的史前人类遗址和城市文化遗产，同样面临着城市更新与历史街区保护的现实挑战。

同时，文化交界区城市历史的研究在粤西仍待开垦，对南方中小城市的研究可以充实这一大的研究体系与脉络，将中国城市研究由典型个案（点）向线与面的层次推进；本书在研究过程中收集的资料、绘制用图、总结的经验与规律，可以为相关后续研究提供坚实基础；为柳州新时期的历史街区保护、城市景观特色设计、城市规划与建设提供理论与实践依据。

第一节　城市、城市发展、城市形态

城市，作为人类最复杂的文明产物之一，很难置于一个简明而精练的定义里解释。研究城市的学科很多，不同学科从其研究的角度定义城市，会得到不同的内涵[1]。超越城市不同地域、类型、发展阶段得到一个普适概念，需要繁复篇幅方能揭示。概括说，城市是一定地域范围内具有一定人口规模的，有稳定政治、经济、文化、宗教制度的高级聚落。城市内涵指小城镇到大都市在内的各种层次的非农业性人口聚集社区与聚落。由于中国古代城郭具有城乡一体的农业经济特点，介于城乡之间的中间地带，如中国农村的墟市、市镇等规模的小聚落大多数成为城市未来的发展地带，因而它们常常被看作城市的萌芽状态，也被归入城市史的讨论范围。前述城市内涵与外延的不断扩展，发展、完善了中国古代城市史学科的研究。

[1]　英国考古学家柴尔德从考古学角度提出城市形成的十项标准（见柴尔德．城市革命[A]. 陈星灿译．当代国外考古学理论与方法 [C]. 西安：三秦出版社，1991：1-12）；苏联学者古梁耶夫从古代东方和中美洲城市概括城市形成的八项标准（见刘文鹏．古埃及的早期城市 [J]. 历史研究，1988：3）；日本学者狩野千秋将古代城市形成的标准归纳为七点（见陈桥驿．中国历史名城 [M]. 北京：中国青年出版社，1987）。

“城市发展”一词现今被广泛使用。很多著作，包括刘易斯·芒福德《城市发展史》一书都未曾对“城市发展”进行过明确定义，从其论述城市所经历的“村庄－要塞－形成城市－古代城市－中世纪城市－工商业城市－工业城市－特大城市”的客观发展过程去概括，可以认为城市发展包含以下几方面内容的发展:城市规模（用地规模、人口规模、经济规模）的增减；军事、政治、文化、经济、宗教等社会制度的完善与发展，以及前述各方综合作用下，所形成的若干城市职能是否得到增强、增加或减弱、衰退;城市物质空间形态的生长或废退。城市发展为一个不断演进（废退）变化的过程，包括城市在文化与物质方面的生长和衰败。城市的物质载体是人类居住环境，即以城市形态为表征。城市形态的演进则折射出城市的兴衰。

城市形态: 有研究者将中国古代地方城市形态的研究指标概括为八个方面[1]:设治、筑城时间，城址变迁及文献对城市的相关记载;城市所在区位及外在大环境；城市的行政等级及其功能、特殊活动与传统；城市的立地条件；城池的相关设施；城的外形；城市格局；城市内部的主要建筑。前述八个方面指标，从宏观到微观层面构架了中国古代地方城市形态个案研究的理论框架，并包含了共时性与历时性的考察因素。

本书以柳州城市发展为研究对象，考察其城市发展过程中所形成的城市形态演变规律，属个案城市史研究范畴。

第二节　柳江流域及其文化溯源

一、自然地理条件

（一）潭水、柳江与西江（郁水）

柳江，珠江水系西江（秦汉时称郁水）左岸重要支流（图 1-2-1），是黔、桂水上交通要道。柳江在唐以前称潭水[2]。潭水与其西南向的温水（后称牂牁江、中华人民共和国成立后称红水河）汇流后称黔江，黔江汇合南宁盆地而来的郁江再向东流即称西江(古称郁水)。黔江源流因而得与黔南、

[1]　阎亚宁．中国地方城市形态研究的新思维 [J]. 重庆建筑大学学报（社科版），2001 年 6 月第 2 卷第 2 期：64.

[2]　地方文史专家陈铁生、刘汉忠《柳江新考》一文认为“古潭水改称柳江有过一个历史演变的过程，这断限刚好以北宋为分界点。”本书根据唐《元和郡县图志》对马平县位置是“潭水，东去县二百步。柳江，在县南三十步。”和“柳州因柳江而名”两说认为，唐代以后，即弃用“潭水”之称。

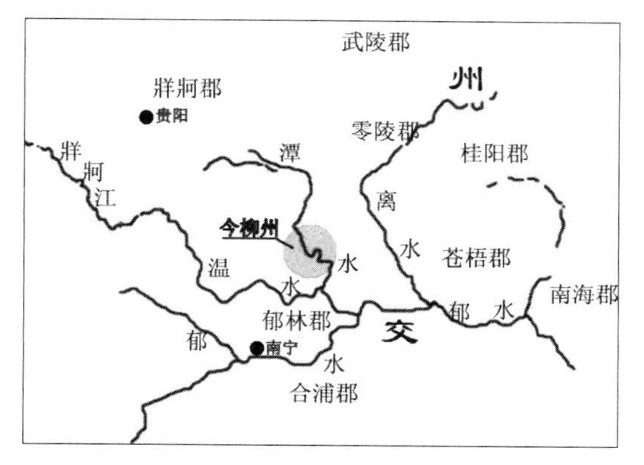

图 1-2-1　西汉时期郁水流域水系图
（资料来源：根据"西汉时期全图"改绘。谭其骧．中国历史地图集 [Z]. 北京：中国地图出版社，1998）

广汉巴蜀贯通，不单是广西境内水路交通航线，又与邻省水路相接。

柳江和潭水的关系，切乎柳州城几个历史城址的考证与确定。本书循谭其骧先生主编的《中国历史地图集》看法，采信"江水同一"说。

（二）柳江流域及其自然地理

柳江流域面积 58270 平方公里，地跨桂、黔、湘 3 省（区），柳州是中、下游的分界，当中天然落差 1306 米，平均比降 1.68‰，年均流量 1865 立方米 / 秒。柳江水系呈树枝状，较大支流有寨蒿河、古宜河（浔江）、龙江、洛清江等。

上游除河源区外，大都属由元古代的轻变质岩组成的强烈侵蚀切割中山峡谷地形，海拔多在 1000 米以上，相对高度常达 500—700 米。河道滩多流急；中、下游海拔多在 500—800 米，河流坡降多在 0.54‰以下，水势平缓，河曲较发育。以喀斯特地貌，如峰林平原、峰丛谷地为主，沿河阶地、丘陵广布，耕地集中，人口相对稠密。

流域年平均温度达 18—20 摄氏度，年降水量 1400—1800 毫米。由于高温多雨，适宜亚热带、热带作物生长，年可三熟。上游及山区为中国重要杉木林区。柳江属雨源型河流，水量丰富，年均径流深 876 毫米。4—8 月为汛期，占全年径流总量的 80%，柳州站最大流量 2.59 万立方米 / 秒，最小枯水流量 85 立方米 / 秒，洪枯流量最大变幅达 281 倍。但年际变化小，径流变差系数仅 0.20。泥沙含量低，仅 0.11 千克 / 立方米，为中国少沙河流之一。

流域内地形平坦，微有起伏，地面标高在海拔 85—105 米之间，东、西、北三面环山，具有典型的岩溶地貌特征，由于柳江穿流市区及气候、岩石构造的影响，形成河流阶地、岩溶地貌叠加的天然盆地，其地貌单元可分为：城中河曲地块、柳北孤峰岩溶平原、柳东孤峰、峰丛岩溶地带、柳南峰林峰丛谷地、柳西多级河流阶地、沙塘向斜岩溶盆地及低山丘陵等。

二、人文地理条件

（一）柳江流域的"巨猿"及史前人类

"巨猿"：巨猿属于猿的系统而不是人的系统，是与人类进化的前一期阶段平行发展的一个旁支。柳江流域在早更新世时即有前人亚科——巨猿的活动[1]。经证实，这一谱系是还不会使用石器来制造工具，还没有社会组织的“生物人”。21 世纪以前,全世界发现“巨猿”的遗址有七处,印度、越南各有一处,中国湖北省有一处,广西壮族自治区有四处[2]。这足以说明，粤西文明在这里已经具备了萌芽发展的前提条件。

（二）柳江人及柳江流域古人类遗址

在柳州市发现的柳江人,则是“社会人”,属于真人（包括“猿人”和“智人”等发展阶段）里的晚期智人。在发现巨猿洞和柳江人遗址后，柳江流域先后发现的古人类遗址一共有六处（表 1-2-1）。

柳江流域古人类遗址分布一览表　表1-2-1

遗址名	所属年代	遗址地点	发现时间（年）	所属地质年代 / 文化期
柳江人	距今约 5 万年	柳州柳江县新兴农场通天岩	1958	晚更新世 / 旧石器时代
都乐岩人	距今约 4 － 2 万年	柳州市郊都乐盘龙洞	1975	更新世晚期 / 旧石器时代
九头山人	距今约 4 － 2 万年	柳州市东南 6 公里的九头山	1975	晚更新世 / 旧石器时代
白莲洞人	距今约 4 － 2 万年	柳州市都乐村白面山白莲洞	1980	晚更新世末期 / 包含旧石器时代和新石器时代遗址
鲤鱼嘴人	距今约 1 － 0.7 万年	柳州市南郊大龙潭北面鲤鱼山	1980	新石器时代早期
甘前洞人	距今约 4 － 2 万年	柳江县四案村甘前山	1981	晚更新世 / 旧石器时代

资料来源：根据材料分析制表。张声震．壮族通史·下 [M]. 北京：民族出版社，1997：4-25，1183.“壮族历史重要事件年表”。

（三）柳江流域原始人类的社会状况

从旧石器时代晚期就有人类在柳江流域生产活动。现广西境内约有 5 个原始社会早期遗址，地处柳江与红水河之间的冲积平原就密集地集中了 3 个（图 1-2-2、表 1-2-2）。古人类在柳江流域形成原始居民点，柳江作为母亲河，为其提供了生产、生活的基本资源，是沿岸原始社会繁衍生息不可或缺的基本条件。柳江人后裔逐渐形成部落氏族的社会生活制度。原始社会后期发展至父系社会后，社会、经济生产结构发生了一些改变，以铲耕稻作农业为主，兼行狩猎和捕鱼。

[1] 根据吴汝康教授在《巨猿下颌骨和牙齿化石》（科学出版社，1962 年）提出的：“前人亚科包括山猿、巨猿和南方古猿等”判断。

[2] 张声震．壮族通史 · 下 [M]. 北京：民族出版社，1997：3.

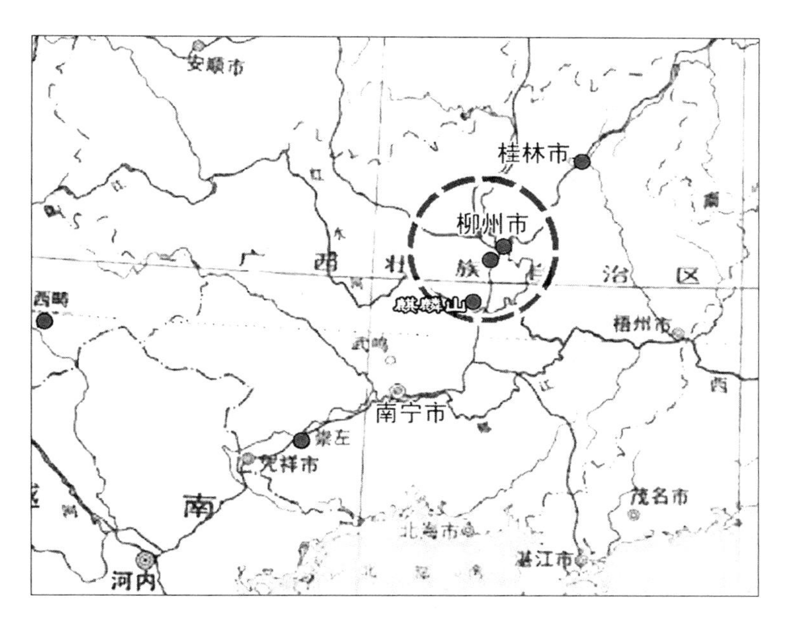

图1-2-2　广西境内原始社会早期遗址分布图（旧石器时代）

（资料来源：根据“原始社会早期遗址图（旧石器时代）”改绘。谭其骧．中国历史地图集［Z］．北京：中国地图出版社，1998）

柳江流域原始居民点的遗址分布一览表　　　　表1-2-2

遗址名	遗址地点	发现时间（年）	所属文化期
蓝家村遗址	柳州市城区东约 5 公里的柳江西岸台地上	1979	新石器时代
鹿谷岭遗址	柳州市城区西约 7 公里的柳江南岸一级台地上	1979	新石器时代中期
响水遗址	柳州市区南约 7 公里的柳江东岸台地上	1979	新石器时代

资料来源：根据柳州市博物馆 2007 年展出资料整理制表。

（四）柳江流域的土著及世居民族

壮族是柳江人发源而来的柳江流域土著民族。僮（编写正史的权贵阶级曾蔑称其“獞”，中华人民共和国成立后改称其“壮”）是柳江流域的原始先民之一。

侗族是中国南方少数民族之一，其族源同中国南方的古越人有着十分复杂而深厚的渊源。《明史》（列传第一百）云“柳州怀远，瑶、僮、伶、侗环居之，瑶尤犷悍”，直指柳州是为侗族环居之地。

瑶族为柳江流域较早的外来民族：早在唐代，瑶族已迁居于此。柳江流域上游融水、三江是苗族集中分布地带。

柳江流域在隋唐时期，即成为以壮族、侗族为土著民族，瑶族和苗族为世居民族的多民族混合聚居区。

（五）柳江流域世居民族文化特征

这里分析僮、侗、瑶、苗等构成社会主体的土著民族文化特征，以把握民族文化对军事、政治以及随之而来的城市形态的作用与影响力。

1. 柳江流域的民族文化象征

铜鼓是粤西文明社会的文化重器，象征岭南粤西少数民族的文化精神。铜鼓有着精神和制度两方面的功能。在精神方面，铜鼓作为古代越人节日活动中不可缺少的乐器，如“越俗饮宴，即击鼓伴以为乐”。[1] 南方发生部落战争时常击鼓传信，掌握铜鼓者即为主持前述的祭祀和战争的部落氏族首领，因而铜鼓成为一种权力和地位的象征，如“得鼓二三，便可僭号称王”[2]。柳州市西南部出土的汉代铜鼓显示，该地域为传统土著壮族聚居区（图 1-2-3）。

该鼓面中心有太阳纹，鼓面沿周为四只跃立式蟾蜍，文物出土地址在柳江南岸

图1–2–3　今柳州市飞鹅路出土的汉代铜鼓

（资料来源：根据柳州市博物馆之历史馆 2007 年 8 月展览实物拍摄）

2. 柳江流域世居民族的图腾与崇拜

柳江流域的世居民族在历史上没有形成统一的宗教信仰，流行多神信仰与崇拜。其宗教信仰的主体是由形成于原始时代的“万物有灵”、“灵魂不灭”的观念为基础的自然崇拜、动植物崇拜、图腾崇拜、祖先崇拜和生殖崇拜等原始宗教发展而来，而后又吸收了从中原传入的道教和佛教的成分，形成巫、道、佛三教合一，以及信仰多神的格局。

崇拜“盘瓠”:“盘瓠”是僮、瑶等土著民族共同崇拜的始祖。对同一始祖的崇拜及其分布特征，说明在柳江流域，早在南朝时期就可能分布了“猺”人。清《柳州县志》卷之三“坛庙”一节记：“盘瓠庙在江东岸，猺獞所建，俗误为盘古。”[3] 该庙坛在民国时期仍存于柳州市近郊窑埠。

崇拜“日月”:中华人民共和国成立前，常见壮族人民在大门上挂起“日月牌”的习惯，就是把太阳和月亮当成神来尊崇的表现。壮族铸造铜鼓时，在每一个铜鼓面的中心，都饰以太阳的花纹。上面的太阳纹所代表的太阳，

[1]（北宋）李昉等撰．太平御览・乐部五 四夷乐 引《风土记》（卷五六七）[Z]（中华书局影印本・全四册）．北京：中华书局，1960 年 2 月：第三册，第 2564 页上栏．

[2]（清）张廷玉等撰．明史・刘显传（卷二一二）[Z].（中华书局点校本・全二十八册）．北京：中华书局，1974 年 4 月：第 18 册（卷二〇二至卷二一二），5620 页．

[3]（清）舒启．柳州县志・卷之三 [Z]. 柳州：柳州图书馆地方志部铅字本：卷之三・坛庙第 7 页．

主宰了日夜之分、四季更迭、田野农业活动规律、阴阳雨雪变化，使壮族先民认为人类和自然界有“血缘关系”。

第三节 复杂多元的柳江文化源流

柳州所处地域文化的模糊性与复杂性使其具有复杂的文化源流。从地理空间（东经 108° 32′ — 110° 28′，北纬 23° 54′ — 26° 03′）上看，柳州地处“岭南”与“西南”两大地域文化的边缘——柳江流域。一般说来文化区域边界有突变型和渐变型两类，突变型边界可以勾画出明确的边界线，而大多数自然区和社会区没有泾渭分明的界线，属于渐变型边界，区与区间有一个宽阔的连续过渡地带，民族区、语言区、文化区、民俗区等都可能有过渡带。这一过渡地带本身就是一个特殊的区域，具有两侧地区的双重属性[1]。

柳江流域处于云贵高原和华南低地丘陵的结合部，既远离华南低地文化中心，又远离高原文化中心，构成了一个相对封闭的地理单元。在不同的历史时期，接受这些地域文化的辐射强度随交通、军事、民族、政治区划、商业交流有所变化。古代柳州作为“西南夷”与“南夷”两大区域交界的重要交通节点，位于文化地域边缘的空间处境使其具有文化的过渡性和渐变性。从历代的行政区划变迁看，柳州城市的空间是相对清晰的，但所接受的文化影响明显具有两种不同文化圈的印迹。前述史前人类、古人类的背景使此地具有南越文化的原生性特点，在漫长历史过程中又不同程度地被其他文化影响：隋唐以前多受西南文化与高原文化的濡染；明清以后，随政治、军事、经济变迁，中原文化、低地文化对此地形成强烈辐射。

一、地域文化源流的复杂性

（一）西南文化

“西南”的概念范围：从《汉书·西南夷两粤朝鲜传第六十五》（卷九十五）的记载，可以确定现在的广西德保、靖西、田林、西林，以及云南广南、富宁等大片地区，为公元前 85 年句町国的行政区划范围。那是西南少数民族壮族先民之一的濮人组建的国家。

壮族民族学家黄现璠认为，僮即为百濮族系的一支。他对某些壮族来

[1] 田银生，宋海瑜．中国城市的地域分区探讨 [J]. 城市规划学刊，2007，168（2）：83.

自粤东的说法明确提出："这是值得商榷的问题。我认为他们是和四川、云、贵和湘西等西南民族有关系，属于百濮民族系统。"[1] 对于西南文化亚区具体地理范围的划分见于《中国文化地理》一书："西南少数民族文化亚区位于我国西南地区，北缘四川盆地，东限雪峰山—大瑶山—十万大山一线，南部和西部分别与越南、老挝、缅甸接壤，其主体部分依托于横断山脉和云贵高原。地势由西北向东南降低，怒江、澜沧江、元江、红水河等则顺流沿地势倾斜而向南、东南和东三个方向做扇形分流。"[2]

柳江流域是其东南部大瑶山脉西北方的内环盆地，而南宁所在的左右江冲积平原则是十万大山西北方的内环盆地，两地点连接（沿桂中大瑶山脉—桂西南十万大山山脉走势）则区分了西南文化的东面边界线。

建筑学家刘敦祯先生在 1940 年曾对西南诸省古建筑进行调查，对"西南"有一大略定义："窃以为西南诸省之含义，在地理上，系指四川、西康、云南、贵州、广西五省而言，即东经 93° — 113°，北纬 21° — 34°之间。"[3] 人类居住文化形态在地理位置分布的规律，揭示"西南"的范围包括了现今广西传统的少数民族聚居区，柳州也包括在内。

（二）岭南文化

岭南文化大体分为广东文化、桂系文化和海南文化三大块。根据学界对岭南文化、南越文化的概括，可窥见古代岭南文化的若干特征：一是依靠珠江流域水系和南海，大多数具有"早期渔猎文明－稻作文明－商贸文明"的历史发展轨迹，喜流动，不保守；二是岭南植物资源丰富，多以棉、麻、蕉、葛、竹、蚕丝等纤维为衣料，所制衣服简单凉快；三是岭南气候湿热，溶洞在石灰岩地区发展条件良好，植被茂密，早期为穴居形式，新石器晚期为半地穴式建筑和平地起的茅房，后发展为全木构的"干栏式"建筑；四是精神文化上，早期笃信巫鬼、"以鸡卜"，两晋隋唐时尊神拜仙，唐宋至明清时为多神崇拜，官民共祀[4]；五是秦汉以来，深受南迁中原文化如儒道两家，以及外来文化如佛教、伊斯兰教、南洋文化的影响。

二、文化类型的多元碰撞

中国的现代教育学家雷沛鸿先生曾指出，广西在不同历史时期曾接受多种外来文化的影响，它们主要有"中原文化"、"高原文化"、"低地文化"

[1] 黄现璠．广西僮族简史（初稿）[M]. 南宁：广西人民出版社，1957：12.
[2] 王会昌．中国文化地理 [M]. 武汉：华中师范大学出版社，1992：290.
[3] 刘敦祯．西南古建筑调查概况 // 刘敦祯文集（三）[C]. 中国建筑工业出版社，1987：320.
[4] 何方耀，胡巧利．岭南古代民间信仰初探 [J]. 广东社会科学，2002 年第 6 期：24.

（又称海洋文化）这三种文化类型[1]。其中对柳江流域影响较深的有中原文化，高原文化里的西南文化，低地文化里的广府文化、福佬文化。

（一）中原文化

秦王朝统一岭南后，通过各级官吏在柳江流域这一壮族、侗族先民地区，推行中原封建王朝的法令，传播中原地区的封建文化，加强汉族和各世居民族间的友好交往，从而有力地促进该区域社会制度的变革和社会生产力的发展，客观上对此地缓慢发展的氏族部落制给予突变式的推动和变革。

中原文化主要以汉儒文化为精神核心，封建中央集权为其政治制度，农耕水利为物质生产的综合文化体系。中原文化最先通过湘桂走廊进入广西，随着秦始皇修建灵渠，唐代开凿相思埭沟通漓江和洛清江后，每逢北方变乱，或异族叛变，中原人口则向南移。随着秦郡县的设置、人口流动带来铁制工具的使用和牛耕技术的推行，中原文化不断传入柳江流域。在唐代以后的漫长时期，中原文化与以壮族为首的其他民族产生文化共生，相互影响，最终成为该地域文化的主流。

（二）高原文化

高原文化即为西南文化和陕晋文化，而进入广西西北部和中部的西南文化“须溯及长江上流和横岭山脉”。雷沛鸿先生对文献、实事实物进行广泛考察和推究，指出“广西人民及其文化有一部分从西方高原来”。其传播路线为：“沿扬子江上流——岷江、金沙江——南移，再东行，而达于重庆，再由重庆通贵州，沿红水河东南移植。”[2]循此路线，高原文化可自长江上游传播至柳江中下游一带。

（三）低地文化

低地文化又称海洋文化，其进入广西的途径有二：一为“由北而南”——东瓯、闽越等苏浙沿海而南移至福建、广东（高州、雷州、钦州、廉州）进入广西东南部；二为“由南而北”——亚洲南部及南洋群岛、安南等异地文化，北进龙州、明江、上思，扎根于广西西部及西南部[3]。这些低地文化保持着“海洋的生活方式”。对文献材料的整理、分析发现：低地文化（尤其是当中的福佬文化、广府文化）在明清以后对柳江流域影响巨大，广府文化、潮州文化等逆黔江而上到达柳江流域沿江两岸的“山脉－河阶”地带，成为明清以后柳江流域中心城市——马平城（今柳州市）最重要的社会文化之一，有力推动了当地的社会、经济、文化发展。

[1]　雷沛鸿．雷沛鸿文选 [C]．桂林：广西师范大学出版社，1998，3：32.
[2]　雷沛鸿．雷沛鸿文选 [C]．桂林：广西师范大学出版社，1998，3：33.
[3]　雷翔．广西民居 [M]．南宁：广西民族出版社，2005：5.

第四节　中原对柳江流域的开发及其城邑形成

一、开发前柳江流域世居民族区的分布特点

柳江人作为该流域土著居民，绵延至秦汉时期，使这里发展为古百越民族中西瓯、骆越族的聚居地。以骆越、西瓯族为主的固定居民点在柳江两岸留有多处遗址，如里雍、沿驾鹤山脚的岸边台地等出土了大量新石器时期的生产工具——石铲、打火石，揭示这里是柳江流域文明萌芽的区域。随着历史发展与文化交流范围扩大，壮、侗、苗、瑶等多民族聚集于此，有古谚揭示广西世居民族的特点："高山瑶，半山苗，汉人住平地，壮侗住山槽。"这样的状况在柳江流域亦不例外。干栏式建筑是此地区壮、侗、瑶、苗族主要的居住形式。

（一）壮族

壮族广泛分布在平原上以及山区的河谷地带和峒中，峒是壮语"doengh"的音译，指山峦环抱的平地，《桂林郡志》卷二〇（景泰重修宣德）指出："（峒）中则宽广可耕稼，四山环抱，止有一二处可通"。壮民往往成村居住。唐韩愈《唐书·南蛮传》对僮族社会组织这样描述："黄贼（指黄少卿）皆峒僚（獠）无城郭，依山险，各治生产；急则屯聚，畏死"。从诗文推知他们当时的组织是氏族部落制，不是奴隶制，也不是封建制。

（二）瑶族

瑶族有居山的传统，除了大多分布在高山地带的瑶民，少数分布在平原上的称为平地瑶、峒瑶。《柳州县志》对"猺"的生活、生产有记载。[1]与其相适应的生活居住空间，是山地向平坡延伸的溪峒地区，也就是平地"猺"、峒"猺"的居所。

（三）苗族

苗人善于依借山坡修筑梯田、种植水稻。与其生产方式相适应的居住选址，亦一般依山而建，"多选址于半山腰，也有一些选址于山顶"[2]。半山的苗寨规模一般在30—40户，地势平缓之处的苗寨规模会更大一些。有苗族偶与僮侗民族杂居现象。

（四）侗族

侗族常常定居于山谷与溪河两岸的盆地间，这样的地形多称为"峒"

[1]　（清）舒启．柳州县志·卷之二[Z]．柳州：柳州图书馆地方文献部铅字本：卷之二·猺獞．第19页．

[2]　雷翔．广西民居[M]．南宁：广西民族出版社，2005：17.

或“垌”。侗族是这里的土著民族，长期稳定的居住、繁衍使侗族在很多地方形成了较大的聚居村落，并形成较强的民族凝聚力。侗人的民族内社会以“合款”组织为主，“合款”覆盖范围颇广，侗族大歌《从前我们起大款》记“从前我们起大款，(款) 头在古州，(款) 尾在柳州，古州是盖，柳州是底。”古州为今贵州榕江，可见柳州在人文地理上与黔南有着密切的民族关联。

二、柳江南岸：中原文化经柳的早期栖息地

秦始皇统一岭南以前，岭南仍处于半原始社会状态。早在春秋战国时期，柳江流域未设潭中县前，与中原王朝便存在文化互通。秦时此地始入中原版籍，汉属桂林郡潭中县。汉元鼎六年（公元前 111 年）这里作为县治第一次出现的名称是潭中县，根据出土的资料，该县治的位置在今市区东南郊里雍。

柳州市及自治区的博物馆文物工作队先后考察、挖掘、鉴定 1979 年距当时市区东南 3 公里的九头村西发现的一批古文物和古遗址。这些出土文物表明，两汉时期柳江南岸的驾鹤山、东台山一带即为汉潭中县地（图 1-4-1），其县治在今柳州市东南、柳江南岸的驾鹤山下。

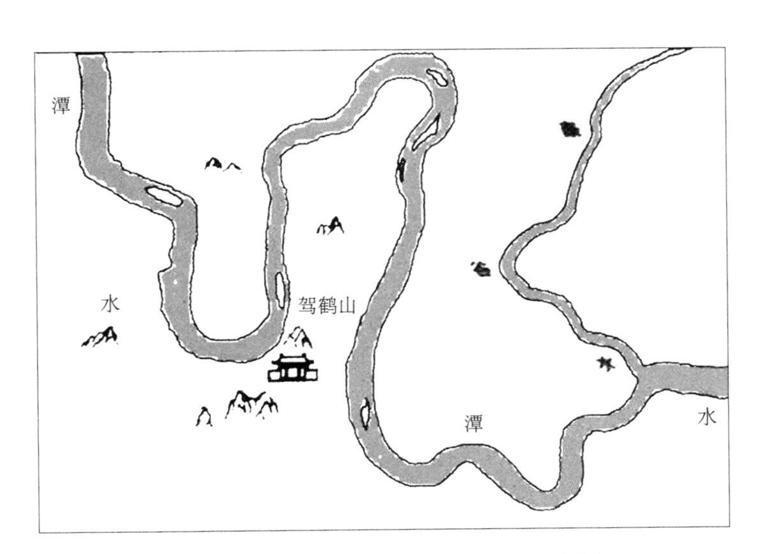

图1-4-1　汉代潭中县县治遗址示意图

（资料来源：柳州市博物馆之历史馆 2007 年 8 月展板资料）

三、汉至唐初柳江流域地方治所的频繁迁移

（一）县域对外交通与早期故城城址

隋时城址至今无确考。1990 年前后，柳州市地方文史工作者就隋故城位置对文献展开广泛挖掘，提出：隋代故城即处在“以‘双山之一’的雀

儿山为轴心，东至柳江边，北至欧阳岭作为半径，取半圆弧，包括鹧鸪江在内的这一片阶地孤峰平原”[1]（图 1-4-2）。

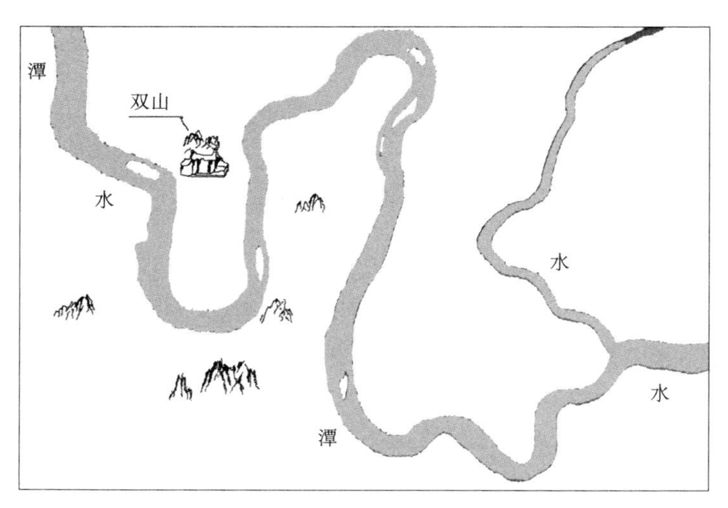

图1–4–2　隋代柳州治马平县城址示意图

（资料来源：根据柳州市博物馆之历史馆 2007 年 8 月展板资料改绘）

根据唐柳宗元《柳州山水近治可游者记》、清乾隆《柳州府志》、清嘉庆《广西通志》、清道光《大清一统志》等文献，结合明代徐霞客《粤西游日记》对“城北双山”之间有出城陆路分析，隋柳州治故城与其县域对外交通联系紧密。

（二）汉潭中县至唐初马平县的县治址变动分析

吴庆洲先生曾总结我国古城选址的若干依据：水陆交通便利；立足于农业发达之地；地理形势利于军事防御；水用足、水质良；土质坚实、宜于建设；较好的气候条件；地震、干旱等自然灾害较少；尽量减少和避免洪水灾害。[2]

汉潭中县治的选址（图 1-4-1），亦充分体现以上要求：取点潭水边。最接近溯西江而上的一侧岸线，水路交通条件好。因这期间水路以沟通下游来向的政治、军事往来为第一要义，保证潭中县与布山县（更高政治等级）这一郁林郡治的交通来向为主，同时满足生活用水要求；驾鹤山与九头山间一带从旧石器时代就已经形成较密集的原始社会固定居民点，具备设治的人口和社会基础，同时也说明此地带适合居住、建设。

[1]　韦晓萍．关于柳州古城的探讨 [Z]// 柳州市柳北区委员会文史资料编辑组．柳州文史资料（第四辑）[Z]. 柳州：柳州市文史资料内部刊物，1989：33.

[2]　吴庆洲．中国军事建筑艺术 [M]. 武汉：湖北教育出版社，2006：47-53.

隋故城为何舍弃汉以来在驾鹤山下的故址，从水南移至水北？或与中原王朝对柳江上游地区的扩张有关。三国两晋南北朝，原秦汉在粤西控制力不足的地区，在三国、晋、宋齐梁陈期间成为列强抢夺的力争之地（图1-4-3）。柳江流域上游及其支流两岸相继设立郡县和逐渐密集的镇堡，潭中县行政建制等级因此下降。

从潭中县在晋～南北朝地区重要性的下降以及该区域内新城镇的频繁设立推究，到达柳江流域已不仅仅依靠水路，因柳江上游的融江滩多湍急：如柳江全航道近200公里，共有卵石滩不到35处，而流经柳州地区的那一段融江水域长不过150公里，河床多为岩石，有滩险50多处[1]；其支流周水源微流浅，行船困难。因而从始安跨越到柳江流域应存在陆路交通，否则中原王朝沿柳江上游城镇的开发与设立必须绕行郁水和黔江，在时间和人力、物资各方面成本的花费都是巨大的。潭中县水南城址发展到隋代水北双山之间的古州治，是由该地对外联系的区域交通方式变更的结果。始安—潭中（马平郡）陆路的正式启用，是隋代故城取点于这条陆路附近的原因。柳州古代城市萌发阶段，由于只具备地方行政管理的单一功能，城址变迁频繁，容易受到对外交通和其他因素，如地方战乱、灾害等的影响，这些表现符合中国早期城市形成期时所具有的一般规律。如顾朝林曾

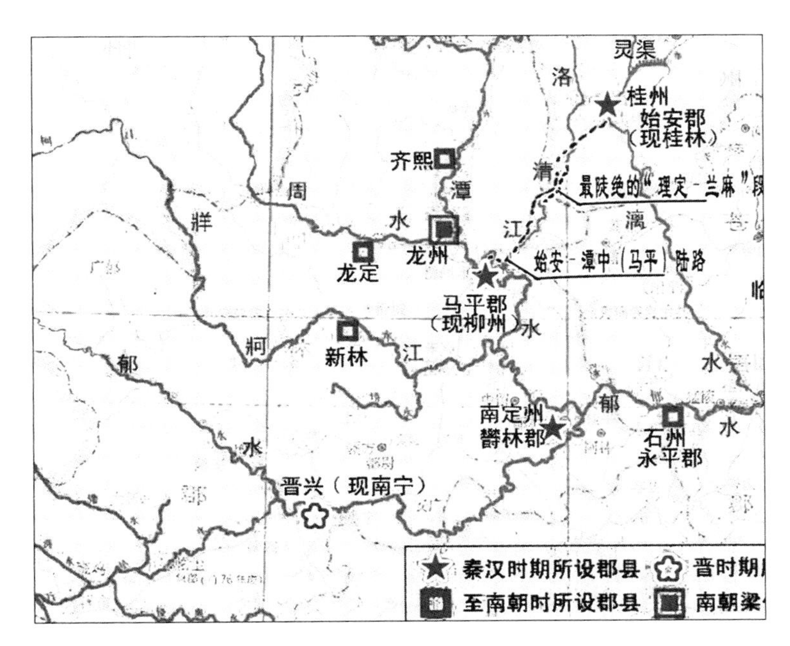

图1-4-3 汉至南朝时期柳江流域城镇分布示意图

（资料来源：作者自绘）

[1] 柳州地区志编纂委员会. 柳州地区志[M]. 南宁：广西人民出版社，2000：265.

指出“形成于商代末期的中国早期城市，由于数量不多，职能单一，缺乏明显的城市等级——规模关系；核心城市屡有迁徙，而且实际联系不甚密切，虽然作为中国城镇体系的物质要素——城市以及环境已经形成，但仍不具备有机整体的体系形态”[1]。

结合该流域早期土著居民点聚居范围，西汉元鼎六年取址九头山和驾鹤山之间的河阶台地，是早期依赖水路区域交通路线选择的结果。隋至唐初王朝对粤西纵深地区进行扩张，开辟始安（今桂林）—潭中（今柳州）陆路，使柳州城址迁至柳江北岸鹊儿山附近。城址的频繁迁移主要为适应粤西新城镇体系的开发及区域交通运输要求。柳州最早的城邑信息，为唐武德前后，马平县治由隋唐故址迁至柳江北岸舌形半岛地段时的“唐宋土城”，自此柳州城市城址发展进入稳定期。

四、柳州城市的历史沿革及其发展阶段划分

封建时期广西的各大城市——梧州、南宁、桂林、柳州是所属府县的治所和所属县的管辖地之一，并无独立行政区的设置。直到 1908 年清政府颁布《城镇乡地方自治章程》，才第一次以法律形式确认城乡行政分治，规定府、厅、州、县治城厢为“城”，其余为乡镇。即使行政级别的称谓有这样那样的变更，从中国城市诞生的公式：“城—王权” + “市—商业” = “城市”[2] 来考察柳州在中华人民共和国成立前的城市发展历史，它仍拥有完整的城市发展阶段，具体见表 1-4-1。

新中国成立前柳州的城市历史沿革及其发展阶段一览表 **表1-4-1**

社会形态	发展阶段	时期	建制沿革 / 地名	郡（州 / 府 / 城）址及文献考证	城市功能与性质
氏族部落 / 半原始社会	孕育期	西周 / 百越部族	—	—	居民点
		春秋战国 / 百越部族	—	—	居民点
封建社会	形成期	秦代	属桂林郡潭中县	驾鹤山下	黔江流域政治中心

[1] 顾朝林．中国城镇体系——历史·现状·展望 [M]. 北京：商务印书馆，1992，5: 23.
[2] 田银生．城市发展史讲义（以中国为主线的对比学习，2001 版）[Z]. 广州：华南理工大学，2001: 8.

续表

社会形态	发展阶段	时期		建制沿革 / 地名	郡（州 / 府 / 城）址及文献考证	城市功能与性质
封建社会	形成期	汉代		属鬱林郡潭中县	《后汉书•郡国志》:"鬱林郡，秦桂林郡，武帝更名。十一城：布山、安广、阿林、广鬱、中溜、桂林、潭中、临尘、定周、增食、领方"	黔江流域政治中心
		三国 / 吴		属桂林郡潭中县	郡址今象州西	政治据点
		晋		属桂林郡潭中县	《县志· 古迹》称"潭中县，驾鹤山间汉置晋桂林郡址"，即今柳州市东南。《元和郡县图志》:"柳州本汉鬱林郡潭中县之地，迄陈不改"	政治据点
		南朝	宋	属桂林郡潭中县	谭其骧《中国历史地图集》南朝陈朝全图梁陈时皆为马平郡治	政治据点
			齐			
			梁	龙州马平郡潭中县		
			陈			
		隋代		属象州桂林县	《元和郡县图志》:"隋开皇十一年（591 年），改潭中为桂林县，析桂林县置马平县"	柳江流域政治军事中心
				属始安郡马平县	隋开皇十二年(592 年)于县置象州，大业初州废，属始安郡，治所始安，今桂林市	柳江流域军事中心
		唐代		属昆州马平县	唐武德四年（621 年）置昆州，又改南昆州；贞观八年（634 年）改为柳州；天宝元年（742 年）改为龙城郡；乾元元年（758 年）复为柳州，治所马平	黔江流域政治、文化中心
				属南昆州马平县		
				属柳州马平县		
				属龙城郡马平县		
				属柳州马平县		

续表

社会形态	发展阶段	时期	建制沿革／地名	郡（州／府／城）址及文献考证	城市功能与性质
封建社会	形成期	五代（楚、南汉）	属柳州马平县	《柳州县志》卷三“沿革”称:“（五代）楚南汉并为柳州治”	粤西北政治、文化中心
	发展期	宋	属柳州马平县	州治马平，宋末咸淳元年（1265年）迁治柳城县龙江	粤西北政治、文化中心
		元	属柳州路马平县	路治柳城县	
	成熟期	明	右江道柳州府马平县	府治马平县	粤西北政治、文化中心，桂中政治、商业中心
近代化		清	右江道柳州府马平县		广西军事中心，桂中政治、商业、文化中心
	近代化发展及破坏期	民国	属柳州府、属柳州道：马平县 属广西省：柳江县	府治马平县；民国元年（1912年）置柳州府，废马平县；民国2年（1913年）废府复马平县；民国3年（1914年）设柳江道治马平县；民国10年（1921年）废道；民国12年（1923年）更名柳州县；民国26年（1937年）更名柳江县	西南商业、军事中心，桂中政治、文化中心

资料来源：根据志书、史料及本书研究成果整理制表。

第二章 民族矛盾、文化传播与柳州城市发展

唐～清初柳江流域的民族矛盾主要为以壮、瑶民族为主的土著民族与中原朝廷以及外来移民之间的矛盾。其根源在于中原朝廷对西南地区的逐渐开发，矛盾源于：一是制度上的差异，表现为政治管理制度、经济制度方面，中原封建制度与当地的氏族部落、部族首领及其土司制度存在差异；二是科学技术、文化程度的差异，表现为土著与中原农耕水利的生产文化、生产水平与技术应用方面的相对落差。

民族矛盾对柳州城市发展的负面影响，主要体现在由民族矛盾引发长期的农民战争，对人口增长、土地开发与利用、经济与文化发展机制的建立、城市职能（后文详述）等几个方面。同时，民族矛盾又促进中原朝廷对边郡城镇的军事建设，安定的建设局面也曾经对地方城市经济及文化产生促进作用。民族矛盾缓和后形成的民族融合，促成柳州城市形态呈现多元共存的文化格局。

第一节 柳州的历史人口及其“民”“夷”结构

一、柳州的历史人口

秦汉时期进入柳江流域的主要以中原军事移民与罪人流放两方面为主，移民的数量不多。至唐代，柳州地区的土著人口仍占多数，大量外来移民主要以明清时期为主。

唐代柳州下领四县，以马平为州治。马平人口数可循自柳宗元《柳州复大云寺记》一文。若以每室 6.5 人计，815—819 年，马平郡治附近有近 6000 人。

宋柳州下领三县，马平为北宋初～南宋咸淳年间的州治，宋南渡后，柳州治所为避元军，迁于柳城，明初回迁马平。该期的具体人口难以确考，可参见表 2-1-1 所示。

元代柳州下辖三县，州治柳城。共 19143 户，30694 口。[1] 从宋代柳

[1] （明）宋濂 . 元史（卷六十三）[Z].（中华书局点校本 · 全十五册）. 北京：中华书局，1976 年 4 月：第 5 册（卷五六至卷六三），第 1533 页 .

州快速增长的人口及有田户数比可以判断，宋代柳州在缴纳租赋的开化人口方面，已具备良好开端。而元代的农桑及屯田政策，又将此人口开化进程大大加速。

宋初及元丰年间柳州的户数对比　　表2-1-1

项目 时间	主户（/ 客户）	所领县数	户数
宋初	—	3	3710
元丰	7295（1436）	3	8730

资料来源：宋初数据源自：文渊阁四库全书《太平寰宇记（一百六十八）》；元丰数据源自：文渊阁四库全书《宋史·地理六（卷九十）》及《元丰九域志（卷九）》，数据冲突之处，以《宋史·地理六（卷九十）》为准[1]。

元代柳州人口开化有两个内涵：一是外来移民文化所形成的社会风气的变化，二是转变土著的社会政治地位或身份所形成的结构改变。元代广西屯田政策对此进程有着积极的作用，柳江流域及其上游人口在元代增长较快（表 2-1-2）。

元代湖广行省广西各路户数、人口一览表　　表2-1-2

名称	户数	人数	名称	户数	人数
静江路	210852	1352678	象州	19558	92126
南宁路	10542	24520	宾州	6248	38879
梧州路	5200	10910	横州	4098	31476
浔州路	9248	30089	融州	21393	39334
柳州路	19143	30694	滕州	4295	11218
庆远南丹溪洞等处军民安抚司	26537	50253	思明州	4229	18510
平乐府	7067	33820	太平路	5319	22186
郁林州	9053	51528	田州路军民总管府	2991	18901
容州	2999	7854	镇安路	（缺）	（缺）

资料来源：（明）宋濂．元史（卷六十三）[Z].（中华书局点校本·全十五册）．北京：中华书局，1976 年 4 月：第 5 册（卷五六至卷六三），第 1532–1536 页。

[1]　（宋）乐史等撰．太平寰宇记·岭南道十二（卷一百六十八）[Z]. 王文楚等点校．（中华书局版·全九册）. 北京：中华书局，2007 年 11 月：第 3213 页；（元）脱脱等撰．宋史·地理六（卷九十）[Z].（中华书局点校本·全四十册）. 北京：中华书局，1977 年 11 月：第 7 册（卷八五至卷九七），2242 页；（宋）王存撰．元丰九域志（卷九）[Z]. 王文楚，魏嵩山点校．（中华书局版·上下两册）. 北京：中华书局，1984 年：上册，第 428–429 页。

柳州马平县人口较为明确的记载在明清时期。明将原柳州路改为柳州府，领二州十县，马平县为府治。文献所载人口即为前述二州十县的人口。明洪武年间，《明史·地理志》载柳州府（辖十二州、县）有户 35962，口 233979。这是编入民籍的丁户。明代还有其他类型的人口与移民，他们与土著一起构成当时的整个人口结构，明代柳州移民的主要渠道有军事留戍、仕宦任职、谪迁流放、散民流移。

至清嘉庆年间，官府对马平的有效控制范围，已是“城内外编户七里”丁口不下数万。至光绪末年马平“城厢 5000 余户，2 万余丁口”。

二、明清“民”“夷”空间的对立与融合

史料将粤西编籍入户的邑民称为“民”，将未开化、未入籍的外族称为“夷”，一些尚未入籍的土著因而被称为“夷”。

研究广西元明军事移民史的学者，一般不将明代班军列入军事移民考察，但正规的明卫所军事移民，尤其在清代“俱改为民”，因而为当时重要的移民途径之一。

（一）明柳州的外来移民

1. 军事留戍

明洪武三年（1370 年）设柳州卫，明初柳州迎来了规模空前的军事移民。根据明代卫所制度“军士应起解者，皆佥妻”的规定，军士必须婚配，妻小跟随丈夫到戍守地点。这些军户单独立籍，独立于民籍之外，子孙世代相袭，固定在某一卫所，不得随意迁徙或逃亡，久之则成落籍当地的常住人口。因此，明代在柳州设立卫所的过程也就是军事移民进入柳州的过程。

根据《大明会典》：“洪武二十六年定内外卫所军士俱有定数。大率以五千六百名为一卫。一千一百二十名为一千户所。”[1]若按前述每卫 5600 人的足额计算，再加上每位军士携带妻、子 2 人计，柳州卫的军士及其家小有近 16800 人。再加上设置三个千户所的军士足额，按前述规定计为 3360 人，连带家小则为 10080 人。这样明初洪武年间常驻柳州卫所的官兵及军户人数有 26880 左右。明中后期，卫所制度废弛，再因卫所外省官兵不敌岭南盛暑，多病瘴，卫所兵额多显不足。

2. 仕宦任职

属流官治区的柳州，明实行异地任官，来柳任常设职位的文、武职官员，成为当时入籍本地的一批特殊移民。

---

[1] （明）李东阳等撰．大明会典·军役（卷一百三十七）[Z].（明万历重修影印本）// 续修四库全书 [Z].（北京中华书局影印版，第 789-792 册）. 上海：上海古籍出版社，2003 年：第 791 册，第 397 页上栏．

3. 官卒任所或谪迁流放

柳州在明代仍属南徼极边，自唐宋始贬谪至此的官宦大有人在，这些官员有些数年后获重召、调任，有些则老死贬所，后代就此落籍，成为当地籍民的一部分。有些非谪贬官员卒于任所，家眷留籍于此便成柳民，也是少数移民的案例。明史料记载的这些卒官与谪官就有不少。

4. 散民流移

经商图利、寻田垦殖、投靠亲友等因素入柳的散民也不在少数，如徐霞客在《西南游日记》（卷三·下柳州）一节曾记载有柳州治天妃庙，可见明代的柳州已经有福建人或广东潮汕人载利往来，并小成规模。另外，明弘治以后，为重振地方民力，也曾诏发省内外各处流民入柳认田耕种，形成明中后期散民入柳的一个重要途径。

不同渠道进入柳州的移民，在明初洪武年间主要以军事移民为主；此后极少再有相同规模的大批军士进驻，只间或补充缺额，陆续留戍军兵。明中后期卫所制度衰微，已无力再召内地军士入柳。

综上所述，明初因军事留戍的入柳移民，主要来自湖广、湘楚、贵州，明中后期留戍的多以桂西征调而来的土著民众。终明一代，柳州等桂中一带的汉化程度一直低于始终有中原军士重兵镇戍的桂林、梧州等桂东北、桂东地区；经商及散民入柳的有江西、福建、广东等地移民，这方面的经济移民与前述桂林、梧州的比，其数量也显少，这与其经济网络滞后的开发不无关系。

（二）清柳州的外来移民

1. 屯垦、工商入柳的外来移民

雍正时官府劝民招垦，大量广东移民移入，其中迁柳的广东客家人移民最多，其次为福建籍、湖广籍、广东广府地区等移民。

综观清代客家人向广西的迁徙，从顺治至道光的200多年间，是其迁徙的高潮期，其中尤以乾隆朝的60年达到最高峰。经《柳州宗祠》调查，清代是外来移民大量入柳阶段，表征汉族香火的“宗祠”在此间大量建立则是一证。在马平县附郭的喇（拉）堡、洛满、流山、里雍、白沙等处遗留下来的汉族各族群所建的宗祠，又以客家人的最多，该著作同时指出，这些客家人“多迁自广东”[1]（图2-1-1）。雷翔先生指出：迁入广西的客家民系主要在柳州、贺州、博白三地落脚。柳州地方文史资料揭示，清乾隆、嘉庆年间为客家人大规模迁入时期。以上资料确切表明，以客家人为主的外来移民，构成了清乾嘉时期马平县的汉人主体社会。这些客家人在马平县有务农耕田，也有从事工商手工业为生。移民中既有做木工的，

[1] 柳州市地方志编纂委员会办公室．柳州宗祠[M]. 南宁：广西人民出版社，2007，12：2.

也有做裁缝的，既有做铁匠的，也有行医卖药的，还有以开杂货批发店为生[1]，属于典型工商业移民。

道光以后，尤其是咸丰、同治以后，直至清王朝灭亡的60多年间，客家人迁徙广西的现象减少。马平县的客家人正是在清康熙至嘉庆的150余年中，从广东等地迁入。[2] 清柳州近郊建村多达120多个，多为乾隆至咸丰之间，由广东客家人所建。

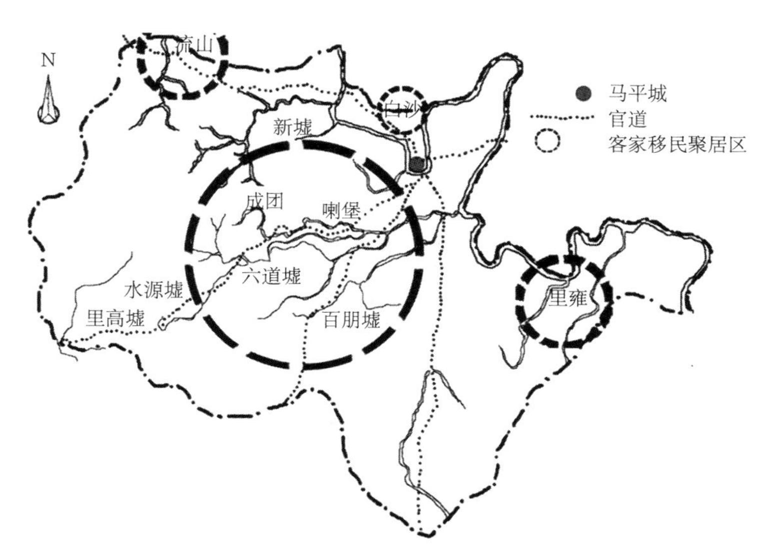

图2-1-1　清乾嘉时期马平县入柳客家移民聚居地的空间分布

（资料来源：作者自绘）

2. 入柳的军事移民

清初，明代迁入的卫所军户“俱改为民”，由军制转为郡县编民，这是军事移民的一部分；康熙元年（1662年）之后，广西的军事重心常驻柳州府城，光是广西提标五营的绿营兵就驻兵逾3500名，另外还有柳州的守城营等，以及各绿营军官。清代康熙至光绪十二年（1886年）驻柳州府城的军事移民应超过4000人。这些绿营兵有从外地征调而来者，也有本地农民及外地进入的“异籍客民”中招募补充者。由于清代绿营兵源多元化，驻兵数量较前代减少，在整个清代移民群体中的比重未占主流。

3. 官宦及贬谪流放的入柳移民

仕宦于柳的地方官也是移民的一部分，如地方官李升俊于光绪二年（1876年）接妻小从广东迁柳，定居于今柳州市儒雅路一带。当时此处为城外西

[1]　刘三余．拉堡圩史话[Z]//政协柳江县文史资料委员会．柳江文史资料（第2辑）[Z]．柳州：中共柳江县委宣传部，1991，7：55-59.

[2]　钟文典．广西客家[M]．桂林：广西师范大学出版社，2005：40.

北角柳江边上的一近城野村——“打渔村”，打渔村于1800年前后始建。李升俊将“打渔村”改为“雅儒村”以趋风雅，此名留存至今。致仕后定居柳州的还有清代的外籍宦臣，这些退职的官宦定居柳州，成为当地士绅阶层的重要组成部分。

（三）柳州历史的“民”“夷”及其空间分布

唐宋时期柳州治马平城内已逐渐聚居汉民，以唐宋土城内外附近为汉民聚居区，柳江南岸的大部分为土著聚居区。至明清时马平城内汉人成为社会主体，但整个马平县由于长期存在土著与外来移民的矛盾，反映在其“民”“夷”空间分布上呈现一定特点，其中以明代尤为明显。马平县直到清初仍是“夷多民少”、“纯乎夷”的社会结构。明王士性曾言:“广右异于中州，而柳、庆、思三府又独异……”

1. 明代马平县的“民”“夷”空间分布

仰赖于明代军屯在柳州的大规模开发，引来相当规模的军户开垦耕田。由前节可知，实地流民、垦荒流民与土著存在难以调和的内在矛盾，反映在空间分布上，也泾渭分明:明代马平“城－郭”的“民－夷”呈东西分布与对立的空间关系（图2-1-2)，其A-A分界线以东为民村区，以西为僮村区。古代图经缺乏测绘手段和合理的绘制办法，修正后的明代柳州府城的“汉－夷”空间关系如图2-1-3所示。明廷在马平县进行军屯的地点基

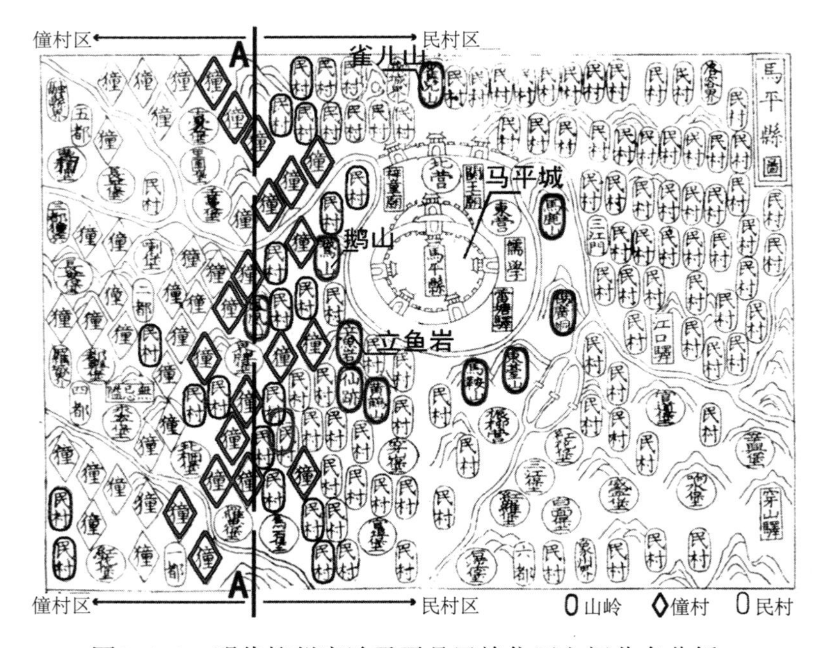

图2-1-2　明代柳州府治马平县民族住区空间分布分析

（资料来源：根据明万历《殿粤要纂》“马平县图”标识绘制。（明）杨芳，詹景凤纂修．殿粤要纂[DB/OL].“高等学校中英文图书数字化国际合作计划”网站：www.cadal.zju.edu.cn/book/02037703，第83/148-84/148页）

本分布在其附郭西部、西南部——那是马平土著的传统聚居区，也是柳江平原最适宜种植水稻、面积最为广阔的部分。这个优越的农耕条件见证于清乾隆《马平县志》所述："喇堡江由二都流至一都入大江；土垢江由四都流至一都入大江；官埠江由四都流至一都入来宾江；里雍江在六都中里；长塘江在六都上里流入大江。"[1] 柳东民村集中区孤峰山丛遍布，农耕条件远逊于僮村区。在土地资源的占有上，自然而然显示了土著的先天优势。

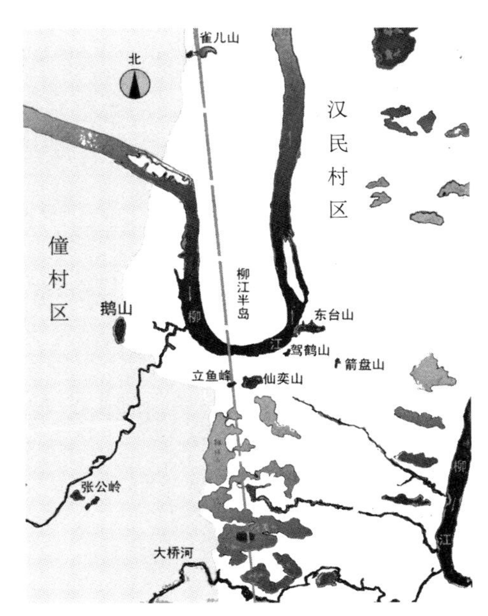

图2-1-3　根据2004年测绘的柳州市地图分析的明代"僮－汉"村空间分布
（资料来源：作者自绘）

在"民夷杂居"、"州邑乡村所治犹半民"的桂林、平乐、梧州、浔州等处，民夷杂居的空间分布是明代较多外来移民地区的普遍现象。在柳州与庆远、思恩等接近黔南的州府，"民""夷"却是处在泾渭分明的空间分布。王士性《广志绎（卷五）》有记载："广右异于中州，而柳、庆、思三府又独异。盖通省如桂 平、梧、浔、南宁等处，皆民夷杂居，如错棋然，民村则民居民种，僮村则僮居僮耕，州邑乡村所治犹半民也。右江三府则纯乎夷，仅城市所居者民耳，环城以外悉皆徭僮所居，……皆僮种也，民既不敢居僮之村，则自不敢耕僮之田，……想其初改土为流之时，止造一城，插数汉民于夷中则已，是民如客户，夷如土著，……逋负多。"[2]

明嘉靖时任柳州知府的郑舜臣在《自叙》云："柳虽文献之邦，多为瑶僮所据。城外仅有民村三处，各不满四百余人。"[3] 可见，明代马平城西南、西部附郭的居民结构当属"仅城市所居者民耳，环城以外悉皆瑶僮所居"之民族空间对立的状况。根据明嘉靖《广西通志》马平县域西南边界"凌江村"、"百子隘"等地名推测，明马平县与清代马平县域大体相同，因此在清马平县图上分析其民族空间分布如图 2-1-4 所示。

[1]（清）舒启，吴光升纂．马平县志 [Z]（光绪二十一年重刊本之影印本）．台北：成文出版社有限公司印行，1970：60.
[2]（明）王士性．广志绎·西南诸省 广西（卷五）[Z]．北京：中华书局，1997：第 118 页．
[3]（清）汪森．粤西文载·名宦（卷六十六）// 钦定四库全书 [DB/OL]．"高等学校中英文图书数字化国际合作计划"网站：http://www.cadal.zju.edu.cn/book/06068946，第 50/106 页．

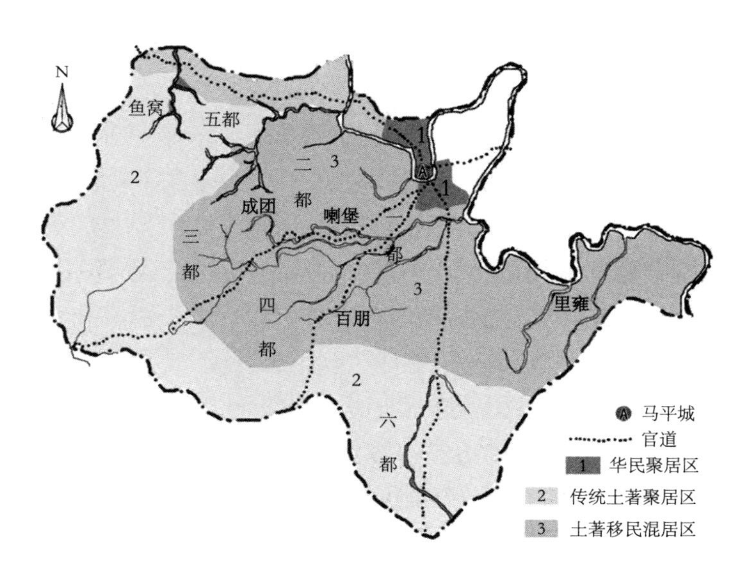

图2-1-4　清乾嘉后马平县民族空间分布示意图

（资料来源：作者自绘）

2. 清代马平县的“民”“夷”空间分布

至清雍正年间，马平县（多聚居于附郭）仍以少数民族的瑶僮居多，虽然当时社会上还有其他的少数民族，但构成彼时主要社会矛盾的少数民族主体仍以瑶僮居多，官府修志治史时记载的也以瑶僮民族的内容居多。如雍正《广西通志》“马平县，去城十里则有獞，百里外则有猺。然耕田输赋皆熟猺熟獞也，又二种狑犽风俗陋简，种山捕野兽，时至墟市货卖。”[1]而马平城则以汉民为主。当时马平县的社会结构分为将士、官宦、居民（汉民）、熟“獞”（熟“猺”）、生“獞”（生“猺”）。

“生猺在窮谷中，不与华通。……城厢村落傭耕樵採为命。”而僮人“然獞亦有生獞熟獞，与生熟猺大抵相类云。”[2]

清嘉庆《广西通志》记述了当时马平城及其附郭的民族空间分布，如：“马平为附郭县，城外有四厢，为黄村、水东、杉木堡、纸房，草墟隔江之。振柳营并水南三寨皆汉民也。由江而南，则有六都，每都分上中下三里，猺獞杂处，好劫杀。惟一都二都近城稍知官法，三都以韦万块之乱，设镇防守，复立三都巡检以驭之。四都既于雍正二年设鸡公镇以扼其要，五都旧有十镇，少帖服，六都以离县远稍横。雍正十二年设红罗石汉两堡，

[1]（清）金鉷．广西通志（卷九十三）[M/CD]// 四库全书 [M/CD].（文渊阁四库全书电子版 - 原文及全文检索版）．上海：上海人民出版社迪志文化出版有限公司，1999：第 204 号光盘．

[2]（清）舒启修，吴光升纂．马平县志 [Z]（光绪二十一年重刊本之影印本）．台北：成文出版社有限公司印行，1970：82-86.

更立穿山巡检控制之，而各都得以宁息矣。”[1] 此外柳江北岸还有一些村落因军事相关的业务而成，如白露乡马厂村。马厂之名始自宣统二年(1910年）在此处兴办军马场，当时的清廷陆军部确定在马平北乡辟马场，设立马厂以“供两广及湘、黔五镇陆军之用”。放牧军马的马厂军民建成场舍，渐成军民聚落，马平北乡（今白露乡和黄村乡一带）即被称为今日的柳州马厂。[2] 清乾嘉朝以后，马平县附郭的一都至三都，沿江及沿官道、河网密布等区域基本成为入柳移民与土著的混居区，汉化程度大大提高（图 2-1-5）。

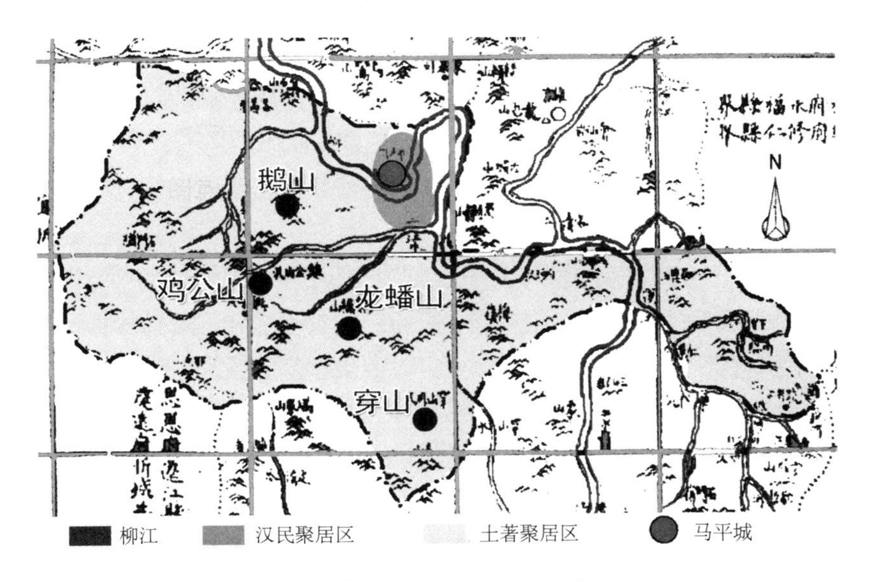

图2–1–5　明马平县民族空间的分布特点

（资料来源：根据“光绪《大清会典》柳州府疆域图”改绘：柳州市地方志编纂委员会．柳州历史地图集 [Z]. 南宁：广西美术出版社，2006，10：72）

第二节　民族矛盾发展对柳州城市的影响

促使马平城发展的因素很大一部分有赖于汉唐时期中原文化的传播与积累：唐马平这个边郡土著小城，演变成清代桂中商埠的汉族文化为主体的城市，其人文内涵发展的本质，就是经历了民族文化的改变与更替。柳江流域的民族矛盾主要是以中原王朝为首的汉族权贵阶层，与以僮瑶民族

[1]　（清）谢启昆．广西通志・关隘一（卷一百二十一）[Z]// 续修四库全书 [Z]（北京中华书局影印版）．上海：上海古籍出版社，2002 年：第 678 册第 670 页．

[2]　梁志强．马厂得名新考证 [Z]// 政协柳州市柳北区委员会文史资料编辑组．柳州文史资料（第五、六合刊）[Z]. 柳州：柳州文史资料内部刊物，1990：19-21.

为主的土著民族之间的矛盾，从某种意义上看，这个民族矛盾产生的同时还伴随着阶级矛盾和文化冲突。宋元至明清是柳州民族矛盾的历史发展期，该时期同时也是城市文化得到大力推进与确立的时期。僮瑶等土著民族在经济、社会制度方面与汉族文化体系分处于不同的发展水平，明清马平城市相对于其他时期得到更大程度的发展，很大程度在于该时期中原王朝对土著民族实施了前所未有的民族政策与民族管理。

引发民族矛盾的关键在于历史上各朝对民族管理政策——“羁縻制度”的控制力度和形式。“羁縻”见于西周《尚书·周书·周官》,《史记·司马相如传·索隐》引之曰:“羁，马络头也；縻，牛韁也，言制四夷如牛马之受羁縻也。”秦汉对古代广西最先采用的是羁縻制度来进行地方管理。其实质就是中央王朝统治者在无法直接统辖的少数民族地区，任用少数民族的首领为官吏，对民众进行间接统治，以达到“以夷制夷”的目的。

一、民族矛盾缓和期:唐宋柳州对外来文化的吸收

自入秦版籍，中央对古代广西（当时桂林郡、象郡、南海郡的一部分）的控制并不巩固。因而，该地区与中央王朝的稳定关系，基本从汉元鼎六年（公元前116年）开始。西汉在少数民族地区采用初郡政策，[1]对该地区的控制力还不能稳固掌控。“蛮僚杂处”、“蛮多民少”、“地方自治”是“初郡”的最大特点，也是中央采取了这种“流官治其土，土官世其民”间接的“统而不治”的原因。唐羁縻制度无论在控制力还是影响力上都比汉初郡制更为深远。宋“参唐制”在体制上增加了“羁縻峒(洞)”，即宋范成大《桂海虞衡志·志蛮》云“大者为州,小者为县,又小者为峒”[2]。在体制、规模上臻得完善，至此，宋代羁縻制度比唐代更趋严密和健全，对地方的控制日趋巩固,后发展为元明土司制度。地处土流交界面的柳州，在流官（中原行政长官）干涉下，逐渐改变之前质卖人口等土著文化的陋弊,并在宋代开始建立书院等一系列文化设施,呈现汉儒文化（龙文化）西渐的现象。

（一）唐柳宗元对柳州的文化推动

唐代柳州地区的文化发展在史料中以柳宗元的贡献最为显著。柳宗元在柳州的文化推动包括:重修文宣王庙，兴儒家礼法教化；设计具体办法，释放了上千奴婢:“思利于人”，城隍挖井为民等；鼓励发展生产，并亲自种柑、种柳。柳宗元在柳州施行惠民善政，四年内柳州城乡面貌发生了显

[1] 胡绍华.中国南方民族史研究[M].北京:民族出版社,2003:128-138.

[2] (宋)范成大.桂海虞衡志·志蛮.//范成大笔记六种[M].孔凡礼点校.北京:中华书局,2002，9:134.

著的变化，韩愈《柳州罗池庙碑》则记载了这一变化："柳侯为州，不鄙夷其民，动以礼治。三年，民各自矜奋。……于是民业有经，公无负租，流逋四归，乐生兴事，宅有新屋，步有新船，池园洁修，猪牛鸭鸡，肥大蕃息。"韩愈当时深感"今天幸惠仁侯，若不化服，则我非人"。

（二）唐马平城盛行的龙文化

马平县较早记载"龙"是在梁武帝萧衍大同年间（535—546 年），《柳州县志·机祥》记："有八龙见于（柳）江中。"彼时出现八龙的为柳江上游龙江段，唐玄宗天宝元年（742 年），柳州曾名龙城郡，元和年间柳宗元在柳州曾诗有"只应长作龙城守"、"劳君远问龙城地"，此时说的就是包括马平县治在内的龙城。

马平龙文化的主体"龙"最先出现于和江水有关的传说，在县内的多处地物、地名含以"龙"称，表明自唐代始龙文化已具备一定基础。龙也多与水的因素联系、出现，如立鱼岩下的小龙潭；再如大龙潭，因柳宗元曾前往位于那儿附近的雷塘庙祈祷降雨而成为祭祀天雨的文化场所；柳江南岸的蟠龙山、龙壁山、龙船山；还有柳江南岸上的"龙头石"。自唐代被名以"龙城"，尤其是柳宗元雷塘祷雨之后，龙文化深入民间，大龙潭遂成为该地著名的祭祀场所。

（三）宋代谪臣对柳州的文化推动

经过唐代城市建设的充实，柳宗元对文化教育的推进，在宋代文化又有了进一步的发展。南宋绍兴二年（1132 年），曾任宰相的王安中、吴敏、汪伯彦先后到柳州，于驾鹤山下建立驾鹤书院，书院"观书论诗，款洽终日不倦"为盛，成为广南西路最早的书院之一。南宋淳熙元年（1174 年），郑镇在此题刻"小桃源"。

2003 年 8 月，柳州市文物考古队员在驾鹤山南麓崖壁上发现了"驾鹤书院"、"小桃源"等石刻，在距离山脚 15 米处开挖探沟，在地下 1 米深处发现了一排排列整齐的青砖，并发现墙基遗址，经广西壮族自治区有关专家鉴定，认为与史料记载的驾鹤书院吻合，该建筑遗迹就是宋代驾鹤书院的建筑遗址。

二、民族矛盾激化期：明柳州人口规模的倒退

（一）明广西民族管理的东西对立格局

明代延续了宋元时期形成的土司制度，在高度中央集权下，柳州所在的黔江流域是农民起义最为酷烈的地区。宋后期侬智高乱后，桂西广大壮族聚居区，即原属羁縻州、县、峒地区的民族首领纷纷建立封建领主经济，与当时原羁縻州、县、峒的各土官权势结合，为元明土司制度的形成奠定了最基本的经济基础。如："各土府、州、县、峒均为互相独立的政治实

体和封建领地，各有自己的地盘、疆界，各有自己的一套政治和经济制度，各有自己的武装。”[1]

明代几次欲在广西进行改土归流，皆未有成效。为控制局面，明廷在整个广西广泛设立“土巡检司”（土司制度中的一个基层部门）。巡检司从宋代开始设置，经金、元沿袭下来，明代在广西设巡检司主要为捕盗和盘诘奸伪。如《明会典(兵部七)》曾指出“凡天下要冲去处,设立巡检司……”。明代卫、所之间一般设置巡检司，根据卫、所之间的空间距离，选择设置。所谓“卫之隙置所、所之隙置巡检司”，“莫不因山堑谷、崇其垣墉，陈列兵士,以御非常”。由土官巡检和弓兵或者士兵承担治安维持任务的巡检司，称为土巡检司。[2] 有研究表明:原来清一色流官的广西东部地区，“明初以后逐渐设置了许多土司，犹如座座岛屿，散布在流官的汪洋大海之中”[3]。土司的分布最终形成“广西西部是土司的汪洋大海,随着改土归流的发展，明初以后出现一些流官的岛屿；广西东部是流官的汪洋大海，明初以后出现了星罗棋布的土司的小岛”[4]。柳州正是前述两片土流“汪洋”的交汇之处。明代在今广西东部地区共设置 292 家土司，分布情况如表 2-2-1 所示:

明代广西流官地区设置的土司一览表　　表2-2-1

职位 地区	土知州	土知县	长官司长官	长官司副长官	土巡检	土副巡检	土吏目	土典吏	土主簿	土驿丞	土千户	土百户	土指挥	土舍	合计
桂林府	—	—	1	—	3	34	—	—	—	—	—	—	—	—	38
平乐府	—	—	—	—	21	13	1	—	—	—	—	—	—	8	43
梧州府	—	—	—	—	3	40	1	—	—	—	—	—	—	—	44
浔州府	—	—	—	—	12	19	—	2	—	2	—	—	—	—	26
柳州府	—	—	1	—	12	45	—	—	1	5	4	9	1	8	86
庆远府	—	1	3	5	1	19	—	—	—	2	—	—	—	—	31
南宁府	—	—	—	—	3	20	—	—	—	—	—	—	—	1	24
合计	2	1	5	6	45	190	2	2	1	9	4	9	1	17	292

资料来源：苏建灵.明清时期壮族历史研究 [M]. 南宁：广西民族出版社，1993：164.

值得注意的是:柳州府是广西设置土司最多的地区，共 86 个，远远多于其他任何一个流官州府,占整个广西流官地区所设土司的 1/3。统计揭示，柳州府设置的土司级别以土巡检司、土副巡检司为最，其中原因耐人寻味。

[1] 谈琪.壮族土司制度 [M]. 南宁：广西人民出版社，1995：281.
[2] （日）谷口房男.明代广西的土巡检司 [J]. 王克荣译.学术论坛，1985（11）：48-56.
[3] 苏建灵.明清时期壮族历史研究 [M]. 南宁：广西民族出版社，1993：124.
[4] 苏建灵.明清时期壮族历史研究 [M]. 南宁：广西民族出版社，1993：156.

就当时看，流官地区的少数民族经常迁徙流动，反抗斗争频繁，很难进行直接统治。柳州府设置数量惊人的土巡检司，实为形势所迫：在明代柳州已被推至粤西民族矛盾最尖锐的地区——土流管理的交界区，期间柳州府民族反抗的酷烈程度，为明代广西各州府之首（后文详述）。

（二）明柳州移民与土著的内在矛盾

柳江流域及其所属的黔江流域是明代壮瑶族聚居区，也是反抗明廷最频繁的地带。弘治六年(1493年)闰五月乙巳，南京户部员外郎周琦曾言："广西桂林府古田县、柳州府马平县，皆山势相连，徭僮恃以为恶。我军北进，贼即南却，西进即东走，军退覆即巢穴。如石投萍，随散随集。故兵屡进，贼转多。民困日深，资粮浪费。……臣恐广西之地，十年不治，民将无地，二十年不治，地将无民"。[1] 起伏的反抗源于移民与土著间的矛盾，本质是中原文化与原住民高山文化间发生的碰撞。柳州壮瑶民族的生活、生产方式与外来汉民存在差异，两者间的矛盾聚焦在土地占有及开发方式上。

1. 移民与土著间生产方式方面的文化差异矛盾

柳州境内石灰岩地形广布，山地多，平地少，苗瑶民族世居山地溪洞。移民进入山区开荒垦殖，致使森林资源遭到难以再生的破坏。外来移民一是通过武装占田（明军队或以军队为主的外来移民）对土著民田直接掠夺；二是伐林砍树，烧山垦殖，开辟生地。这些生产、生活方式对落后经济区域存在客观的发展、推动作用，但对森林、高山生态环境生存依赖度较高的壮瑶土著，尤其是世居半山的苗族、世居高山的瑶族，这样的开发对其生产、生活方式存在毁灭性的打击。

2.（军事）移（客、汉）民与土著争夺土地资源方面的矛盾

明廷镇压土著反抗的客观结果：一是打击了武装起义，形成武力震慑；二是造成土著熟田流变，转成无主耕地。朝廷可就此进驻屯兵或诏发外地各处散民、流民前来领种。正德四年（1509年）五月戊午，两广镇巡等官潘忠等奏："马平县地方，贼寇既平，当图善后之计。……仍放堡内起盖仓廒，委官收放。及将佃户俱免一年粮差，以示宽恤。"[2] 这些措施使领种移民与原土著田主或部族之间的矛盾进一步激化。马平县的二都、三都等是柳江平原最为膏沃之地（图2-2-1）。外来移民因朝廷驱剿土著而获得膏腴土地，这本身就不是文化交流、融合的渐进式过程，不是人类社会自然融合的结果。从《明实录》材料看，明代柳州土著与移民争夺土地的斗争，实际上是长期、酷烈的过程。

[1] 广西壮族自治区民族研究所．明孝宗实录(卷七六)//《明实录》广西史料摘录[Z].南宁：广西人民出版社，1990，10：758.

[2] 广西壮族自治区民族研究所．明武宗实录（卷五十）//《明实录》广西史料摘录[Z].南宁：广西人民出版社，1990，10：765.

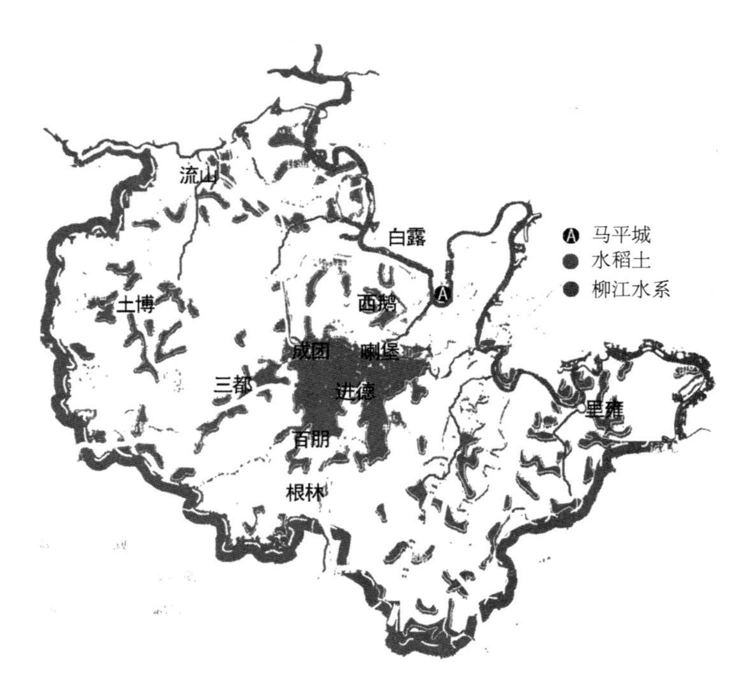

图2–2–1　明代马平城与西南隅富水稻土的柳江平原隔江相望
（资料来源：根据“柳州市土壤图”改绘。柳州市地方志编纂委员会．柳州市志（第一卷）[Z]. 南宁：广西人民出版社，1998，8：彩图页）

3. 移民与土著矛盾的缓和

为了缓和移民与失去山地、林地、耕地的“流僮”、“流瑶”等流夷之间的矛盾，明廷也在围剿的同时采用怀柔的招抚，使贤良能吏安抚柳州一带“夷獠”。如洪武十八年（1385 年）至永乐元年（1403 年）皆采取了绥抚政策，去“招抚复业，至是俱至，仍隶籍为民”[1]。

这些怀柔、招安手段屡见于史料，也获一定成效，使一些“向化”的壮瑶土著一度安于明廷的粮赋制度和汉化的生产与生活模式，在马平县局部地区形成僮汉杂处的村落。一部分瑶僮人民适应了乱世中与汉民共处，并积极学习、掌握中原耕种的文化与技术。这是移民与土著尖锐矛盾对抗之后的另一个结果：共融与共生。

招抚手段可暂使流夷归入民籍，拥田耕种。但遇天灾人祸，难负粮税的困境时，土著唯有再次起义。绥靖措施不能长久解决地方叛乱，如是反复地“起义－被镇压”，包括柳江流域在内的黔江流域各城镇遂成了广西“匪情”最盛之处。

[1]　广西壮族自治区民族研究所．明太宗实录（卷二〇上）//《明实录》广西史料摘录 [Z]. 南宁：广西人民出版社，1990，10：736.

（三）民族矛盾引发明柳州人口规模剧降

中国各朝计口的名称和方式存在相当大差别。在此本书仅以柳州府清初的人口与明洪武年间的做粗略对比，以对影响明代柳州人口消长的因素做定性分析。

文献记载明洪武期间柳州府（柳州领州二县十）有户三万五千九百六十二，口二十三万三千九百七十九；则明初柳州的计口为：平均19498口/州县。清初柳州府有原额人丁一万二千二百五十三丁三分七厘零[1]。清初，柳州府仍领12州县；清雍正后柳州府领州一县七。清雍正《广西通志》分述雍正前后柳州府人丁数，前述“原额人丁”辄指雍正前的顺治、康熙朝数据。并置以上数据的前提源于明代“口”与清代“原额人丁”之间存在一定的联系。[2]

柳州府明清两代“口”与“原额人丁”的数据比较，虽未涵盖该区域人口统计的全部内涵，但可窥见人口消长的历史变化。如若学者曹树基所言，清代广西“原额人丁”几乎等同于明代万历六年“口”的说法，那柳州府明清两代的计口数量，考虑清代其所领州县数量的增减后，是呈急剧缩减态势的。这个人口剧降的原因，除了明代中、晚期发生了若干次大旱歉收所致的饥馑亡失这个原因外，或可从“明代柳州府爆发的地方战争一览表”（见本书“附录”部分的“附表4”）找到一些答案。表中统计了从1370年至1620年柳州府境内爆发的大小规模、断续延绵了两百多年的反抗官府的农民起义。从表中不完全的统计数据看，明代柳州府战火从洪武年一直延烧至万历年。壮瑶民族的反抗鲜有成功者，终明一代，柳州府因农民战争死亡的人口空前绝后。以该表马平县发生的起事计，被“斩杀”的人数即使保守估计也逾20000多人。这个数目尚不包括表中发生在“柳州”的起义事件所牵涉的马平起事者，以及被无辜殃及的马平良民。查阅附表4可见，马平是柳州府中受战火摧残最严重的县地。直至清代，马平县人口仍难达柳州府州县的平均线。史料亦有迹可循。战功显赫的右都御史、太子少保张岳，于嘉靖二十四年（1545年）平马平僮民乱，息战后慨叹于此处民不聊生的惨状，其文集《小山类稿》记“右江所属柳庆等府，近年以来盗贼充斥，人民逃散，柳州一府所属十二州县被害尤甚，中间马平、来宾等县，里隆、北伍等处更为酷烈。”[3]

[1]（清）金鉷．广西通志（卷三十）[M/CD]//四库全书[M/CD].（文渊阁四库全书电子版-原文及全文检索版）．上海：上海人民出版社迪志文化出版有限公司，1999：204号光盘．

[2]曹树基，刘仁团．清代前期“丁”的实质[J].中国史研究，2000年04期．

[3]（明）张岳．报柳州捷音疏//小山类稿（卷三）//明洪武至崇祯[M/CD]//四库全书[M/CD].（文渊阁四库全书电子版-原文及全文检索版）．上海：上海人民出版社迪志文化出版有限公司，1999：207号光盘．

三、民族融合后：清柳州经济的大发展

（一）清初宽松的广西屯田政策

顺治元年至十五年平定南明政权的战争尚未结束，清廷在广西就提出屯田开垦的主张。一直到清中期，随着改土归流的进一步推进，广西屯田才逐渐走向衰落。

清代广西的大发展，或以雍正朝实行的“改土归流”为历史契机。[1]考察清代前期客家人入桂如潮的原因，既和广西地广人稀有关，也和清王朝实行的招垦政策有密切联系。易地谋生成了许多移民迁徙广西的动因。据《柳州市地名志》的不完全统计，在柳州市现存的239个自然村落中，有139个村落建于清代，约占总数的58%，说明清代是今柳州市一带人口迁入及增长最快的时期。

（二）清马平县民族的对立与融合

战争冲击后，马平县最为肥沃的西南隅抛荒了大片田土，陷入“重新洗牌”状态：原有地契大量丢失，土地归属权模糊不清，大量入迁移民乘机自由占垦土地，在这土地重新分配的过程中，由争田夺地而引发的族群冲突引起了朝廷的高度重视。据乾隆四十二年（1777年）广西布政使孙士毅奏称：“粤西官荒地土，向未查明定界。……如仍有争控，即将经管官参处，应咨吏部酌定处分，从之。”[2]一些移民始迁祖的遗嘱对此有所反映：“自来基隆村居住之始，村邻人等欺藐我单家独住。迨住三年之后，……方得邻里相交，让卖田地。”[3]汉民艰难融入土著的过程，通过共同居住、买卖田地等一系列经济往来，逐渐达到社会融合。

迁柳主力军的客家人，有聚族而居的民居文化传统。客家民系形成一定聚居地，有利于生息繁衍。除了马平城内大量分布客家民居以外（见附表1清代马平城内遗存的祠堂（民居）），拉堡、进德、成团等附郭镇村就是当时迁柳客家人的聚居地。这些聚居区间或移入少数土著，形成混杂居住的民族区。在长期生活中客观存在文化的交流与相互影响，如居附郭成团镇的覃姓壮族移入客家人聚居地——拉堡镇塘头村之后，从语言到习俗都受到入迁客家人的影响，以致后来覃姓族人也将客家话作为日常交流语言，与通行的汉语（桂柳方言）并用。当时该村入迁的练、钟、谢、郑等客家人均兴建祠堂，受此影响，作为壮族的覃姓人家亦建起了宗祠，并引入客

[1] 古永继．元明清时期广西地区的外来移民[J]．民族历史与文化研究，2003年第2期（总第47期）：79.

[2] 清高宗实录（卷一〇二五）·乾隆四十二年正月二十二日谕[Z]//广西壮族自治区通志馆等．《清实录》广西资料辑录（第一册）[Z]。南宁：广西人民出版社，1988，8：252-255.

[3] 柳州市地方志编纂委员会办公室．柳州宗祠[M]．南宁：广西人民出版社，2007，12：170.

家人正月上灯祈福的习俗。[1] 相同的情况，也发生在近城的熟壮及其周围的客家汉民之中，如柳南文笔村下龙汶屯的覃姓壮家，接受汉族合院的建筑形式，建立居住与祭祖合一的“宗祠”[见附表2“清代马平县近郭遗存的祠堂”(民居)]。文化融合则体现在汉族建筑文化对土著民族居住方式的影响。

民族文化的融合还体现在土客两方语言的学习、更替及混用上。迁到马平县的客家人因长期与桂柳人杂居相处，在语言上受桂柳人的影响很大。居民操双语的现象相当普遍，有些人甚至会讲数种语言。民国时，外地人眼里甚至有以下印象：“柳州人平常都能说两种话：一种是与桂林话相同的普通话，一种是客家话。”[2]

（三）清柳州城积贮的增加及经济大发展

清前中期马平始平战火，旱灾、水灾等天灾形成的饥荒是当时严重的社会问题，仓廒在维持清代马平县地方社会的稳定方面起着非常重要的作用，为清代柳州经济稳定创造了良好局面。历史上这里经常发生旱灾、水灾、蝗灾。蠲免(缓)、赈济、调粟等是清廷救灾的主要措施。其中效果最为直接、显著的当为设置社仓、义仓等仓廒。然柳州常平仓的设置至清代才有较为确切的数据记录。

马平县早在明代已设立常平仓，社仓在清代设立，见乾隆《马平县志》：“圣朝轸念边方轻徭薄税，于常平仓之外又置社仓儆。古旅师耡粟歛颁意每岁推陈易新，新足以备赈。”[3] 雍正间，马平县仓储状况有：“存仓应贮谷六千石，分贮捐纳谷一万二千石，社仓谷四十石，拨剩存仓米改谷五千六百零四石八斗五升零。”[4] 至乾隆间马平县积贮大幅上升，尤其是社仓存谷数量飙升：“常平仓额贮穀一万六千五百三十九石八斗零五合；社仓采买备赈穀四千石。”[5] 嘉庆间马平县：“常平仓额贮穀三万五千五百三十九石八斗五合，……社仓额贮穀四千石，息穀四百五十七石六斗一升。军流遣犯口粮本穀一百五十石，息穀十四石五斗二升五合四勺。典史分贮义仓穀五百六十六石。三都汛巡检分贮义仓穀三千一百八十九石四斗六升一合七勺。穿山镇巡检分贮义仓穀两千六百十六石五斗八升七合。”[6]

---

[1] 柳州市地方志编纂委员会办公室. 柳州宗祠 [M]. 南宁：广西人民出版社，2007，12：2.

[2] (民国)沈起予. 柳州一宿(续柳州道上)[Z]// 柳州市志地方志办公室. 民国柳州纪闻 [Z]. 香港：香港新世纪国际金融文化出版社，2001，9：69.

[3] (清) 舒启修，吴光升纂. 马平县志 [Z]（光绪二十一年重刊本之影印本）. 台北：成文出版社有限公司印行，1970：176.

[4] (清) 金鉷. 广西通志・卷二十九 [Z].(文渊阁四库全书电子版 - 原文及全文检索版). 上海：上海人民出版社迪志文化出版有限公司，1999.

[5] [清] 舒启修，吴光升纂. 马平县志 [Z]（光绪二十一年重刊本之影印本）. 台北：成文出版社有限公司印行，1970：184.

[6] (清) 谢启昆. 广西通志・经政十二（卷一百六十二）[Z]// 续修四库全书 [Z]（北京中华书局影印版）. 上海：上海古籍出版社，2002 年：第 679 册第 335 页 .

清柳州城因此获得相关的经济发展，于后章详述。总之，乾嘉以后激增的积贮以及经济成就说明：清代柳州已逐步进入经济大发展时期。

第三节　柳州的文化传播、交流及其城市发展

外来移民在柳江流域的数量逐渐增加，产生的文化传播与交流是建立新城市的社会基础。除了广大民众在文化上的积极推动，历史上多位政军精英在文化感召、行政、宗教、经济建设上对柳州城市发展作出了直接的推动。

一、儒释道在唐宋马平的传播

（一）唐柳宗元对汉儒文化在马平城的推动

唐宋时期，孔子正式被封为王，文庙、文宣王庙即孔庙。马平县文庙始建于唐代贞观年间。唐宋文庙遗址今已无从考察。柳宗元振兴地方建设的一件大事就是重修文宣王庙。柳州在他及柳之前，“州之庙屋坏，几毁神位”。元和十年（815年），柳宗元主持重修文宣王庙，“完旧益新”，整修后将柳州州学置于此。《柳州县志》卷之五有记：“马平辟处岭表，秦汉时仅属羁縻，自唐柳侯来守是邦，建学明伦而都人始翕然响化。”[1]

（二）唐宋佛教在马平城的传播

1. 唐代柳州马平城附近的佛寺

唐代柳州佛教寺庙的建立，是“始以邦命置四寺”的过程。《唐会要》卷四十八有：佛寺最初由政府设定筹建。马平城佛（宗）教的进驻取得社会和生产等多方面的积极意义。当地百姓生病时不看病吃药，而是信鬼神巫吉来处理病情，使人口日益减少、田园荒芜，严重影响生产力的发展。柳宗元劝告民众放弃“祭鬼神”之法去积极就医，后又刑罚约束，皆难奏效。因此借重建大云寺弘扬佛教以“去鬼息杀”。

唐马平城内佛教寺庙的分布，四座佛寺中“其三在水北，而大云寺在水南”，水北寺庙的数量远远大于水南，需要佛教精神支柱的民众应比水南的密集抑或在数量上更多。水南大云寺设立后曾遭火灾，荒没。从城市人文形态的分布规律看，水北佛寺数量多，对应的区域为州治城墙附近，是汉族聚居密集处；水南寺庙数量少，对应区域为少数汉族与绝大多数土著民族混居区。史料所载的唐代马平城附近的佛寺有大云寺、开元寺、乾明寺等。

---

[1]（清）舒启．柳州县志·卷之五[Z]．柳州：柳州图书馆地方志部铅字本：卷之五·学校第1页．

柳州大云寺：为武则天天授元年（690 年）下令全国各州造大云寺时所建，当时共建四座，柳江舌形凸岸的江北岸有三座，江南岸有一座。江南岸这座曾因大火烧毁后近百年未修复，后由柳宗元重修。

柳州开元寺：创建于武则天垂拱二年（686 年），唐玄宗开元二十六年（738 年）改为开元寺。历史上多次被毁，位于今柳侯祠东北。

柳州乾明寺：见于《县志》"乾明寺碑，唐柳子厚来刺是邦建寺立碑，今废。"[1]

2. 唐宋灵泉寺的兴建与发展

宋灵泉寺的历史可以追溯到唐代，有考古遗存证实灵泉寺是始建于武则天载初元年（690 年）的大云寺。唐元和十二年（817 年）柳宗元修复大云寺并撰《柳州复大云寺记》的那座寺庙即为宋代灵泉寺。北宋元祐三年（1088 年）大云寺易名为灵泉寺，后屡次更名。明万历年间曾重修灵泉寺，后屡废屡建。

宋元祐三年（1088 年），灵泉寺改为十方禅院，崇宁年间改名为天宁万寿禅寺。据记载，灵泉寺最显赫的时期要数宋代。当时由于佛教"变律为禅"，使佛寺得以发展兴盛。据避难于柳州的北宋丞相王安中在绍兴二年(1132 年)撰写《仙弈山新殿记》所记，经过六年多的不断修造而建成的寺院主体佛殿——大雄宝殿，被誉为"广右（西）第一"，"伟杰胜丽"。灵泉寺的附属建筑之一旅客住宿设施，当时就可接待"四方来栖之士，指以千计"。

（三）宋代道教在柳州马平城厢的传播

道教在宋马平城也有传播，柳江南陆道岩摩崖石刻记有南宋淳祐七年（1247 年）多幅石刻捐献题名，献塑的"三清诸真"神像多座。陆道岩由"相传有陆道人者，修炼于此"得名。现存的"塑神像题记"摩崖列有土岩坊、含水坊、龙竹坊、大利坊等地名七个。从陆道岩资料分析，道教在马平传播的香火甚旺。

二、外来地域文化对明代至民国马平城的影响

明清马平商业渐盛，各活跃于马平的外籍商帮纷纷建立商业会馆，外籍经商的同乡人，为壮大经济等目的在会馆结成民间社会组织。会馆组织推动柳州多元文化的进一步生成，在"联谊、祀神、合乐、义举、公约"的原则下，积极传播本籍文化，对柳州城市文化具有以下几点贡献：一是各馆祀神、敬乡贤所形成的神灵文化加剧了柳州地方神灵信仰的多样化，至中华人民共和国成立前，柳州城内外共分布各神灵庙社达 20 多个；二是促进了柳州地方戏剧多元化格局，丰富了柳州民众的日常生活，如光绪

[1] （清）舒启．柳州县志·卷之二 [Z]．柳州：柳州图书馆地方志部铅字本：卷之二·古迹第 16 页．

十八年（1892 年），粤东会馆聘广东戏班来柳州酬神演戏。在此前后，桂剧、祁剧等剧种相继进入柳州，“或为庙宇会馆酬神，或为民众庆典，演出活动渐次增多”；三是来自中原文化发达地区的会馆，具有促进传统儒家文化在柳州传播的作用；四是民国时期，会馆创建同乡学校促进了柳州地方文化教育的发展，该期间创办的中、小学多所。马平县粤东会馆开柳州会馆建筑的先河，其在康熙年间设立，随后湖广会馆、江西会馆、福建会馆相继设立（图 2-3-1、表 2-3-1）。会馆复制原籍乡土文化，遂成为外籍文化与柳州土著文化融汇的桥梁。

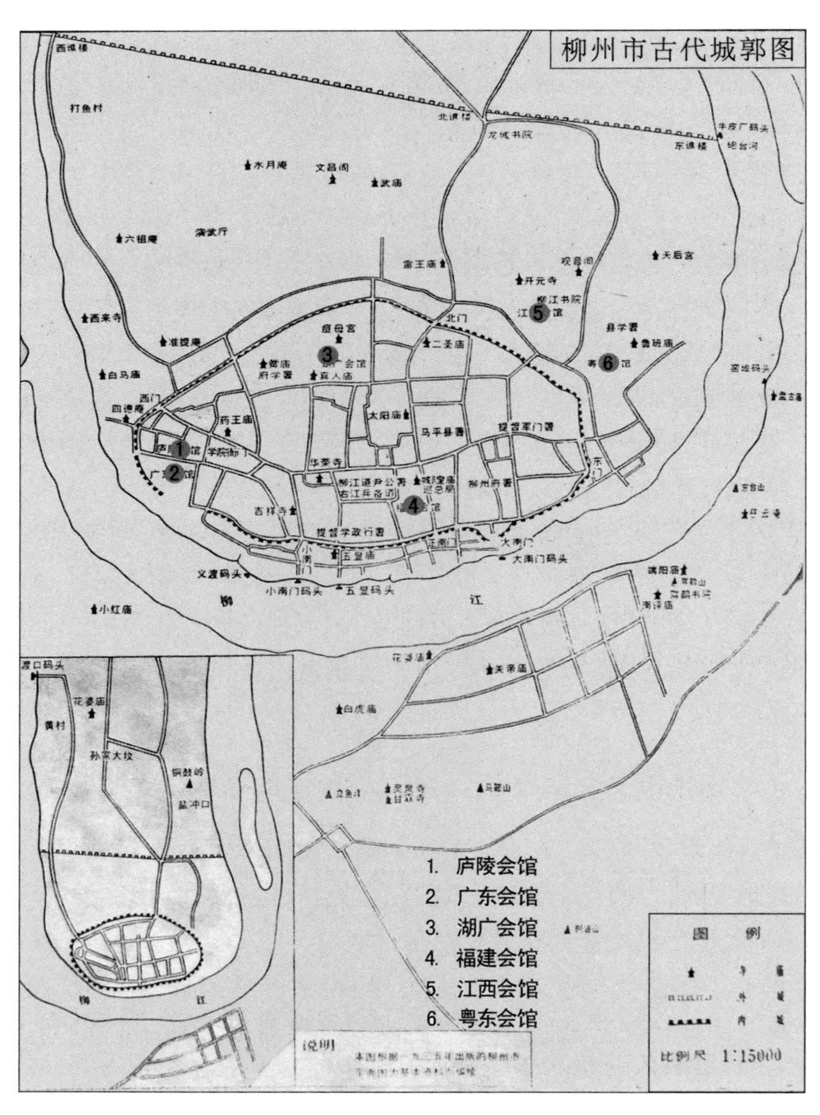

图2-3-1 清代至民国时期马平城民间信仰坛庙、商业会馆的分布示意图

（资料来源：柳州市地方志编纂委员会 . 柳州市军事志 [M]. 柳州：柳州市地方志编纂委员会，1990：插图页 1）

清代马平城的会馆建筑一览表 表2-3-1

会馆名称	建立时间	馆址	备注
福建会馆	雍正年间	仁恩址北（今解放路25号柳州剧场处）	—
广东会馆	乾隆年间	今曙光西路与青云路之间	原潮梅会馆，别称三州（潮州、惠州、嘉应州）会馆，民国17年（1928年）毁
庐陵会馆	乾隆末年	旧学院衙门左首（今柳州日报社后门）	民国17年（1928年）毁于大火，抗战时修复两间平房
粤东会馆	康熙年间初建，光绪二十八年（1902年）重建	东城墙外	占地10余亩
江西会馆	清末年(1905年)左右建	位于柳侯祠西南侧	民国16年（1927年）后长期为军队用，民国36年（1947年）为校址创建中学
湖广会馆（原称三楚会馆、湖南会馆）	康熙年间初建，咸丰年间毁于战火，光绪初年移建	原建于城外柳侯公园南面附近，后移建于景行路北面，府学宫之左（今景行小学处）	原三楚会馆，后移建于景行路，原关帝庙旧址，以修建关帝庙名义移建于内。建筑形式按武庙规格及布局。占地1.3万平方米

资料来源：根据“柳州市志·建筑业志建筑工程（第一卷）[M]. 南宁：广西人民出版社，2000；罗玲川 . 湖广会馆与克强小学 [Z] // 政协柳州市柳北区委员会 . 柳州文史资料（第四期）[Z]. 柳州：柳州市文史资料内部刊物，1989：153–155”相关资料整理制表。

三、伊斯兰文化、基督教在清马平城的传播

（一）伊斯兰文化在清马平城的传播

伊斯兰教传入柳州，一说在明末，但不确凿；一说在清顺治十年（1653年），以东台路（现机关幼儿园）始建清真寺为标志；[1] 另一说则认为在稍晚的康熙年间，清康熙的材料准确记载了伊斯兰在柳州的诞生过程，奠定这个基础的是广西提督马雄。马氏三代在柳州生活了相当长时间。

伊斯兰教立足柳州的主要标志是清真寺的修建。柳州清真寺有城外寺、城内寺之分（图 2-3-2）。城外寺在城外鹧鸪台，今已不存。据史学家白寿彝考证，城内寺建于清，地址位于今柳州市公园路 6 号，现仍有部分建筑保存完好。几经重修后，一直存在到现在。民国 22 年（1933 年），柳州回民又在莲花桥建起一座清真寺。

马雄在马平城还创建了伊斯兰墓地。柳州伊斯兰人公共墓地有几处，规模最大、创建最久的是城东柳江西岸窑埠村雄狮岩的“回教坟山”。墓

[1] 蒋霖 . 柳州宗教活动概况 // 中国人民政治协商会议柳州市城中区委员会文史资料工作组 . 城中文（第四辑）[Z]. 柳州：柳州市内部刊物，1989，7：117.

地内所葬约万家。据墓碑文字推证，这块墓地康熙年间已有，康熙十六年(1677 年）大具规模。根据各方面情况以及从墓碑铭刻时间推测，马雄和这个墓地有过密切关系。[1]

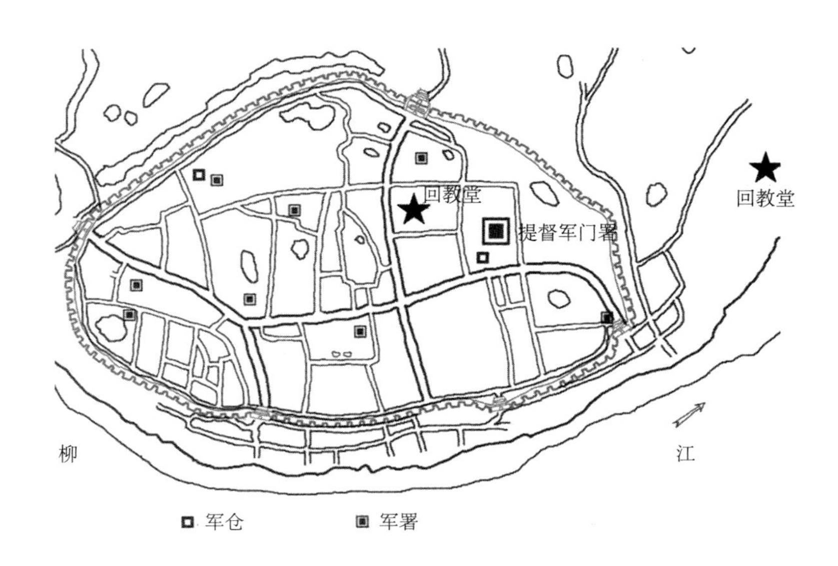

图2-3-2　清代马平城军事部门及回教堂的分布示意图
（资料来源：作者自绘）

马氏还延聘著名经师，弘扬柳州伊斯兰事业。马承荫序《清真指南》记载翔实。可见当年柳州伊斯兰研经讲学之风颇盛。

（二）基督教、天主教在近代马平城的传播

因晚清中法战争、广西仇视外教活动等原因，基督教、天主教进入柳州时间甚晚。20 世纪 30 年代末天主教堂在柳江南岸驾鹤东路设立，柳州基督教在中华人民共和国成立前比天主教发展得早，传播也更为广泛。

基督教于 1906 年在柳州城庆云路（现中山中路）成立宣道会，后逐渐成立安息日会、浸信会、仪义会等。当时柳州基督教的主持人是陈法言，著书《广西一览》出版。[2]民国 22 年(1933 年)基督教在柳州建设两个教堂，影响较大的建在庆云路（今中山路)。

四、清末民初多宗教、多民间信仰交织的文化格局

明清时，马平城厢在前述宗教格局的基础上，其宗教中心逐渐转移到西城郊的西来寺。西来寺始建时间不详，据说始建于乾隆年间，其香火延

[1] 白玉栋 . 柳州穆斯林的一点资料 [Z]// 柳州市地方志办公室主办 . 柳州古今（合订本）[Z]. 柳州：柳州市文史资料内部刊物，1991 年 3 月（总第五期）: 24.

[2] 蒋霖 . 柳州宗教活动概况 // 政协柳州市城中区委员会编 . 城中文史(第四辑)[Z]. 柳州：柳州市文史资料内部刊物，1989，7: 115.

续至今仍很旺盛。

明清时期马平城邑民的民间信仰逐渐增多，信仰名目多种。明代柳州城东滨江处已经出现福建文化的天妃庙，知县还曾和民众一起到天后宫祈雨。至清，沿柳江一带的渔民和船户也如闽粤民众那样对妈祖顶礼膜拜，据《柳州历史文化大观》载，旧时，凡过往船只经过柳州的天后宫（位于今东台路临江处）时，船主和跑船的人都会进来焚香叩拜，祈求航行平安，因此一年四季到天后宫进香许愿者络绎不绝。每逢农历三月廿二日天后神诞日，柳州都要举行盛大的庙会，抬神像出游，是日柳州城厢内外的信士都会赶来参加。[1] 其他的民间神灵崇拜在城内密布，土著信仰的花婆神、盘古庙则基本分布在城外。

清末民初柳州城市社会生活完全以汉儒、佛教文化活动为中心内容（表2-3-2）：玉皇阁、关帝庙、天后宫、西来寺、灵泉寺、观音阁等的庙会是市民日常的聚集处；另外，据载马平的每街每村都建有社庙，这个是壮瑶侗土著民族传统所没有的。社庙要祭奉社王（后），据说社王是管一街或一村的小神，每年春（秋）分的春（秋）社日，各社庙范围内的老少村民在春天要祈祷社王保佑“风调雨顺”，秋收后要酬神，还要参与“分社肉”、“吃社酒”，举办“唱社戏”。这样的社庙有“麒麟社”（雅儒村）、“佛德社”（今曙光中路）、“朱衣社”（龙角街，今龙城路）、“五通社”（长寿街）、“三星社”（柳新街）等。清明节、端午节等成为马平城厢内外的重大节事，城内各土著、外籍移民纷纷以各自的风俗习惯度过前述节日。[2]

清代马平城文献记载的民间祭祀建筑　　表2-3-2

建筑名	建设位置	始建年代 / 文献出现年代	兴建缘由 / 建筑特点 / 周围环境
文昌阁	在明代原镇粤台基上	咸丰、同治年间	五开间两层楼房，红墙黄瓦，屋脊有双龙戏珠，民国时期废
玉皇阁	北门外镇粤台右	—	清仍存（见乾隆《马平县志·建置》卷三）
梓潼阁	在玉皇阁右	—	
炎帝阁	在南门城楼	—	
真武阁	在北门城楼	—	
武帝阁	在东门城楼	—	
观音阁	在西门城楼	—	

资料来源：根据柳州市博物馆资料、清乾隆《马平县志》整理制表。

[1]　于开金．柳州历史文化大观 [M]. 桂林：漓江出版社，1998：18.

[2]　政协柳州市柳北区委员会．柳州文史资料（第四期）[Z]. 柳州：柳州市文史资料内部刊物，1989：165-167.

第四节　汉族为主体的柳州近代社会与地方自治

一、汉族为主体的柳州近代商绅

（一）柳州商绅形成的客观条件

明清频发的自然灾害与社会积贮能力的不断提高，在一定程度上催生了社会自救组织与地方士绅的形成。马平县历史上记载的灾害主要有水灾、旱灾、火灾、蝗灾。马平县夏季水灾严重，其洪水记录始见于元代致和年间（1328 年），柳州大水成灾的记录由明代始，在清代、民国演成大患，大小水灾有约 30 次。

前述水、旱、蝗灾交相并发是引发严重社会问题的主要诱因之一，灾害使农业生产力遭受巨大破坏，灾害之后往往使粮价飞涨、抢米成风、匪患四起、流民遍地、民变频发。对照清中后期马平县民变时间，咸丰之乱与 1904 年的陆亚发起义，都爆发在蝗灾与大水之后。清廷采取蠲免（缓）、赈济、调粟等措施成为赈灾的主要力量，除此之外，柳州近代商绅也是救灾、维持地方治安的主要力量之一。这在一定程度上促进了该城市商绅阶层的社会影响力。

（二）近代柳州士绅阶层的形成

清代前、中期处于广西军事重心地位的马平城，由于历史上长期存在的民族空间对立，至清雍正朝还“兵多民少”，仅雍正年间城里供士兵居住建造的“草房”就达“一千四五百间”[1]。兵卒、文武官员及拥有手工业技艺的迁柳移民在城厢内外定居，是形成城中士绅的来源之一；清乾隆、嘉庆两朝因屯垦入柳的汉民经过几代定居繁衍，到清末大多小有积贮，小资产者从附郭流迁到商业机会稠密的马平城内定居或经商，与前述城中权贵的退职官宦、后裔等，逐渐形成地方士绅或大贾小贩，是城中士绅阶层的另一来源。清中晚期，先祖由广东迁至马平县附郭定居的曾氏，就是在马平经数代营商大米所成就的大贾，在附郭进德三千村建有规模恢宏的客家围垅屋。其粮队收购柳江流域一带谷米，从马平县码头东运至广东牟利：“船到广州时，当地粮价就要下跌。”[2] 曾氏即为晚清马平县典型的士绅代表。这些有资贮、有一定社会族群基础的官宦、商贾等阶层常常通过捐俸禄、捐资等修缮学校、水井、桥路、庙坛、仓廒、会馆等城市公共设施获得或

[1]（清）谭行义．清借给兵丁改建瓦房疏 [Z]//（清）舒启修，吴光升纂．柳州县志（卷八 艺文 疏 第十四）[Z]（清乾隆二十九年修民国 21 年铅字重印之影印本）．台北：成文出版社，1961，2: 208.

[2] 戴义开．柳州历史文化纵横谈 [M]. 南宁：广西教育出版社，1993: 257.

提高其社会声望。

清末至民初，马平城社会由军阀、士绅、工商人士、小手工业者、农民、兵匪、流民等组成，其中兵匪对社会影响较大。当时柳州社会动荡难平，兵祸横行，如“宣统元年春，柳州八属（马平、雒容、柳城、融县、怀远、来宾、象州、罗城）……民国 11 年（1922 年）柳州城厢以外散兵充斥，土匪遍布。他们在水旱要道广设关卡向旅客抢收‘买路钱’，仅柳州至柳城长塘圩，兵匪设下的关卡即有 13 处之多”。[1] 在柳州一带行商的商旅在晚清以来如遇严酷匪乱、官府无为，商人会自发成立护商兵团。而正常情况下，商人向官府缴纳护商经费，作为官府派兵保护商业物品安全运输的费用，也是常例。民国时期柳州就成立有政府护商局，按货值 3% 比例收取护商费。[2] 士绅与工商阶层的成长，对改变马平县以单一农业收入的财政状况，以及近代社会、近代城市空间转型都有积极作用。

桂系军阀、士绅与工商人士、小手工业者等渐成民国后期的社会主流，对促进马平县地方城市建设有相当大影响。如马平城内“少将第”高公馆的主人高景纯即是一例：高景纯本名成忠，福建人，1875 年生，清末在军中任管带，民国后升任统领，获少将军衔。先后任广东督军署少将卫成司令、护国军第三司令，驻柳州。1921 年高景纯退出军旅，于马平城内定居，积极参与并推动马平城内的一些公共事务的施行、公共建筑的兴建：如参与柳州公医院的筹建；参与 1931 年特大洪灾的“柳州水灾临时筹赈委员会”进行社会赈灾活动。

在民国时期的多项公共事务建设中，商绅阶层也起到不可忽视的作用。如民国 15 年（1926 年）伍廷飏着手柳州对外的几条公路建设，因缺乏资金，曾向地方商绅发放股票以募集款项。这些股票后因时局动荡很多都没有实现兑换。当时资金的另一部分来源于柳庆地区商队的护船经费，这些经费也由地方商绅阶层贡献。

二、近代柳州社会的地方自治

马平城以迁柳经济移民和军事移民为众，自明清以来商绅阶层有几百年的时间积累社会基础。汉族在马平城确立社会主体地位后，其市民、军兵、士绅和商绅阶层逐渐形成并左右当地社会的公共事务，柳州城内某些由晚清、民国军职转化而来的商绅，还拥有相当威力的武装力量。而柳州城内的市民与驻城军兵形成一定程度的身份混合，是柳州城近代社会的一个人文特点。

[1] 梁志强，佟从吾 . 解放前柳城史料辑录 [Z]// 柳州市地方志办公室主办 . 柳州古今 [Z]. 柳州：柳州市文史资料内部刊物，1991 年第 3 期（总第 7 期）：12.

[2] 沈培光，黄粲兮 . 伍廷飏传 [M]. 北京：大众文艺出版社，2007，6：32.

（一）清乾嘉“阻米事件”中柳州兵民的自治意识

乾嘉时期发生在柳州的两次“阻米事件”充分表明，近代柳州市民已经高度介入当时城市的自我管理。清代柳州作为“桂中商埠”这个广西最大的谷米交易市场之一，是“西米东运”的货品集散地。广东商人一向是冬季在柳州地区收购大米，春季江水涨起之时将大米运到广东。在柳州集散交易的谷米，一部分来自柳江流域上游各谷米产地，一部分则来自马平县、庆远等附近的柳庆农村地区。来自柳庆地区的谷米量若能支撑马平城居民之用时，当地尚能维持较低市价，若与其他地区集散到柳州的谷米一道东运粤省，则会引起当地米价腾贵、粮食短缺。在柳庆歉收的年份，柳州当地的商绅、市民并不允许柳庆地区的谷米外运，这一做法与执行“西米东运”的官府、往广东牟利的商人形成利益上的分歧，导致“阻米事件”。

如《清实录》乾隆朝卷 581 载，清乾隆六年（1741 年）爆发的“阻米事件”中，“其实一半民人，一半即系营兵，如提标前营则有兵丁唐仁祥，柳州城守营则有兵丁曾彩玉、王田、陈公旺、王国辅、莫玉凤，又有革弁马士英，俱查明实系抢夺之犯。”[1]

清嘉庆十四年（1809 年）柳州又发生阻米事件。该年二月二十日（公历 4 月 4 日）马平城发生了一起运输广西米的广州商船被袭的事件。柳州城兵卒张义（马平县人）等阻止运米船起航，涉案的有其军队的同伙刘玉魁、平民马士亮等 29 人，以及附近的一群“无赖之徒”。张义等人用石头和木棍打破船只，船上的大米也沉落河中。[2] 阻米事件揭示清代马平县的平民、生员、兵卒等对地方社会生活已具很大影响。

（二）民国柳州士绅阶层的地方自治活动

晚清以来城市商业势力不断壮大，自明代形成的军事势力逐渐成为阻碍城市发展的矛盾之一，民国时期马平城士绅阶层开始排斥城中所设的军事机构。民国 12 年（1923 年），柳州总商会鉴于民国 10 年（1921 年）以来，由于政权频繁更迭、军阀混战而进驻柳州的军队多次占住街衢店铺和民房，骚扰商民，便发动各商铺（户）捐资，在柳南帽合村所好屯建造了一座军营，以供过往部队驻扎。这个军营可容纳一个团（标）的兵力，为 4 栋 2 层砖木结构的楼房。[3] 马平城内军事机构用地在士绅阶层商业、经济势力的不

[1] 陈铁生，刘汉忠．柳州史事、人物三则 [DB/OL]// 柳州市柳南区政协文史编委会编．柳南文史资料（第二辑）[Z]. 柳州：政协柳州市柳南区委员会文史资料编委会出版，1989 年 12 月：柳州市图书馆连机网页，http://www.lzlib.gov.cn/html/200908/6/20090806092201_1.html.

[2] （日）菊池秀明著，梁雯译．太平天国前夜的广西社会变动——以中国台湾故宫博物院所藏档案史料为中心 [J]. 清史研究 .2008 年 11 月第四期：95-109.

[3] 梁志强．抗战前柳州的建筑业 [Z]// 政协柳州市柳北区委员会编．柳北文史（第十一、十二辑合刊）[Z]. 柳州：柳州市文史资料内部刊物，1995：55-61.

断挤压下，逐步淡出城区。

落籍柳州的外籍商绅在外来文化与当地文化发生冲突时，还是较为理想的调解方。如民国 17 年（1928 年）火灾后，政府动员受灾的小南路商铺迁往柳南鱼峰路营业，以发展柳南新区商业，引起商民反对。经士绅刘克初、张任民、陆希澄、钟震吾等调停，事件顺利化解[1]。柳州的商绅阶层力量薄弱，不如桂梧邕三城商绅的社会影响力。清末广西铁路选线方案与 1936 年广西迁省桂林的事例揭示，在资本主义逐渐形成的广西，商绅阶层推动地方公共事务方面拥有不可忽视的作用。该阶层参与这些项目的建设虽为逐利，客观上却是推动地方城市建设长期、稳定发展的重要力量。

[1] 政协柳州市委员会.柳州文史资料选辑（第二期）[Z].柳州：柳州文史资料内部刊物，1983：177-178.

第三章　柳州城市职能的历史发展

至民国止，广西四大重要地方城市并不似其他省份的区域城市那样，存在城市首位度规模的巨大差别。“桂柳邕梧”四城鼎立格局是中原王朝在西南民族管理与军事策略的长期部署中形成的历史现实。中国古代边郡城市的发展大多依赖中央的投入与开发，广西发展最早的桂林即是一例。从唐代至民国，中央王朝分配给广西地方城市发展的资源有限，柳州在每一轮的历史投入与配置中不断与桂邕梧三城形成被比较、被放弃、被选择、被斟酌的循环过程。可见柳州个体城市的发展，与桂邕梧三城的区域关系存在复杂关联。因此史料或研究成果提及它们的时候，更多的说法是“并称广西四大城市的桂林、柳州、南宁、梧州”[1]。

在涉及广西城市史论题的研究中，至今并无相关的讨论深入剖析这个现象。这一系列的问题促使本书的思路必须从区域发展的视点来探讨柳州城市的形成与发展，为宏观上切入柳州城市史提供考证的基础。

第一节　柳州城市发展与广西四城鼎立

在一个国家或一定的地区内，已拥有一定数量的城市，且具有一定的城市等级—规模关系，其城市职能比较多样，尤其是各城市之间存在一定程度的互相联系、相互作用关系。我们认为这就是地域城镇体系产生的标志。[2] 从广西宏观民族政策与军事策略分析，古代广西所处的宏观区域中复杂的民族、军事关系，促使中央王朝的民族管理，经历了从汉时期的“统而不治”到唐时代的“分而治之”、元明的“治而化之”，到民国的“治而制之”几个阶段。民族矛盾贯穿了粤西少数民族接受汉儒文化的整个历史，中央政权正是在遭遇或是解决一次次的民族矛盾中，通过逐步部署、完善广西区域城市的军事防御体系，先后建立桂林、柳州、南宁、梧州这四个地方军事据点，以控制来自云、贵、桂西北“蛮夷”、交趾以及粤东的地

[1] 侯宣杰．西南边疆城市发展的区域研究——以清代广西城市为中心 [D]. 成都：四川大学，2007：67.

[2] 顾朝林．中国城镇体系——历史・现状・展望 [M]. 北京：商务印书馆，1992，5：24.

方反抗（图 3-1-1）。在军事上从整个地域出发来考虑布防，这并非不可能，有学者就曾指出：中国城市往往以一个区域作为防御单元，因而比较重视平地位置和临水位置的防御功能[1]。广西四个主要城市的选址、迁移、拓修活动印证了前述要求，其历史发展很难脱离中央在军事布防的区域战略诉求。研究中强调“桂柳邕梧”这一区域城市体系是必要也是必须的。

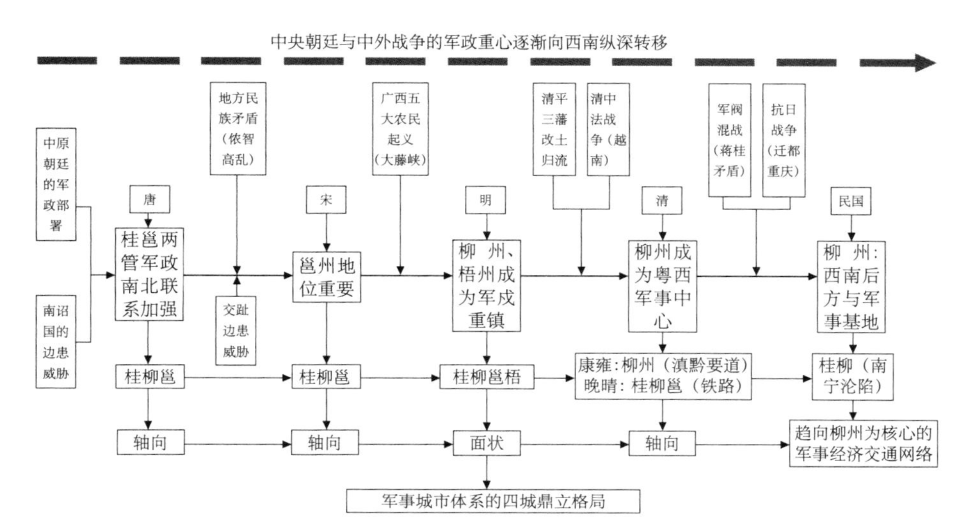

图3-1-1　柳州战略地位与广西四城鼎立格局的发展与演变分析图
（资料来源：作者自绘）

一、“轴向→面状→轴向”演变的广西军事城市体系

轴向发展主要指桂柳邕三城之间的南北方向线形发展，面状发展是桂柳邕梧在东南西北四个方向形成的四城鼎立格局。唐至宋元时期，广西着重桂柳邕的南北军事联系；明至清中期形成桂柳邕梧四城鼎立；清末至民国时期，以西南边防、滇黔桂区域军事防御为重点，形成广西腹地桂柳邕一线的新的联防建设。

（一）唐宋桂邕两管军政促进的轴向军事城市体系

唐初的羁縻制度没有完全承袭以前各朝宽松的赋税尺度，实行了“以户为计”和“从半输”的租税政策。一定程度的贡赋措施将原不需赋税纳租的“夷”民编入户籍。编户入籍过程中，民族矛盾在唐中期逐渐显露并激化。唐代粤西农民起义比隋时增加，岭南道西部的境外小国南诏，也不断侵扰唐疆。在内外交困的军事冲突中，唐王朝在咸通三年（862 年）

[1] Sen-Dou Chang. Some Aspects of the Urban Geography of the Chinese Hsien Capital [J]. Annals of the Association of American Geographers, 1961, Vol.51（No.1）Mar// 武进. 中国城市形态：类型、特征及其演变规律的研究 [D]. 南京：南京大学博士论文，1988：3-18.

迫于军政压力分岭南道为岭南东道、岭南西道，将邕州宣化县（今南宁）的城镇地位等级升至岭南西道节度史驻地，辖原属邕、桂、容三管之地，相当于今日广西“省会”城市的地位。宋代侬智高以及交趾对邕州城数次攻伐，宋廷对邕州城的军事建设与防御一度达到很高警戒，桂邕南北军政联系更趋频繁，于南北陆路中续的唐宋柳州治马平城亦得到相应的发展。

唐宋以来处在“土流”分界面的柳州府，其粤西的军事战略地位很早就被定位为“中央防御西南民族叛乱的极边前哨”，如宋代柳州，作为粤西北“极边之民”的次边前哨而接受中央王朝提供的轮戍班军，如“宜之土丁，其役更重于邕、钦也。宜之守臣，屡请于朝，乞差次边柳、象、宾、横州土丁与宜之土丁更戍，以纾极边之民……。”[1]

（二）明至清中期广西区域军事体系的四城鼎立

明代广西成立的桂柳邕梧四大军事卫所，以及清康雍时期为确保“平三藩（吴三桂）”与“改土归流”的顺利进行，一度促成了广西区域军事体系里的四城鼎立格局（表 3-1-1）。

明代桂柳邕梧城市体系之政治、军事职能分析　　表3-1-1

比较城市	明代广西四城鼎立的政治、军事职能分工
桂林	广西的军事、政治中心，明廷退守岭南的根据地
柳州	广西流官区西北线重镇，防御融州、庆远、南丹叛民的极边前哨，最能与会城相援的卫所
南宁	广西流官地区的西南重镇，防御桂西南叛民的极边前哨，防御交趾边患的军事重镇
梧州	明成化后两广军事、政治最高机构所在地，控制岭南兵事的区域中心

资料来源：根据志书、文献资料整理归纳。

1. 明代广西四大卫所与四城的军事鼎立

四城鼎立格局的形成，与明代广西地理空间上存在东西分治的政治形态相关：广西西部实行土司制（图 3-1-2）；明初的广西东部实行卫所制（军屯制）。

至明太祖明确广西之东西部分不同的治理原则时，“桂林－柳州－南宁”一线划广西腹地为东西两半的格局初步确立。明代广西最早的广西卫于洪武元年在桂林设置，后演化为桂林卫，洪武三年（1370 年）三月，广西省臣言事，建议设南宁、柳州两卫以为靖江之助，报可。柳州卫和南宁卫成为继广西卫（桂林卫）之后，最早设立的广西卫所，《明太祖实录（卷

[1]（宋）周去非．岭外代答·土丁戍边（卷三）[M]. 上海：上海远东出版社，1996，12: 71.

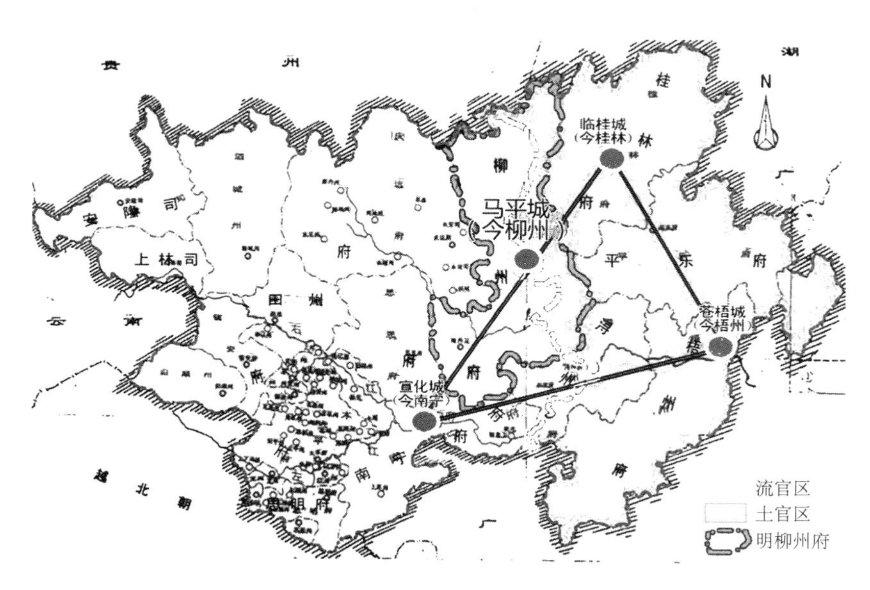

图3–1–2　明初广西土司、流官辖区分布示意图
（资料来源：根据《明时期全图（一）》改绘。谭其骧．中国历史地图集[Z]. 北京：中国地图出版社，1998：103）

五〇)》记载有设立南宁、柳州卫的军事目的（参见附录部分的附文1），实录显示：柳邕两城设卫所的目的，一是拱卫桂林卫的军事部署，二是着重巩固对桂西的开发与军事震慑，如将庆远由安抚司改设庆远府，即是弱化土司统治、增强明廷控制力的体现。这两方面促使柳州在广西区域与柳江流域两个层次必须形成自己的军事防御联盟。明代正统至成化年间，爆发广西大藤峡起义，严重威胁明廷在两广的统治。成化五年（1460年），原梧州所升设“梧州总督府”，即两广最高权力机构，内有两广三总府：总督府、总兵府、总镇府。这一时期梧州的军事战略地位高于桂林和广州，经年驻扎数千官兵。梧州“两广三总府”地位的崛起，宣告广西“桂林－柳州－南宁－梧州”四足鼎立格局的形成（图3-1-3），为明廷流官治理的粤西根据地织就了牢固的城镇网络，这四大军事重镇的区域城市体系同时也演变完成。

明代柳州府西北部的庆远府，地接溪洞，势如宋元时期的柳州：即地处汉域绝边，面临夷多民少、“纯乎夷”的民族结构；柳庆之间鱼窝、里隆等处“贼巢”的劫掠，使柳庆两府的防备势成相连。如若柳庆水陆二路被“贼”所断，“几为绝域”的庆远府，就近乎“不入版图”。与庆远“几成绝域”的状况相比，柳州攻守的后防区可以依托桂邕梧三区，远大于庆远。明洪武二十九年（1396年）成立右江道，将右江道治选在柳州，明确了柳州在柳庆地区防御层次中所处的主导地位。

2. 清代广西军事重心西移与“桂柳邕梧”军事形势

清代广西实行绿营建制，其中以提督最为权重，他是一省最高的绿营

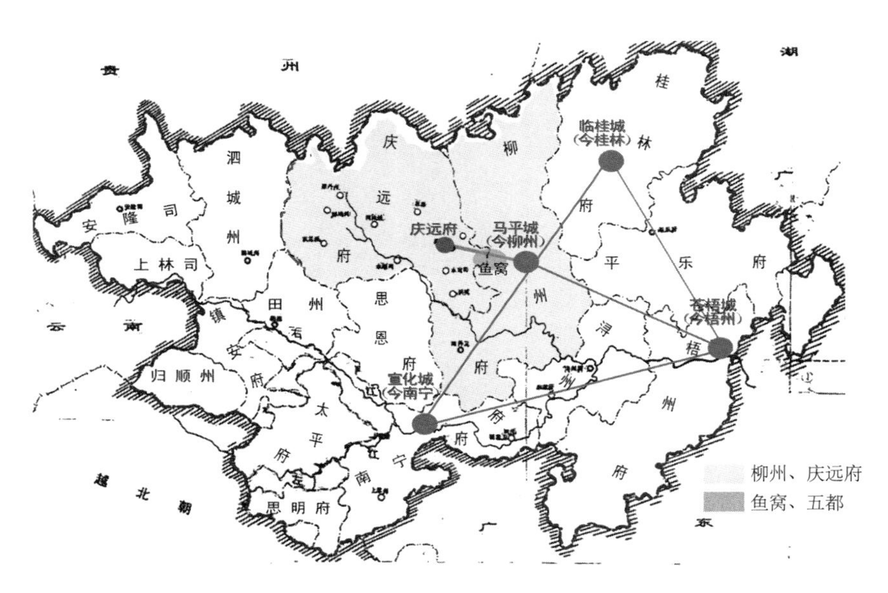

图3-1-3　明代广西流官地区四大城市之军事鼎立及柳庆地区的防御范围
（资料来源：根据《明时期全图（一）》改绘。谭其骧．中国历史地图集 [Z]. 北京：中国地图出版社，1998：103）

长官。广西提督军门署驻地几若当时的广西军事重心。这个军事重心在清代广西曾存在一个频繁变换的过程，从其总体发展趋势分析，在清代的大部分时期，为军事重心西移的态势，具体情况参见表 3-1-2。

清代广西提督军门署驻地变换一览表　　表3-1-2

地点＼时期	移、驻时期
桂林府城	顺治八年至十六年（1851 ～ 1659 年），顺治十七年（1660 年）九月复置，十八年（1660 年）四月移往梧州府
梧州府城	顺治十八年（1660 年）四月驻梧州府，同年十二月移往南宁府
南宁府城	顺治十八年（1660 年）至康熙元年（1662 年）驻南宁府，1662 年移柳州府；宣统年间复驻南宁
柳州府城	康熙元年（1662 年）至光绪十二年（1886 年）驻柳州府，光绪十二年八月移驻龙州厅
龙州厅	光绪十二年（1886 年）八月至光绪三十二年（1906 年）七月（一说宣统三年四月）驻龙州厅

资料来源：根据“唐志敬．清代广西绿营建制及其驻地表 [Z].// 广西壮族自治区通志馆、广西壮族自治区图书馆．《清实录》广西资料辑录（卷六）[Z]. 南宁：广西人民出版社，1988：394，附录 4”资料整理、制表。

康熙至光绪年间是广西稳定的发展期，在1662—1886年的225年间，广西军门提督署常驻柳州府城（图3-1-4）。广西提督除节制各镇外，还直接管辖义宁等三协以及桂林城守、柳州城守、永宁、全州、融怀、宾州等八营。受提督直辖的提标五营在此期间均驻防柳州府城。清桂林府虽为省城，对比康熙至光绪年间广西抚标二营与广西提标五营的兵力与布防特征，可以推究，督标和抚标驻扎省城，只作为总督、巡抚的警卫部队和个别情况下的“游击之师”用，而真正意义的全省各地之守备部队则是提督、总兵、副将、参将、游击、都司、守备所统率的提标、镇标及协、营。此间戍以重兵的柳州府马平城，是名副其实的广西军事中心（表3-1-3）。

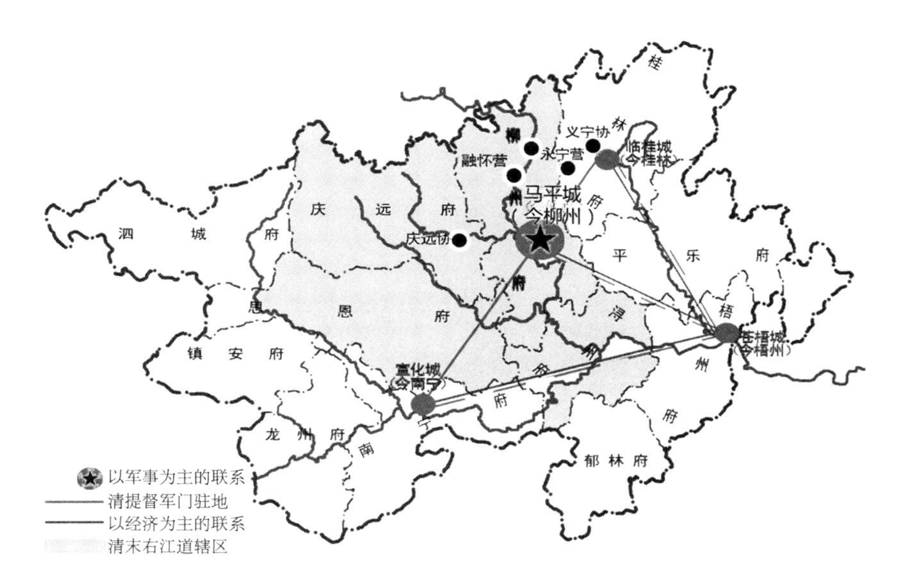

图3-1-4　清康熙元年至光绪十二年间广西四城市军事体系关系示意图

（资料来源：根据《清时期·广西（全图）》改绘。谭其骧．中国历史地图集[Z]．北京：中国地图出版社，1998）

康熙元年（1662年）至光绪十二年（1886年）广西抚标二营与提标五营的兵力设置一览表　　表3-1-3

<table>
<tr><th colspan="2">设置
营名</th><th>时间</th><th>官员</th><th>驻兵</th><th>设防特点</th></tr>
<tr><td rowspan="2">抚标二营（驻桂林城）</td><td>抚标左营</td><td rowspan="2">顺治八年（1651年）置，十八年（1661年）裁撤，康熙十二年(1673年）复设</td><td>乾隆中叶设参将、守备1员，千总2员，把总4员</td><td>兵717，嘉庆五年（1800年）兵724</td><td>无分防汛</td></tr>
<tr><td>抚标右营</td><td>乾隆中叶设游击、守备1员，千总2员，把总4员</td><td>兵723，嘉庆五年（1800年）兵729</td><td>无分防汛</td></tr>
</table>

续表

营名＼设置		时间	官员	驻兵	设防特点
提标五营（驻柳州城）	提标中营	顺治八年（1651 年）始置	乾隆中叶设参将、守备 1 员，千总 2 员，把总 4 员	兵 716，嘉庆五年（1800 年）兵 726	有永福、鹿寨二分防汛
	提标左营		乾隆中叶设参将、守备 1 员，千总 2 员，把总 4 员	兵 718，嘉庆五年（1800 年）兵 726	白沙、严洞、红赖、五都、三都、鸡公山六分防汛
	提标右营		乾隆中叶设游击、守备 1 员，千总 2 员，把总 4 员	兵 718，嘉庆五年（1800 年）兵 726	有柳城分防汛
	提标前营	顺治八年（1651 年）始置	乾隆中叶设游击、守备 1 员，千总 2 员，把总 3 员	兵 716，嘉庆五年（1800 年）兵 725	有雒容、穿山二分防汛
	提标后营		乾隆中叶设游击、守备 1 员，千总 2 员，把总 4 员	兵 716，嘉庆五年（1800 年）兵 725	有象州分防汛

资料来源：根据“唐志敬．清代广西绿营建制及其驻地表 [Z].// 广西壮族自治区通志馆、广西壮族自治区图书馆．《清实录》广西资料辑录（卷六）[Z]. 南宁：广西人民出版社，1988:394，附录 4”资料整理、制表。

广西军门提督署对选择柳州马平城为驻地的原因，见于《清实录·圣祖实录（康熙十三年六月二十日）》:“柳州乃广西要地”; 又见《广西通志》:“柳州府居粤右之中，诸蛮要害，故建提镇驻节于此，为能控制两江以舒南顾，厥制善矣”[1]。可见清康熙至光绪年间对粤西腹地的控制力比前面历朝深远。

（三）清末至民国桂柳邕的轴向发展

1. 清末桂柳邕轴向发展的边防战略性

1883—1885 年爆发中法战争后，边防重点置于桂腹地还是边地的考量成为清廷争论的焦点。时任广西巡抚的张鸣岐提出，广西边防战略交通线“以桂林经柳州、南宁达于龙州之交通路为总干线”。张鸣岐从“惟统筹桂省全局，首以边防为要着”的认识出发，通过分析桂林与南宁的战略优势和缺陷，得出结论:“故欲处南宁于安全之地位使其对于沿边前敌可收从容肆应之功，非与桂林省城联为一气不可；欲使桂林省城与南宁联为一气，非就桂柳思恩一带陆路设法联贯不可；欲使桂柳思恩一带陆路与南宁联贯而又便于军行非

[1]（清）金鉷．广西通志·卷九十三 [M/CD]// 四库全书 [M/CD].（文渊阁四库全书电子版-原文及全文检索版）．上海：上海人民出版社迪志文化出版有限公司，1999:204 号光盘．

急营桂邕铁路不可。”[1] 1911 年 7 月，张鸣岐的主张得到清廷支持，清廷拨出款项令赵炳麟修筑广西铁路以备边患。当时修筑方案提出先筑桂柳（桂林至柳州）铁路，然刚确定拨款动工的桂柳铁路，旋即遭遇辛亥革命，其筹集的工程款项用于镇压革命而使清代桂柳铁路工程流于失败。

2. 民国时期政府对桂柳邕战略地位的斟酌

清末以赵炳麟拟订的广西铁路修建计划具有三大原则，其中之一是开办铁路，以桂柳铁路为先。这一考量与 1913 年孙中山先生致函蔡锷将军时所提的“滇桂粤铁路线规划”的初衷基本相同。而“再以军事上而论，南宁逼近滇、越路线，一旦有事，易于受敌。故桂省一段，不如取道柳、庆，开自古未开之路，于铁路原理上实有重大之价值。而由柳州至南宁可建一支线，仍不失滇、邕之功用。”[2]

1926 至 1930 年，随着广西所处省内外斗争的形势变换，帝国主义形成的边患威胁，新桂系势力及其内部斗争等因素的纷扰，广西省会城址由最初的桂、邕之争一度发展成桂、柳、邕三城之争。直至 1950 年，作为新中国政务院委员、原新桂系的领袖黄绍竑，还提议中共中央将广西省会改设在柳州。新桂系东南籍将领迁省柳州的想法未有结果，却因此加快了民国柳州的近代城市化及空间转型（第六章详述）。

1937 年后，柳州南北联湘桂、东西通陪都重庆，境内石山溶洞遍布，利于战时防空。交通、战略、地貌特点吸引了大量内迁工业与人口，其工商业数量、规模、发展水平明显提高。其西南交通枢纽的地位在抗战前、中期演变完成，使柳州相对于桂邕梧三城而言，拥有独特的发展优势。抗战爆发，使柳州的工商业发展超过桂林、南宁，直追梧州，军事因素造成城市工商业迅速地发展，为柳州两千年城市史所仅见。

二、“扇形网状→向心网状”发展的广西城镇经济体系

（一）明代至民国时期“梧—桂柳邕”（扇形网状）的城市经济体系

明以来，广西开始了区域贸易为主的商品经济发展，经研究揭示，整个西江流域至清代、民国时期存在一个城镇经济网络体系。该城镇经济网络体系在空间上，以三江（桂江、黔江、郁江）汇流之处的梧州（一级中心城市）为交点，沿西江流域发散而展开一个扇形区域。在此扇形北、中、南三个位置的放射线上，分处桂林、柳州、南宁三个二级中心城市（图 3-1-5），这三个二级城市又分别是下一等级城镇的经济交汇点，各自又发散出覆盖面不等的经济交易区。

[1] （清）张鸣岐．抚院张奏广西边防关系重要应行筹办大端折 [Z]. 广西官报（第 33 期）[N].1908：7-9.

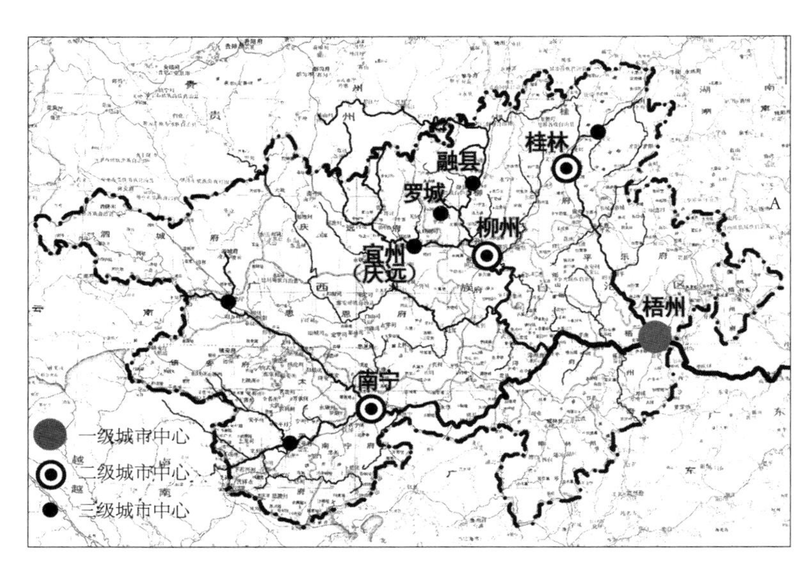

图3-1-5　近代广西城镇经济体系的“梧—桂柳邕”组合

（资料来源：根据“清时期广西全图”改绘。谭其骧．中国历史地图集 [M/CD]．光盘版．北京：中国地图出版社，1998）

与德国地理学家 W・克里斯塔勒的中心地学说的“克里斯塔勒”模型（图 3-1-6）不同的是，近代广西城镇经济网络体系所体现的城镇等级分布形态，并非“克里斯塔勒”模型的均匀等距局面，而呈“彗尾状”模式特征（图 3-1-7），这个经济体系自明清以来即趋向广东发展，即“东趋”。该局面源于广西全域存在“无东不成市”的经济规律，粤东商人从明清以来就是粤西大部分地区的经济主体，在广西最为雄厚的也是东省资本。作为广西一级中心城市的梧州，还将汇入珠江流域的广州与香港这一粤港城镇体系，而最终融入东部广阔的国际市场。柳州在整个岭南经济区位当中，上承一级市场梧州，下启三级市场宜州（庆远地区）、长安、融安、融水（前述三地皆为融州地区）以及黔南的古州、榕州。其经济腹地覆盖黔南、桂西北、桂北柳江水系等广阔地区。民国 24 年（1935 年）《广西年鉴》（第二回）等资料表明，柳江上游十数县出产均汇柳州，这些物产除少部分北入湘桂走廊向北销售外，大部分均直销梧州。以柳州最主要的出口品种木材观，全广西有三路木材购销线路，首要的一条就是“融县—柳州—梧州”路，柳州为黔南、桂西北地区木材收购行总汇，而梧州则为广西内陆地区木材收购行总汇。“梧－桂柳邕”城市经济体系的形成，正是近代广西城镇经济体系“彗尾状”格局演变与发展的结果。

（二）抗战中后期至中华人民共和国成立前后“柳—桂邕梧”（向心网状）经济体系

1938 年湘桂铁路、黔桂铁路相继开通。抗战中广州、香港沦陷破坏了

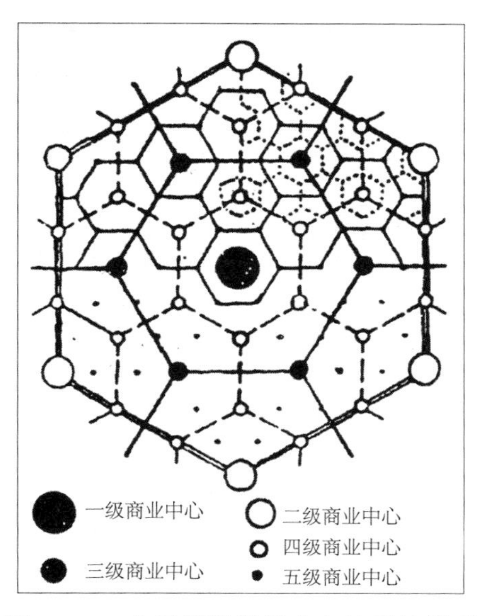

图3-1-6 克里斯塔勒的中心地系统模型
（资料来源：曹廷藩等.经济地理学原理[M].北京：科学出版社，1991）

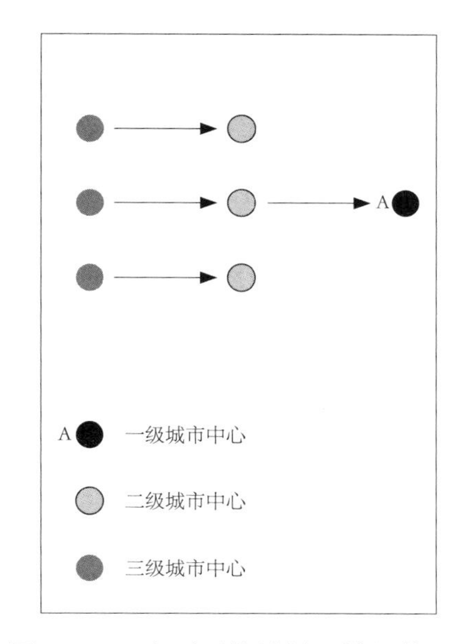

图3-1-7 广西近代城镇经济网络三级分布体系“彗尾状”模式
（资料来源：黄滨.近代粤港客商与广西城镇经济发育——广东、香港对广西市场辐射的历史探源[M].北京：中国社会科学出版社，2005，3：191）

广西经济固有的“东趋”格局，柳州同时为通往陪都重庆的西南要道，战时物资转向供应西南的云贵川等地。前述若干因素使广西长达几百年的“彗尾状”城镇经济体系形态逐步向“克里斯塔勒”的向心模式接近：柳州作为广西的几何中点（接近于圆心点）城市，随着西南交通枢纽地位的确立，在工商经济发展上直追梧州，该态势一直延续到1950年后不久，以柳州发展成为广西最大的工业中心和经济城市而告终。

广西传统四大城市在唐代至清代时期，其城镇体系经历了“点—线—面—网”的逐步演化，民国时期形成两个不同功能导向的联系体系：轴向发展的“桂柳邕”军事体系与网状发展的“梧—桂柳邕”经济体系。在依靠水路航运为主的时期，柳州是前述两大体系中重要的组成部分，但没有处在中心地位。

在广西“先东后西、先北后南”的历史发展规律下，柳邕两城比桂梧拥有更为广阔的经济腹地与城市发展条件（表3-1-4），是历史发展的客观结果；再因战争时局、交通技术等因素促使的铁路、公路运输，推动了柳州向西南交通枢纽的地位演化。交通技术与战争促使广西四大城市近代化的同时，也改变了原有的“梧—桂柳邕”经济城市体系。“柳—桂邕梧”体系的短暂出现，成为历史的客观选择。

中华人民共和国成立前广西四大城市发展条件一览表 **表3-1-4**

发展条件	桂林	柳州	南宁	梧州
地理条件	平均海拔150米，岩溶峰林地貌；桂东北中山丘陵，红壤、黄壤、棕色石灰土、水稻土地区	河流阶地貌、岩溶地貌叠加的“柳州盆地”；岩溶地貌特征	平均海拔80～100米，四面山丘环绕；赤红壤、水稻土、紫色土地区	桂东边缘丘陵峡谷山区；浔江、桂江和西江三江河岸
用地条件	位于漓江谷地平原；山体众多，面积占城市用地的27.73%，不利于城区扩展与布局	陇块、丘陵分布的桂中盆地，柳州平原分布于谷地而被分割成许多不连续的块	位于郁浔江丘陵平原，沟塘密布，冈阜众多	由于洪灾因素，缺乏城区扩展所需的空间
交通条件	广西门户，位于中原南下陆路主干道，近于湘漓二水之枢纽；湘桂铁路、机场	东西水运沟通黔粤，南北陆路贯通桂邕、黔粤；湘桂铁路、黔桂铁路、机场	陆路南通越南；水路西达云贵、东至梧粤；南面合浦、钦、廉出海；公路、机场	桂、黔、郁三江汇流之处，水运便利；公路、机场
军事战略地位	北峙岭南屏蔽之越城岭（全义岭），“从来越全义则已夺桂林之险”，“盖粤西之咽喉，实自全义岭操之”，颓势王朝退守广西的重镇	柳州府居粤右之中，诸蛮要害故建提镇驻节于此，为能控制两江以舒南顾，厥制善矣	“顺臂指之义，以控连四海，要归于建威销萌，以久安长治”；传统广西地方割据政权的根据地	“居五岭之中，开八桂之户，三江襟市，众水湾环，百粤咽喉，通衢四达”；岭南战事若起，必为交矢之地
民国前所形成的经济腹地	是桂东北北半区各县区物产的最大集散地，前述各县汇集桂林的货物均转输到梧州。桂林的经济腹地主要面向桂东北的北半区，东南方向没有发展腹地的客观条件[注]	以桂西、桂北柳江水系以及黔南为经济腹地，是西控该区域城镇群的最大城市中心[注]	其经济辐射范围除其郊县外，只有西向的左右江地区，其他方向几无。南下钦廉北海，北上柳州、桂林的商路十分稀疏，甚至可以忽略不计[注]	广西最大工商业城市，清代开埠后，桂、黔、郁江三江汇流使其成为广西内河航道进出口贸易的总埠市；航运时代，梧州以西的大部分广西地区都是梧州的经济辐射腹地[注]
民国时人口	67301人（1933年）	3万—4万（1935年）	6万—7万（抗战前）	61295（1933年）

注：黄滨．近代粤港客商与广西城镇经济发育——广东、香港对广西市场辐射的历史探源[M]．北京：中国社会科学出版社，2005，3：183-184。

资料来源：由《广西通志》等地方志书、其他资料整理制表。

第二节　柳州政军职能（“城一堡”军事体系）的形成

呈“轴向－面状－轴向”空间形态演变的广西军事城市体系揭示，柳州在南北方向主要受军事政治的轴向影响（参见文后“附录”部分的“附图1 唐代岭南西道的南北陆路”），在此军事城市体系中，柳州最独特的战略价值是西控桂西北，联通滇黔，是粤西进入桂西北与滇黔的水陆门户。在“扇形网状”的经济城镇体系中，柳州依赖东西向的柳江成为沟通黔粤区域贸易的重要集散地。这些因素通过区域交通的影响，促使唐代柳州城址趋向柳江北岸的滨水位置（图 3-2-1），形成稳定的城址，并促使其政军职能发展。

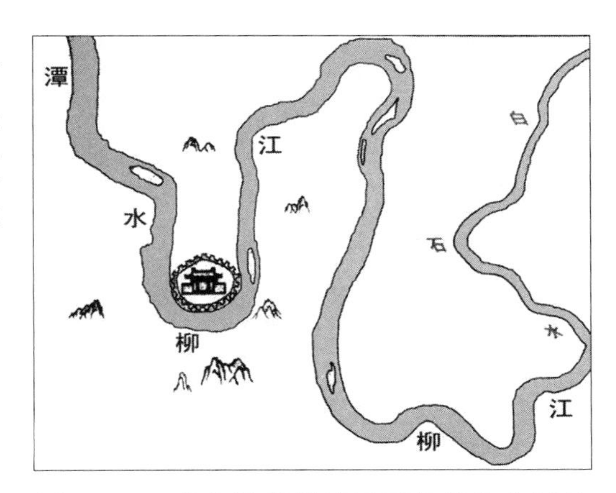

图3–2–1　唐代柳州州治马平县的稳定城址示意图

（资料来源：柳州市博物馆之历史馆 2007 年 8 月展板资料）

一、区域交通促使唐柳州治城址的调整与稳定

初唐和中唐时期，中原王朝对粤西腹地的交通开发主要体现在三方面：一是唐太宗贞观十二年（638 年）间开辟的“黔中－桂、邕管”买马陆路；二是于武则天长寿元年（692 年）开凿的相思埭；三是长寿三年（694 年）开凿的兰麻古道。

（一）唐“黔中－桂管、邕管”买马路

唐太宗贞观十二年（638 年），唐王朝开辟了从黔中道（今贵州境内）东向经柳州到桂州（今桂林）和南向到邕州（今南宁）的买马路，这条交通要道的开发也有力地促进了唐代柳州经济的发展。

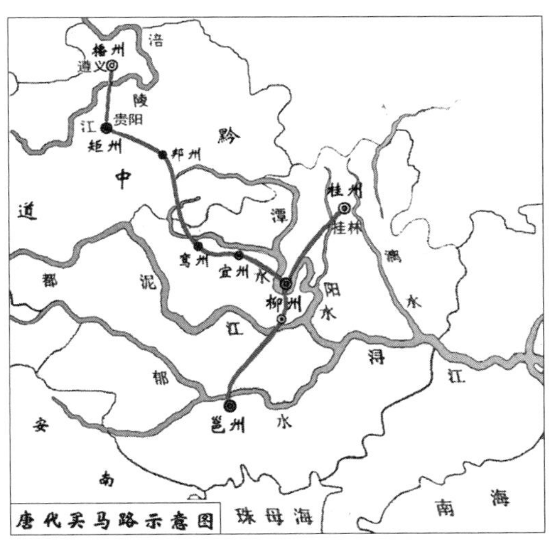

图3–2–2　唐代“黔中－桂管、邕管”买马路示意图

（资料来源：柳州市博物馆之历史馆 2007 年 8 月展板资料）

柳州在这条买马路线图中（图 3-2-2），处于连接黔中和桂、

邕两管的枢纽位置，此区位条件再加上后世——武则天长寿元年（692 年）开凿的相思埭，使柳州在水陆交通两方面皆已经积累了影响柳江流域的经济和政治、军事等多方面的区位能量和交通能量，甚至成为影响整个岭南西道不可或缺的经济转运枢纽。

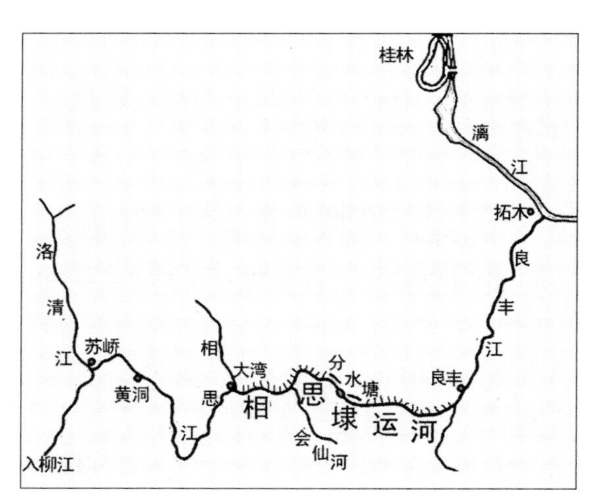

图3-2-3　相思埭运河平面示意图

（资料来源：改绘自“相思江的水系”。（日）卢崎哲彦 . 唐代古桂柳运河“相思埭”水系的实地勘访与新编地方志的记载校正 [J]. 莫道才译，廖国一校 . 广西地方志，2000（4）：50）

（二）相思埭：水路的开辟

武则天长寿元年（692 年）开凿的相思埭，又名桂柳运河（图 3-2-3），位于临桂县内，沟通广西境内的漓江支流良丰江和柳江支流洛清江，全长 16 公里。开通后的相思埭沟通桂江（漓江）水系和柳江水系，缩短了桂州至柳州的水运航程约 510 公里。在相思埭开凿以前，从桂州到柳州的水运需绕行至梧州再逆浔江而上至柳江（参见文后“附录”部分的附图 2、附图 3：“相思江的水系”、“柳州、相思埭及灵渠在‘广西诸江图’中的位置”），全程约 800 公里。相思埭的通行使桂柳水路缩短至 300 公里，使往来桂林与柳州的大批量物资的水运便捷省逸。唐代柳州州治马平县地处山地丘陵地带，陆地运输极为困难，在水路航运为主、陆路为辅的交通条件下，唐代柳州州治城址趋向滨水位置。

（三）蘭（兰）麻古道：陆路的开辟

武则天即位以前，“始安（今桂林）－潭中（马平，今柳州）”入马平东北方向就应存在经九达驿（今永福县城）、蘭麻山、鹿寨的陆道，否则别无他途，这可从“（太平）寰宇记”述“蘭麻山”这一段：“从（桂州）府至柳州路经此山，过溪百余里，方至平路。山中有毒，出路寻溪水行，其溪水有伏流，有平流，峭绝险隘，更无别路”[1] 印证。但该路线的“理定－兰麻”段极其陡绝，虽有贞观年间买马路经此地，却不能通行大批粮货。武则天长寿三年（694 年）开凿兰麻古道，道宽能容人马共行。至今在龙溪至兰麻隘一段仍保持着唐青砖铺筑的五尺道（参见 图 3-2-2 中“始安—潭中”陆路中的“理定－兰麻”段），是唐甚或宋时繁忙的官道。该古道

[1]　（宋）乐史 . 太平寰宇记 · 蘭麻山（卷一百六十二）[M].（中华书局点校版）. 王文楚等点校 . 北京：中华书局，2007：3105.

北起九达驿过西江渡，向南下金山脚、龙溪（时永福县治）、窑茶、大石、太平岭至兰麻隘，改水路乘船下西游塘登岸，再经乌沙、樟木、旧街、鹿寨、独厄塘，出桐木塘入马平县境。

二、唐代粤西政军中心南移促使马平城址固守江北

邕州的崛起，直接带动了桂州—邕州南北官道、驿道的大力开通（参见“附图 1　唐代岭南西道的南北陆路”）。据《元和郡县图志》记载：由桂州经永福、柳州、严州（今来宾）、宾州（今宾阳）至邕州的道路，已是唐代主要道路之一[1]。

黔中买马道，特别是兰麻古道打通了“桂州－邕州”南北军政的陆路障碍，相思埭从东西方向沟通桂州和黔粤水道，促使唐贞观后马平县城址再度往濒水位置调整（图 3-2-1）。区域南北交通使马平县在原有对东北（桂州）、对西北（宜州、融州）两个对外交通的基础上，增加了西南方向的对外联系，同时推动马平从“桂西”向“桂中”的战略地位转变。

三、民族矛盾与柳州“城一堡”及其军事设施建设

促使明代柳州军事职能形成的因素如图 3-2-4 分析。宋代岭南被划分为广南东路和广南西路，广南西路此后又称“广西”。广西北部和东部（尽管诸多文献、研究成果未明确划分此区的界限，本书认为：赵宋时，柳江为此界较为合适）已实行直接的封建统治。柳江以东、以北地区经过唐代及五代十国时期的文化交融，已具稳固的流官管理基础。这为流官地区实行屯田制度准备了政治、军事管理的基础。早在唐代桂州一带即有王朝屯田的记录，但全面在广西流官地区展开屯田行动的，或许是从宋代开始。《宋

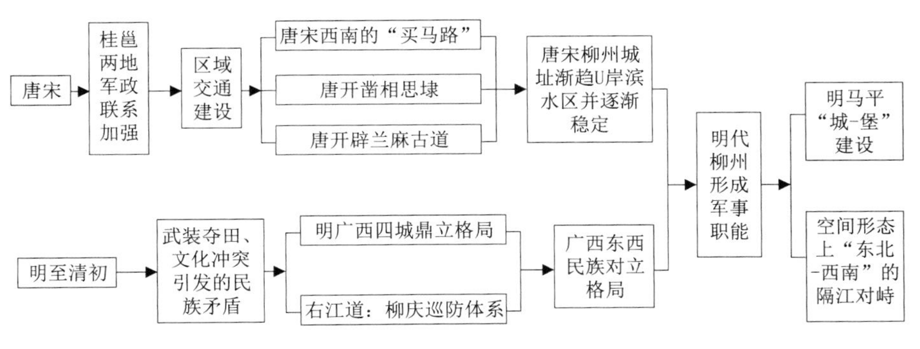

图3-2-4　促使明代柳州军事职能形成的因素分析

（资料来源：作者自绘）

[1]　张若龄等．广西公路史（第一册）·古代道路、近代公路 [M]. 北京：人民交通出版社，1991：12.

史》有记:“(宋理宗景定三年己巳）都省言,广西诸郡措置屯田,已有小效,若邕、钦、宜、融、柳、浔州能一体讲行,可省籴运。”[1] 由此可见,宋以前,除桂州等开发较早的地区有屯田外，在“邕钦宜融柳浔”等区，屯田制并没有得到大规模开展，民族矛盾并未明显激化。

民族矛盾引发大量常川守备之兵镇戍于粤西的各要害地点，促使马平城市军事职能的形成与发展。这些驻防军队一方面镇压“叛民”反抗，另一方面在客观上对边远地方的开发也起到积极作用。如，分布在各地的驻防体系构架了稳定社会秩序的网络，形成体系内安稳祥和的环境，以开发社会经济；边远山林中的驻防地点引发内地移民前往其附近定居，一段时期的酝酿发展后，定居点便形成村落市镇；另，驻防军兵或携带家眷、或与当地居民通婚而安家立业，构成移民的一部分，直接促进了当地的经济与文化。

（一）宋元明柳州的战略地位：地处粤西民族矛盾中心

宋元明时期的柳州在日益激烈的民族矛盾中，渐渐成为粤西农民起义最频繁的地区。宋代柳州较早反抗官府的事件是陈进兵变，后逐渐演化为农民起义：宋景德四年（1007 年）戍宜州军队的“军校”陈进，利用民愤发动兵变，先后攻占柳城、柳州（柳州知州王昱弃城而逃，属不战而降。被弃城邑为当时的柳州州治马平城）。陈进兵变后的几个月中，始终转战在柳州地区。至宋度宗咸淳九年(1273 年)这 200 多年间,广西少数民族(包括柳州地区）起义不断。文天祥曾指出:“秦‘寇’之在广西，扰动二十五郡……”南宋朝廷因而视之为“西南最为重地”增置镇边军。[2]

元代视屯田为“国策”，在柳宜融地区实行的屯田力度前所未有，元平章政事阿里海牙在此地区采取了一些强制性措施。这些措施对当地的土司制度和土著编户入籍形成很大触动，引发的农民起义几乎每间隔十年就产生一起（如“附表 3　元代柳州路爆发的地方起事一览表”所示)。

明代广西仍属边郡，其军事与屯田更是合而为一。有学者曾指出:“就屯田制度言，明之初制，无军不屯”。[3] 可见明代的主要经济结构，系以国防军事为最高着眼点。明廷与柳州土著因武装夺田形成的一系列争斗，是整个粤西最为酷烈的历史（见“附表 4　明代柳州府爆发的地方战争一览表”)。附表 4 中 1405—1620 年间的农民起义，被广西史料合称为“马平起义”。

明代在整个广西影响较大的农民起义有五起，发生在以柳江流域为地

[1]（元）脱脱 . 宋史・宋理宗六（卷三十六）[M/CD]// 四库全书 [M/CD].（文渊阁四库全书电子版 - 原文及全文检索版）. 上海：上海人民出版社迪志文化出版有限公司，1999：202 号光盘 .

[2]（南宋）文天祥 . 与湖南大帅江丞相论秦寇事宜劄子 [M/CD].// 文山集（卷十七）[M/CD]. 文渊阁四库全书电子版 - 原文及全文检索版 . 上海：上海人民出版社迪志文化出版有限公司，1999：207 光盘 .

[3] 孙媛珍等 . 明代经济・导论 // 包遵彭 . 明史论丛 [C]. 台北：台湾学生书局，1968，7:1.

理中心的东南西北中五个方向、方圆不过两百里的范围内，直接在柳州府境内燃起战火的就有三起。可见民族矛盾在流官完全统治区、土官土酋的完全控制区，是相对缓和的。在土流并存的政区，才是壮瑶民族与流官统治短兵相接，民族矛盾最易起摩擦、最尖锐、最频发地带。中央王朝在此地区建立右江道，不外此因。

清代马平城郭内外的战争略少于明代（如“附表 5　清代柳州府马平县地方战争一览表”所示），其战事与明代几乎清一色的农民起义不同，清前、中期大多数为各正规军的武装割据力量在攻城争夺（见“清代柳州府马平县地方战争一览表”咸丰年之前的地方战争），或者守城官兵对朝廷的反复叛附，如康熙元年（1662 年）到柳州任广西提督总兵官的马雄及其子，一度反清附吴三桂，后又归附，其子马承荫又于康熙十七年（1678 年）反清。咸丰四年（1854 年），与太平天国同时并存的农民起义队伍大成军在广东反清，后转战于广西，于浔州建立大成国，改浔州为秀京。六年（1856 年），大成军首领之一的李文茂率众攻陷柳州，改柳州府为龙城府，改马平县为瑞龙县。李文茂封号为大成国的平靖王，其平靖王府在今柳州市大南门附近，前身为周家祠堂。咸丰八年（1858 年）春，清军趁李文茂出柳攻桂，以守备空虚之机夺城。这段战事蔓延近十年，马平城数度易主，遭受重创，柳州地方史学界称之“咸丰之乱”。

（二）明代广西右江道的军事目的分析

朱元璋为整顿吏治，在全国范围曾置五十三个按察分司以防贪弊。洪武二十九年（1396 年），柳州是当时广西的右江道治所（道治柳州府马平县），右江道辖庆远、柳州两府，又常被合称“柳庆”。分巡道设置的起因虽为防治贪腐，但广西右江道却带有明显的军事防御目的。该地区防御体系的目的在于弹压粤西北的“獞猺”叛民：稍微“开化”的庆远府是这个联合防区的前哨，更为“向化”的柳州府是其相应为援的后备。

明代庆远府地跨唐宋的宜州、河池、南丹等桂西地区。庆远府在柳江上游，为流官统治区，但流官统治并不稳固。桂西地区的土著人口占绝对优势，明代的流官很难实行直接统治，不得不被迫收缩管理区域或“蛮化”。这一带自然条件恶劣，北来守兵不习水土，大量死亡。永乐以后，只保留了庆远卫，但“本所旗军”只有 348 名，兵力严重不足，极大地影响了对该地的统治效能。明嘉靖二十四年（1545 年）来柳平寇的两广军务总督、巡抚张岳，针对明廷在此处微弱的控制力就曾指出：“庆远一郡几为绝域”[1]。

[1]　（明）张岳．与夏桂洲·小山类稿（卷九）[M/CD]// 集部别集类：明洪武至崇祯 [M/CD]．(文渊阁四库全书电子版 - 原文及全文检索版)．上海：上海人民出版社迪志文化出版有限公司，1999：207 号光盘．

柳庆之交的马平县五都鱼窝（参见图 3-1-3）、里隆等山寨在明初就常常成为马平“流寇”、“败寇”等“盗贼”休养生息的根据地。尤其是马平五都的鱼窝、里隆等“贼巢”的地势：“险峻尤极，控引长江，有同天堑，迥临绝壁，如守雄关，乃柳庆二府之奥区”，自明开国之初就“不入版图，尤为险恶，诸蛮所视以为向背”[1]，张岳多次向明廷表示：“臣往年督学广西，巡历柳庆，……道途阻塞，庆远几为外区，财赋陷没。马平仅存空籍，势已穷极，理无姑息。”[2]

（三）清代马平城不断强化的区域军事地位

清代柳庆军事防御体系不断壮大。清初广西因明旧制，置分巡、分守右江道，曾废。康熙二十二年（1683 年）复设右江分巡道，辖柳州、庆远、思恩三府。雍正至乾隆年间，曾增属泗城、镇安、浔州等府，后裁撤改置。乾隆三十二年（1767 年）加兵备道衔，柳、庆、思、浔四府都司以下武职，悉归右江道节制。至清末形成辖柳州、庆远、思恩、浔州四府格局(图 3-2-5)，驻柳州府，马平是柳州府辖县，是府属和右江道署所在地。

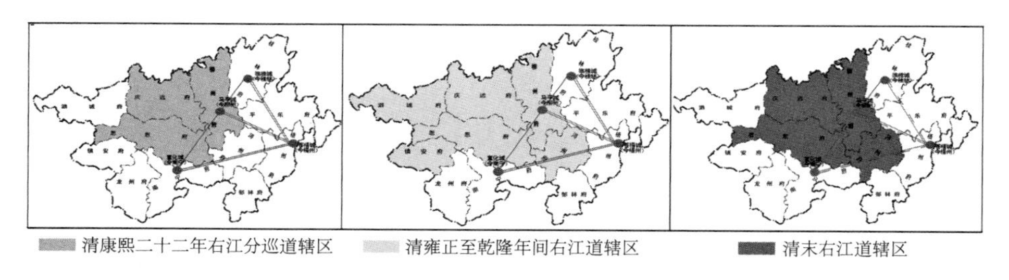

图3–2–5　清康熙至光绪年间广西右江道辖区变化示意图

（资料来源：作者自绘）

“道”是清代府级一个专门的办事机构。美国著名的中国城市史学者施坚雅教授在其论著《城市与地方体系的等级结构》中曾指出：“（清）18 个行省之下可再划分成 77 个巡察分区（称为‘道’），其中一些分区（道）类属军事巡防系统。在某些方面道台衙门与其说是地方等级结构中一级独立的行政管理机构，莫若说是省政府的专门办事机构。”[3] 清广西右江道正是前述所指的军事机构：乾隆三十二年（1767 年）后，加兵备道衔的右江道是该

[1]（明）张岳．报柳州捷音疏・小山类稿（卷三）[M/CD]// 集部别集类：明洪武至崇祯 [M/CD].（文渊阁四库全书电子版 - 原文及全文检索版）．上海：上海人民出版社迪志文化出版有限公司，1999：207 号光盘．

[2]（明）张岳．升赏谢恩疏・小山类稿（卷三）[M/CD]// 集部别集类：明洪武至崇祯 [M/CD].（文渊阁四库全书电子版 - 原文及全文检索版）．上海：上海人民出版社迪志文化出版有限公司，1999：207 号光盘．

[3]（美）施坚雅．城市与地方体系的等级结构 [A]// 施坚雅．中国封建社会晚期城市研究 [C]. 王旭等译．长春：吉林教育出版社，1991：173.

地区带有军事巡防性质的专门机构。广西右江道最初由明代辖柳庆两府的成立初期，发展到清雍正期间辖柳庆思三府，最后形成清末辖柳庆思浔四府的格局，显示该区域的军事防御体系呈发展壮大的态势。光绪十二年（1886年），广西提督军门署移驻龙州厅后，柳州府的战略地位有所下降。柳庆地区的军防由光绪十二年（1886年）新成立的柳庆镇统辖，驻柳州府。

（四）明清马平“城—堡”及其他军事设施建设

明代马平兴筑的“城—堡”军事设施是当地空前规模的一项城市建设，尽管其建设的本意是出于军事目的，对防止叛民侵扰和虎虫伤人皆有积极作用。明代马平城外即为瑶壮，在当时尖锐的民族对立中，需广设堡垒方保证日常生活秩序，相关资料见：“柳州置自唐贞观中，明初移治于马平。后屡加征剿，置土巡检于各峒隘，稍称宁焉。”[1]明代除去城池与附郭堡垒的兴筑，还在乡野广设穿山司、鸡公山汛等司、汛一级的小型防御哨站，这些包括土巡检司等在内的基层哨站在柳州府被广泛设置，光土巡检司就达86个，居整个粤西之冠。

清代绿营兵制的实施以及广西提督军门署驻马平城，更是将军事对城市的影响推向高潮。广西提标五营及其兵署部门分布在城西大部分用地，几占半城。城外，即在各关节点四周的“面”上，汛、塘、关、哨等广为分布（参见“附图5清同治《广西全省地舆图说》之柳州府马平县图”）。汛，是营以下的一种编制单位，更主要是作为本营所管各分防区域的划分单位。每营所辖各汛，如同营按所驻府州县地名为标识一样，也依各该汛所在地名为其名称，称某某汛。同理，塘是汛以下一种更小的驻防区域划分单位，也是最基层的驻防组织，其标记亦按所在地名，称某某塘或称某某哨、卡、隘等。依清朝官方文献的习惯说法，汛是营的“分防”机构或防区，而塘或哨、卡则是汛的“援防”机构或防区，如相关志书所指出：“设立汛塘，分置兵役，星罗棋布，立法至为周详”。

第三节 柳州经济职能（桂中商埠）的形成与发展

一、明清区域贸易下“桂中商埠”的形成与发展

至唐代，柳州的贸易方式仍以实物进行交换。柳宗元诗《柳州峒氓》有“郡城南下接通津，异服殊音不可亲，青箬裹盐归峒客，绿荷包饭趁墟人”，

[1] （清）张廷玉等撰．明史·广西土司（卷三百十七）[Z].（中华书局点校本·全二十八册）．北京：中华书局，1974年4月：第27册（卷三一三至卷三二二），8204页．

描述了郡城马平县附近的墟镇贸易者。随着柳江流域区域交通与墟镇经济的发展，柳州治所马平县逐渐呈现政治、商业城邑的初步景象。

（一）明代萌发的柳州区域贸易

明代徽州商帮、晋州商帮、福建商帮、广东商帮等活跃于全国市场，广西也成为这些商帮频繁交易的地区。其中，“广东用广西之木，广西用广东之盐，广东民间资广西之米谷东下，广西兵饷则借助于广东。广东人性巧，善工商，故地称繁丽，广西坐食而已。”[1] 两广因各自资源禀赋而互通有无，溯西江各支流而上下，极大推动了明清以后广西的商品经济发展。在广西，明代广东省商帮最先散布于桂东北、桂东一带，在柳州也形成了一定的粤商网络。有研究表明：明代在广西的粤商形成了约五个活跃的商业资本网络，其中之一是以柳州为中心的粤商网络。因柳江至桂平与浔江交汇，粤商经梧州、桂平溯黔江至柳江来柳州的经商人数不少，进而在康熙年间就地建造粤东会馆。明代广西的区域贸易即呈现“东趋”、“无东不成市”的现象。

（二）清代粤东商圈引发的马平城乡商品流通与经济融合

入清以后，柳江水上运输日益繁忙，贵州及桂西北的大宗矿产、土特产、粮油、白蜡等均用船载经柳江运销湖南、湖北、广东；从广东进口的煤油、棉纱、布匹、文具、百货等商品，也经柳江运销贵州，柳州遂成西南地区繁盛的货物集散地。

柳江上游的融县、长安盛产木材，明代柳州这一木材集散地的经济地位，因清代往东有“柳州－梧州－广州”、往北有“洛清江—相思埭—灵渠—湘江”这两道内河航线的贯通，得到进一步巩固。至清末，木材行业已成就“柳州—广州”之间繁盛的贸易往来[2]。

粤东经济辐射对广西明清以来的旧墟镇性质产生相当大的影响，旧式墟镇一般为本地区的货物集散地，与外界联系较少，基本处于封闭或半封闭状态，交换只是农民与手工业者之间或农民之间的品种调剂和余额调剂。粤商入桂的“洋货土货双向贩运”或柳粤间的区域贸易打通了原马平县城、附郭两者各自独立的民族经济市场，地处柳江南岸的滨水墟市——谷埠、太平墟成为沟通城乡经济的主要市场（图 3-3-1），使其土特产品纳入国内市场和国际市场的流通——同样的，广西其他墟镇也随之由封闭或半封闭的封建市场逐步过渡为半封建半殖民地的近代市场。

（三）明清马平县沿江的经济用地发展

商业移民的大量进入，还使得柳江沿河一带某些商品开始出现规模化

[1]（明）王士性．广志绎·西南诸省（卷五）[M]. 北京：中华书局，1981：115.
[2] 郑家度．广西金融史稿（上册）[M]. 南宁：广西民族出版社，1984：70.

经营趋势，其中一个重要的表现就是出现了以专门经营某种商品为主的专业市场，柳州城逐渐汇集四方客商，近的有三都、五都等地村民，远的有来自广东、贵州、湖南等外省商贾。仅在近郊著名的墟场就有太平墟（今鱼峰区太平街一带）（图 3-3-1）、槎山墟、喇堡墟、新墟、上汀墟、思浪墟等。由于货物吞吐量大，城南沿江北岸今柳堤一带有码头 16 处。进出的货物主要有桂西北、桂中和本地的木材、蔗糖、桐油、豆、米、牛皮、药材、烟草、棉花，从广东、桂东南溯江而上的有棉纱、食盐、布匹、煤油、五金、百货等。马平的城乡手工业因外来移民的大量涌入，在纺织、铁器、木器等行业形成颇具规模的行市。由此促进一批街区、街市的产生，如米行街、谷埠、盐埠街、盐冲口、柴行街等[1]。

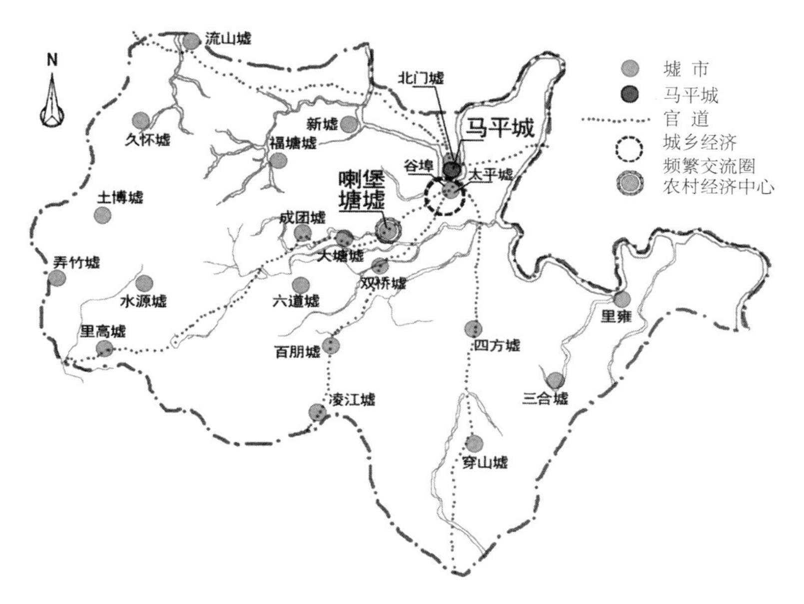

图3–3–1　清代马平县墟市的空间分布以及城乡经济交流分析

（资料来源：根据清光绪《广西舆地全图》之“柳州府马平县图”改绘。柳州市地方志编纂委员会 . 柳州历史地图集 [Z]. 南宁：广西美术出版社，2006，10：64）

附郭范围内（图 3-3-2），一些明代遗留的堡城和附近的乡村以及清代设置的营寨附近逐渐发展成规模较大的墟市。喇堡又称拉堡，明代时为附郭西南隅镇守军田的堡城，在清代马平县附郭的经济发展中几乎有着农村经济中心的地位，光绪十四年（1888 年），柳州、广东商人合资 14 股于拉堡墟开设仁和当押铺。拉堡还是入柳广东客家移民在马平县的主要聚居地之一，由于生齿日繁、手工工商业日上，在清末民初竟发展成马平县乡邻有名的镇。

[1]　柳州市地方志编纂委员会 . 柳州市志（第三卷）[M]. 南宁：广西人民出版社，2000：307.

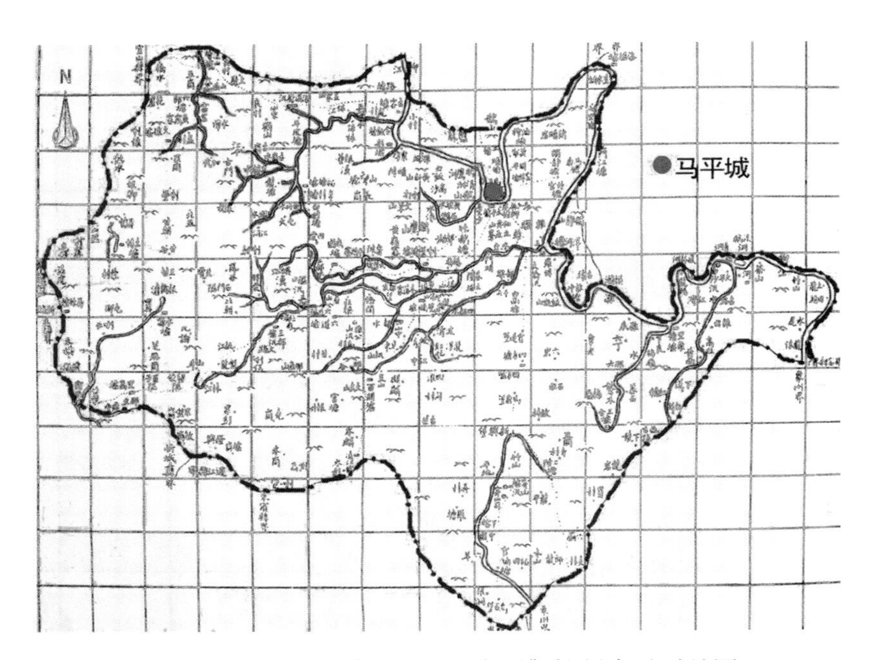

图3-3-2　清光绪《广西舆地全图》柳州府马平县图

（资料来源：柳州市地方志编纂委员会.柳州历史地图集[Z].南宁：广西美术出版社，2006，10：64）

清代柳江河南岸的振柳营地处现柳州市驾鹤路一带，形成的太平墟是彼时几大墟场之一。在晚清广西墟镇经济纳入国内外商品流通的大背景下，大量外地移民进入柳江沿河一带经商牟利，对马平县墟市的促进很大，墟市数量、规模不断扩大，经济也随之繁荣起来。黔江流域沿岸交通便利的地方和一些重要的墟市，大都有外地人定居经商。位于今柳江县的拉堡墟、里团墟、三都墟、里高墟、小山墟、里雍墟、穿山墟等墟市，地处官道旁侧或柳江支流的各水道边，都有大批来自广东、湖南、江西、福建、安徽等地的商人聚居。他们形成的城乡商贩链条对墟市经济的繁荣起到了重要的推动作用（图3-3-3）。清马平县分为六都，共辖300个自然村，有墟镇20个，平均每15个自然村就有一个墟镇[1]。根据钟文典先生研究，清末广西墟镇的密度大概为"一个墟镇/15—30个自然村"，可见马平县的农村墟镇分布在整个广西范围内，拥有相对较高的发展密度。这些墟镇主要为方便农民集市贸易，墟镇和自然村的距离以及墟镇的墟期，主要以有利于农民集市为依据，一般3日为期，相近各墟的墟期相互交叉错开，间距近者5公里、远者15—20公里不等。

[1]　柳州府志[Z]//钟文典.广西通史（第一卷）[M].南宁：广西人民出版社，1999：418.

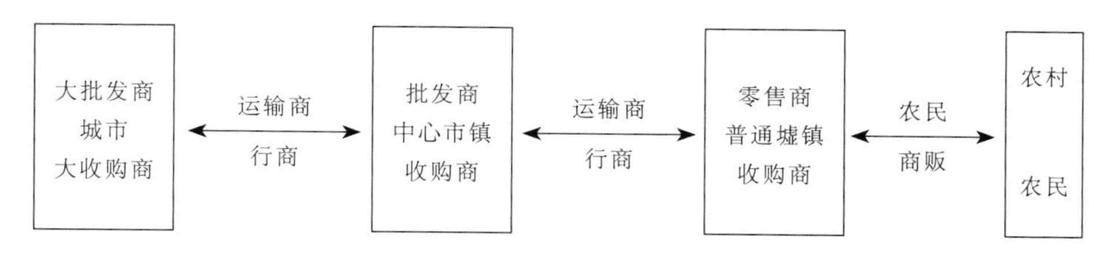

图3-3-3　商贩与城乡商品流通形成的商贩链条

（资料来源：钟文典. 广西近代圩镇研究 [M]. 桂林：广西师范大学出版社，1998：79）

（四）清代马平经济实业与银号、典当业、经纪行的兴起

1. 经济实业的兴办在几个领域开展

一是农林垦殖业，19 世纪末至 20 世纪初，清政府开放禁垦区，放垦官荒，制定了一系列有关招商垦荒、重新开垦的章程和林业实业案，对开垦山地者给予免收地价和暂免赋税的优待，鼓励商办农林垦殖业。到 1910 年，广西全省："奏明设立桂林、平乐、梧州、柳州、南宁、太平各属垦牧公司 25 处，新开水利 290 处，修竣旧有水利 360 余处"。[1] 二是在清末，柳州植桑、养蚕、缫丝盛行，其蚕丝被专营丝业的公司收购，销往广州。大量的移民入柳带动了马平县新手工行业的兴起，清至民国时期，形成柳州打铁街和石碑巷从业的专门人员。

清代马平县出现一批金融行业和机构，这些行当有银号业、典当业、银行等。金融机构的大量设置是马平县地方经济繁荣的又一个体现。

银号业：光绪年间，柳州开设的银号计有安记、党记、刘记等数家。[2] 银号业的出现，"使原先不直接发生联系的工商业和金融业衔接起来，促进了工商业的发展"。[3]

典当业：光绪十四年（1888 年），马平县城内开设的当押铺有恩锡（官办典当）、普昌等十多家当押铺。[4]

1904 年桂林设立广西官银钱号之后，柳州、南宁、龙州相继于 1904 年、1906 年、1908 年成立官银钱分号。[5] 广西官银钱局发行的各种银元（两）票、铜元票、制钱票和兑换券，以及一些私营票号和自发的少量钱票、期票和凭票，还有某些典铺、商号私自发行的少量钱票，这些货币在临近广州、香港和临近越南等地区广泛流通，成为大宗交易的重要流通手段。

[1] 宣统二年七月十六日农工商部奏. 清宣统政纪实录（卷三九）[Z]// 钟文典. 广西通史（第二卷）[M]. 南宁：广西人民出版社，1999：478.
[2] 柳江县志编纂委员会. 柳江县志 [Z]. 南宁：广西人民出版社，1991：457.
[3] 卜奇文. 论明清粤商与广西圩镇经济的发展 [J]. 华南理工大学学报，2001 年第 3 卷第 1 期 :51.
[4] 柳江县志编纂委员会. 柳江县志 [Z]. 南宁：广西人民出版社，1991：457.
[5] 郑家度. 广西金融史稿（上）[M]. 南宁：广西民族出版社，1984：71-76.

2. 经济动态规律促使的马平城经济用地分化

明清后马平县以区域贸易为主，影响其城市发展的经济规律，与在该城从事经济活动的主体、经济活动的内容、贸易方向等因素有关。在这一产生城乡经济融合、以区域贸易为作用规律的时期，城市形态呈现跨河南拓、开放的发展态势。

粤商、赣商、湘商、闽商、徽商、桂商是明代至民国期间马平县的经济活动主体，其中以粤商所涉及的市场最为广泛，粤资最为雄厚。店东人数以桂籍、粤籍居前，桂籍店东多由本地化汉族商人构成，其商资远不如广东省。桂籍店东市场地位主要为粤籍等其他商帮支配，为附从性的小商帮系，主要把持当地农产品之间小范围的调剂转输[1]，即土货之权。除土货外，马平县内各种贸易之重大者，皆操诸于粤商等外籍商帮。

桂籍商帮把持土货出口，反映在马平码头的转输、销售区域上，体现为城外发展、城西分布、沿江岸线东趋延伸的形态特点；粤商等外籍商帮主导的国货、洋货进口转输销售区域，则为城内外发展（城外沿江码头为大宗商品转输，城内街巷为零售）、城中分布、向城镇内外腹地辐射的形态特征。

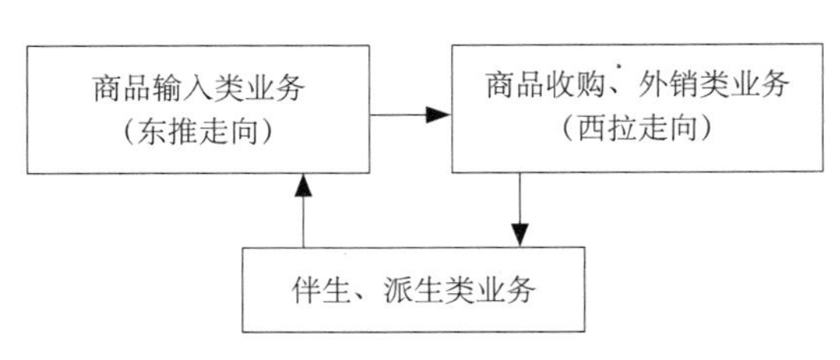

图3-3-4　粤商入桂商务动态链条简图

（资料来源：黄滨．近代粤港客商与广西城镇经济发育——广东、香港对广西市场辐射的历史探源[M]．北京：中国社会科学出版社，2005，3：23–25）

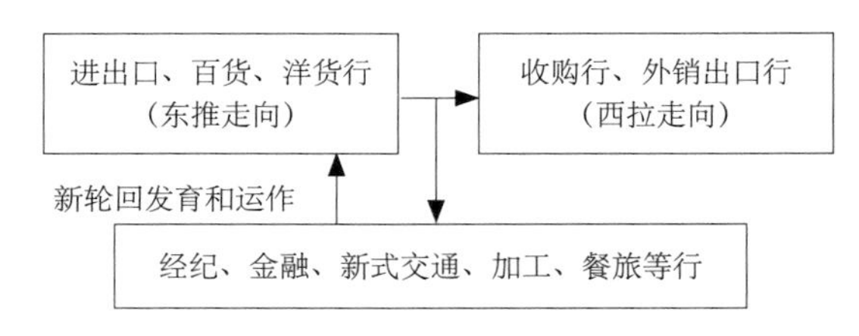

图3-3-5　清末粤商引发的广西城镇行业系统动态简图

（资料来源：黄滨．近代粤港客商与广西城镇经济发育——广东、香港对广西市场辐射的历史探源[M]．北京：中国社会科学出版社，2005，3：23–25）

粤商等商帮在马平县的双向贸易存在一个反映其经济规律的特点，观其商务动态链条，呈现出循环的封闭往复过程（图3-3-4、图3-3-5）。可得到马平县的经济用地形态分布，与整个广西经济发展形态一致，同样呈现：自东而西，东推西拉，在完成一个商务链圈后，又循环进入下一轮的发育和运作[2]。马平县乃至更多的其他广西城镇，在特定的经济发育阶段与商务动态循环中，遵循了前述独特的经济用地分配，以及新行业诞生的规律。

[1]　黄滨．近代粤港客商与广西城镇经济发育——广东、香港对广西市场辐射的历史探源[M]．北京：中国社会科学出版社，2005，3：32，23-25.

[2]　黄滨．近代粤港客商与广西城镇经济发育——广东、香港对广西市场辐射的历史探源[M]．北京：中国社会科学出版社，2005，3：32，23-25.

（五）清末民初“梧—桂柳邕”影响下的柳州经济

1. 城乡经济与新兴工商行业的新发展

民国以来，柳江两岸由清代乾隆年间的 20 个墟市发展为民国年间的 22 个。墟市经济冲破地方自给自足的封闭交易模式，在清末已形成的各专业交易市场的基础上，规模进一步壮大。柳州县墟已经达到天天开墟的规模。

牛墟坪，原是柳江河南岸的一大片空地，在民国初年形成专门交易牛市的集市，并逐渐发展成为桂中地区较大的牛市交易贸易场所。在交易中，牛墟的交易中介（又称“牛帮子”）应运而生，“牛帮子”为促成交易寻找买主卖主，往返于买卖双方之间撮合交易，按例规收取一定佣金。

经纪行应运而生，它又称“平码行”或“九八行”，是为适应经济发展的需要而设立的一种商业性中介机构，其主要职能是代客买卖货物。据赵焰考证，民国时期公路、铁路开通后，地处交通中心的柳州逐渐取代了长安的经济地位，成为西南地区货物的主要集散地，经纪行也因此而在柳州产生。至 1933 年，柳州共有经纪行 12 家之多。这些经纪行主要操纵在外籍商人手中，如沙街最大的经纪行——明德行的老板肖俊民即为广东梅县人。1933 年，在柳州经营经纪行的 12 家店东中，除 1 家店东为柳州籍人外，其余 11 家店东的籍贯分别为：桂平籍 1 家、融县籍 1 家、广东籍 8 家、不明籍贯者 1 家。[1]经纪行的出现，一方面有利于加快商品在市场中的流通，对促进经济的发展有一定的积极作用；另一方面也标志着商业社会化程度已经有了进一步提高。

作为金融业里的银号业，到民国年间，其数量增加到 7 家之多。[2]

而工业和服务业也得到蓬勃发展，从 1927 年至 1928 年，马平县共成立了 18 个行业工会，吸收会员 2100 余人。前述行业工会的频繁成立侧面反映了民国马平县小工业、服务业等经济的发展状况。

2. 马平“无东不成市”的商业格局

据《广西年鉴》第一回记载：1933 年，柳州共有洋纱店 2 家，火油店 4 家，山货店 4 家，水面来往 3 家，镶牙 1 家，均为广东人开设，可知籍贯的 7 家汽车运输公司也都由粤商经营。前述的柳州 12 家经纪行，有 8 家店东为粤籍。导致粤籍商人“执现代商业牛耳”局面的形成，其因在于粤商大多拥有雄厚资本。可见自清代柳州接受粤东商圈的经济辐射以来，柳州乃至整个黔江流域的“经济权亦渐为该族所操纵”。从表 3-3-1 可以了解到整个粤商族群在马平城商业活动开展的情况。据民国时期广西省政府统计处统计，至 1933 年，柳州共有商店 622 家，资本共 28289 元。其中本省商人

[1] 广西统计局 . 广西年鉴（第一回）[Z]. 广西省政府，1933：433.
[2] 广西壮族自治区地方志编纂委员会 . 广西通志（金融志）[Z]. 南宁：广西人民出版社，1994：56.

经营者，计314家，约占全市商店总数的50%；外省商人投资者，计255家，约占全市商店总数的41%；其籍贯未详者，计53家，约占全市商店总数的9%。在255家由外省商人经营的店铺中，粤商经营的就有177家之多，约占总数的69%；湘商经营的有56家，约占总数的22%；赣商经营的有7家，约占总数的3%；其他各省客商经营的有15家，约占总数的6%。[1]

前述境况揭示，马平县该时期的经济发展仍处于相对落后的阶段。体现在商店营业种类上，主要以杂货行为最多；虽商店兼营制造业者的种类繁多，然工商业分工尚未臻发达的程度，其规模与组织还处于简单的发展阶段。[2]至1930年柳州建成纵横广西腹地的四条公路干线止，马平县已成为桂中物流的交汇重心，与桂邕一起撑起广西的交通运输网络，使省内东、南、西、北部近50个县的大宗土特产转运到沿河各城镇并运销国内外，出口量较前增加3倍多。

民国17年（1928年）柳州总商会第十二届会董一览表　　表3-3-1

行业	洋杂	杂货	平码	洋纱	烟丝	药材	苏杭	糖业	银业	皮箱	纸料	火油	故衣	瓷器	布匹	印务局
店铺	4	9	9	3	3	3	6	1	1	2	2	1	1	2	1	1
各省店东所占数量	广东籍2家；桂苍梧县2家	广东籍9家	广东籍7家；广西平南县1家、咏淳县1家	广东籍3家	广东籍3家	广东籍3家	广东籍6家	广东籍1家	广东籍1家	广东籍2家	广东籍1家；柳州籍1家	广东籍1家	广东籍1家	广东籍2家	江西籍1家	湖南籍1家

资料来源：根据柳州地区档案馆藏“民国十七年（1928年）柳州总商会第十二届会董一览表[Z]// 柳州市工商业联合会.柳州市工商联文史资料[Z].柳州市工商业联合会编印，1991，12：9–11”数据整理编制。

二、新桂系对柳州的重点建设

（一）新桂系以军事利益为目标的“三自”

统一广西后，因在中国军阀割据的环境中大伤元气，新桂系为壮大自身实力，集众人之智，借鉴孙中山的思想，提出了具广西特色的三民主

[1] 广西统计局.广西年鉴（第一回）[Z].南宁：广西省政府，1933：366.

[2] 韩德章，千家驹，吴半农.广西省经济概况一册[M].上海：商务印书馆，1936，2：18.

义理论——“三自”政策。“三自”政策于20世纪30年代被提出并实行，作为治理广西的基本原则，“三自”即“自卫”、“自治”、“自给”。[1]

（二）新桂系东南籍将领对柳州战略地位的重视与部署

新桂系主政下柳州的区域交通建设，即充分贯彻了上述的政策、方针。其中，新桂系在柳州沙塘的“乡村建设”活动，以及蒋桂战争前后柳州一系列用地拓展的经济、城市建设，也是奉行上述方针原则开展的。孙中山先生《实业计划》(《建国方略》的“物质建设”部分）建议应沿西江水系柳江航段建一商埠，这对黄绍竑等新桂系东南籍将领形成影响。在民国确立省会事宜中，黄绍竑极力主张将广西省会设在柳州[2]，并因此在1927—1929年间，从资金、人力、物力上对柳州城市建设给予巨大支持，这是柳州完成近现代城市空间转型的重要物质条件。

黄绍竑力主广西迁省柳州，除了前述政宣方面的原因，还有财源之因：柳庆是民国西南三条禁烟要口之一（所谓禁烟，为军阀时代寓禁于征的办法)。黄绍竑作为第一任新桂系分管内政的广西省主席，明了其政府的大宗财源来自于广西对滇黔诸省的禁烟收入。云贵川三省为烟土产地，广西是其烟土货品销行珠江流域的必经之路，“所以百色、龙州、柳庆都是云南烟土必经的要口”[3]。因此，黄绍竑在迁省的“桂柳邕”争论中力主柳州，应是前述考量权衡的结果（图3-3-6)。

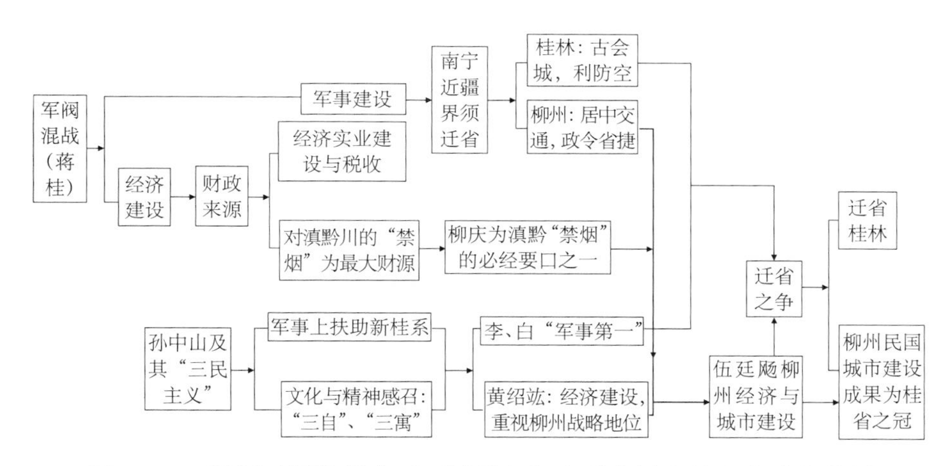

图3-3-6　民国时期柳州在“四城鼎立”中后来居上的内在动力分析
（资料来源：作者自绘）

[1]　白崇禧．三民主义在广西的检讨[M].桂林：广西日报社，1937：1-2.

[2]　见黄绍竑《五十回忆》载“省府因南宁过偏桂南，遂兴迁治柳州之议，以其地点适中，水陆交通又极便利，因而对柳州之市政府，特别注意。”((民国）黄绍竑．五十回忆（上下册）[M].杭州：云风出版社，1945年12月再版：160.），该观点与孙中山先生在致蔡锷信函中，对柳邕两城军事战略地位的看法是一致的（见“中国社科院近代史所．孙中山全集（第3册）[M].北京：中华书局，1984：29，31”)。

[3]　(民国）黄绍竑．黄绍竑回忆录[M].南宁：广西人民出版社，1991，5：157.

三、近代避难人口促进城市产业发展

马平城内人口在民国期间呈波动的上升态势（图 3-3-7），下降或锐减年份主要为时局动荡、战争原因所致（表 3-3-2）。清末民初，没有资料确切稽考马平城乡人口，可以从美籍传教士陈法言著《开路先锋在广西》一书所记来了解其大概。该书载，光绪三十二年（1906 年）陈法言至柳州布道时，柳州已是“广西商业最重要的城市”、聚居“有 34000 人口”，前面数据或为马平城厢人口，并没有包括附郭乡村的范围。这为较具体地描述清末马平人口的文献。民国期间马平县域内的战火对该城市的发展影响巨大，短短 38 年内发生的战争数量虽不及明代，对生产发展和城市建设的破坏力却是前所未有，各主要战事参看（附表 6 新中国成立前民国马平县域重要战争一览表）。

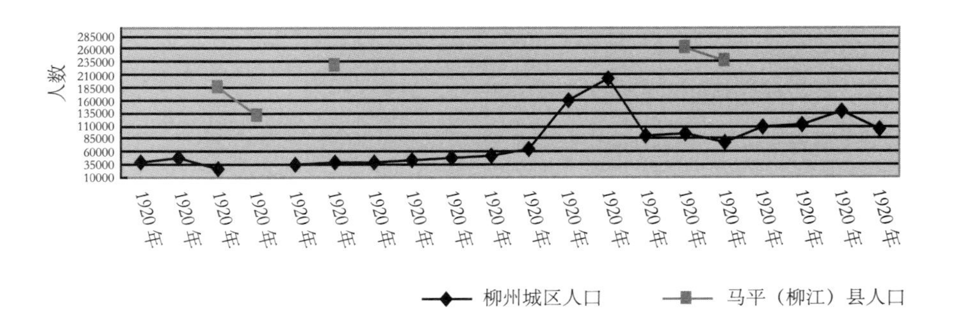

图3-3-7　民国时期马平（柳州）县（市）人口数量变化示意图

（资料来源：广西统计局 . 广西年鉴 [第三回][Z]. 民国广西省政府，1943：181；宋林 . 民国时期柳州人口起伏概况 [Z]// 柳州市地方志办公室 . 柳州古今 [Z]. 柳州：柳州市文史资料内部刊物，1992 年第 3 辑 [总第 11 辑]：8–9）

民国时期马平（柳州）县（市）人口数量一览表　　表3-3-2

时间	人口数量	时代事件	数据出处
1912	城区 5803 户，35736 人	清末民初，辛亥革命刚结束	马平县署统计
1920	柳州城区 5900 户（谷埠上、下街占去千余户），3.8 万人	旧桂系军阀陆荣廷主政	马平县署统计
1922	柳州城区人口首次突破 5 万	广西“民十政变”，强兵寇匪掳掠乡里，乡民大量涌入城内避难	《中国年鉴（第一回）》列入全国 83 个 5 万—10 万人的都会
1927	柳州城区 6599 户，29059 人（男 15737，女 13322）；马平县人口 39399 户，186561 人（男 99333，女 87228）	1925 年广西统一，政局稳定。前几年到城中避难的乡民返垦领耕。1927 年新桂系实行积极的移民垦殖政策	广西省民政厅组织调查；《广西年鉴（第一回）》

续表

时间	人口数量	时代事件	数据出处
1931	柳州县人口 32 095 户，127 833 人	1928 年马平大旱、1929 年蒋军攻柳、1930 年两粤反蒋等因素致使饥民难民死难并流落别埠；应征入伍的平民和农村破产者大量战死	柳州文史资料[注1]
1935	柳州县有 42 095 户，226 602 人；柳州市（城区）户数 7082，人口 39 270	1932 年后时局稳定、经济好转；退伍的大量士兵归农，生育进入高峰期	县数据引自广西省政府《三十二年度施政记录》；柳州市数据引自《广西年鉴（第三回）》第 181 页
1941	柳州城区 14 180 户，63 791 人（男 31 972，女 31 819）；另有机关、团体、学校和部队等公共户，柳州城一共有 160 000 余人	作为抗日后方之一，柳州接受了大量的战时难民；沦陷区机关、学校、工厂等内迁	马平县警察局登记数据
1942	柳州城区 16 850 户，81 532 人（男 48 017，女 33 515）；加上流动人口和公共户，该年柳州城区人口近 20 万人	太平洋战争爆发后，大批海外归侨滞柳；原来广州的货物来源断绝，柳州成为抗战后方北上西去的交通枢纽，使湘黔滇川客商云集于此	马平县警察局登记数据
1944	柳江县人口 54 049 户，263 578 人（男 136 674，女 126 904）	沦陷前	《广西年鉴（第三回）》第 158 页
1945	柳江县人口 48 780 户，237 345 人（男 124 912，女 112 433）	1944 年 11 月后沦陷于日寇的统治，沦陷的 7 个月战乱、染病、失踪者近 2.7 万人	《广西年鉴（第三回）》第 161 页
1946	柳州城区人口数为 108 759 人	抗日战争胜利后的光复期	《柳州市志》
1947	柳州城区人口数为 113 283 人	抗日战争胜利后的光复期	《柳州市志》
1948	柳州城区 24 227 户，97 949 人（男 53 720，女 44 229）；公共住户 296 户，共 16 064 人；流动人口 24 071。全市共 138 084 人	抗日战胜利后的光复期	柳州警察局民国 37 年（1948 年）5 月统计[注2]

续表

时间	人口数量	时代事件	数据出处
1949	柳州城区人口数为 10.47 万人	人民解放战争前	《柳州市志》

注:《广西年鉴（第三回）》的柳州市人口数据为 63 791（1941 年）、81 532（1942 年）人，当地警察局登记人数包括了流动人口数目；该时期迅速膨胀的人口规模对整个城市经济、商业带来了巨大改变。[注 1]：宋栻．民国期间柳州人口起伏概况 [Z]// 柳州市地方志办公室主办．柳州古今 [Z]. 柳州：柳州市文史资料内部刊物，1992 年第 3 辑（总第 11 辑）：8–9.[注 2]：柳州解放前一年人口统计 [Z]// 柳州市地方志办公室主办．柳州古今 [Z]. 柳州：柳州市文史资料内部刊物，1992 年第 3 辑（总第 11 辑）：9.

资料来源：根据"柳州市地方志编纂委员会．柳州市志（第一卷）[M]. 南宁：广西人民出版社，1998：188"、"宋栻．民国期间柳州人口起伏概况 [Z]// 柳州市地方志办公室．柳州古今 [Z]. 柳州：柳州市文史资料内部刊物，1992 年第 3 辑（总第 11 辑）：8–9."、"广西统计局．广西年鉴（第 1 ～ 3 回）[Z]. 广西省政府，1933（第一回）、1935（第二回）、1943（第三回）年"等数据整理制表。

（一）柳州沦陷前的入柳移民

1. 新桂系的垦殖政策与入柳移民

新桂系采取了一系列措施来恢复和发展广西的地方建设，其中一项重要的措施就是发放荒地，鼓励垦殖。为此，广西省政府于民国 16 年（1927 年）成立了专门的机构——柳庆垦荒局和田南垦荒局（1929 年分别改组为柳江、田南林垦区），负责荒地的调查、发放和移民垦殖等项工作。从新桂系实行上述垦殖政策的 1927 年起，截至 1932 年，全广西共发放荒地 149 批，面积为 23.7 万余亩；耕地面积由清末的 899 万亩增加到 1933 年的 2989 万亩，扩大 3.3 倍[1]。

新桂系积极推行发放荒地、鼓励垦殖的政策，吸引了大批汉族移民迁居柳州。1933 年，广西省政府为调动民众垦荒积极性，分为省款直接办理移民垦荒、贷款垦荒和发放荒地给私人开垦等几种措施刺激垦殖。用省款开办移民垦殖的有位于柳州沙塘的垦殖水利试办区和六万大山垦殖区。1934 年最终由县政府列册名单者有 1085 人。[2] 这次由新桂系中主行经济建设的干将伍廷飏发起的垦殖移民计划，从 1933 年 5 月到 1934 年 3 月中下旬安顿了桂东南入柳移民 2000 多人，共花费 7 万多元安置费。

2. 入柳的工商业移民

据民国《广西年鉴》第二回的统计资料显示，在柳州县肩挑业职业工会 192 名会员中，外地人共 34 名，占会员总数的 17.71%；而柳州县织布

[1] 沈培光，黄粲兮．伍廷飏传 [M]. 北京：大众文艺出版社，2007，6：83，192.

[2] 沈培光，黄粲兮．伍廷飏传 [M]. 北京：大众文艺出版社，2007，6：83，192.

业产业工会的103名会员则全部来自外地[1]。尤其是“自抗战以来，省外人士迁居桂柳日多，兼以湘桂黔铁路兴筑通车后，交通利便，桂柳商户骤增，商业日趋繁荣，迄三十三年（1944年）止，计有公司六八家，资本总额当时币值在一亿七千万余元以上，小规模之零售商尚未计入”。[2]

车仔行（专门打制及出售牛车和零配件的市场，位于今柳州市太平西街）的业主均系民国初年由广东迁来，有洪同和等七八家。[3]以今柳州市曙光中路为例，新中国成立前这里是当地著名的手工业一条街，来自广东、湖南、江西、桂林、陆川等地的商人纷纷汇集于此，以经营神香业、蜡烛业、鞭炮业、冥镪业、雕刻业、塑像业、纸扎灯笼业、金银首饰业、铜器业、锡器业、服装业、镜妆镜画业等为生，他们中不乏落户柳州之人。据当年移民的后裔钟海波老人说，他家于清朝末年迁来柳州，民国8年（1919年）在这条街上开设“钟合心”字号，以扎狮子头和走马灯而享有盛名。此外，他们生产的竹板席、饼食（盲公饼、杏仁饼、酥糖）远销港澳地区。迁自广东的柯茂昌、柯茂江从事漆器新工艺，有“阳江漆器”之称。

（二）1938年后激增的柳州人口

作为抗日大后方之一，广西在战时接受了大批的难民。据统计，1938至1941年间，广西共发出难民证399 019张，[4]太平洋战争爆发后，大批东南亚华侨纷纷返回祖国。至1942年11月，柳州归侨招待所（后改名为广西省紧急救济委员会柳州办事处，地址设在柳州乐群社，参见附图15抗战时期领取救济的柳州难民）共救济归侨难民23 297名。

1937年柳州城区常住人口为44 173人，1942年底上升到81 532人，加上流动人口近20万人，常住人口增加了1.85倍；以1941年城内常住人口与流动人口的总和16万计算，人口规模膨胀了3.62倍。由于内迁难民中无业游民甚多，社会治安问题也越发严重。因此，在积极鼓励难民垦荒的同时，广西省政府还通过以工代赈的方式来救济难民，如柳州强民工厂、柳州乞丐收容所、柳州游民习艺所等机构通过为难民介绍工作、组织难民学习技艺等办法来组织难民从事各种生产自救。[5]

1949年底，柳州市有14.61万人，其中城区10.47万人。柳州解放时，城区面积14.84平方公里，建成区面积3.42平方公里。

---

[1] 广西统计局．广西年鉴（第二回）[Z]. 广西省政府，1935：462.

[2] 广西五年来经济建设统计资料 [Z]// 广西省统计室．广西建设 [Z]. 广西省政府：1947年第二卷第一、二期合刊．

[3] 张德荣，张兆全．解放前柳州的手工业 [Z]// 政协柳州市鱼峰区文史资料委员会编．鱼峰文史（第6、7辑合刊）[Z]. 柳州：柳州市文史资料内部刊物，1990，9：73-86.

[4] 广西省政府十年建设编纂委员会．桂政纪实（上册·第二编）[Z]. 广西省政府，1944，4：238.

[5] 梁辛．抗战期间柳州的振济机构 [Z]// 政协柳州市鱼峰区委员会．鱼峰文史（第13辑）[Z]. 柳州：柳州市文史资料内部刊物，1995，9：195-205.

四、近代战争引发的军工企业及军事建设

“马平县”彻底转化成“柳州”这个近代城市，在“自上而下”的发展层面看，主要是经历了军人伍廷飏于1925—1930年以及1931—1935年这两个阶段的经济和城市建设。1925—1930年这一阶段主要将城市形态向南拓展，1931—1935年是沿北向发展了城市用地空间。向南北沿陆路发展城市，体现了区域城市体系“桂柳邕”这一南北排列的格局对柳州的巨大影响。这与明清以前，马平城依赖水路及上下游区域贸易所形成的东西格局，有着显著的区别。这个城市形态特征服从了已形成的客观现实——基于民国时期军事防御的“桂柳邕”体系。民国“桂柳邕”体系与基于明清“军事＋经济”的城市体系“桂柳邕梧”有着显著区别，这种区别在于民国时期存在促使柳州城市发展的驱动力——带有强烈的军事目的，如新桂系执政广西之初开有六个省营工厂，其中三个与军用有关（广西硫酸厂、广西酒精厂、广西机械厂），广西酒精厂与广西机械厂即设在柳州（第六章详述）。伍氏柳州的建设活动在组织、实践形式上，也充分体现了领导集中制的半军事化特征，如沙塘试办区（第六章详述）就是从形式到内容皆采取了半军事化管理的农垦活动。

清末民初，火药、火炮等热兵器取代冷兵器，在地方战争中屡屡攻破城墙，如清代马平的“咸丰之乱”，其东门城楼上仍遗有火炮，其位置对应的柳江段河床，有历史遗留的炮壳。城墙的军事防御作用因此逐渐消解，民国时期马平县的新军事防御体系因而转向城区附近的公路隘口、山洞掩体、野战工事的构筑。这些军事工程主要集中在蒋桂战争和抗日战争两段时期兴筑。蒋桂战争时期的工事分布有：柳北片区，黄村以北，白露以南，白沙一带；柳南、西南片区，航空站大门西南山麓，红庙一带，沿柳邕路的隘口张公岭一带，张公岭顶有永久性地堡、散兵壕、四周战车防御壕环绕；柳南东南片区，箭盘山、马鞍山东侧、桐油岭、柳石路以东一线山岭；在城区视野的制高点，如马鞍山与鱼峰山两山山顶均构有堡垒。抗日战争时期的工事大多为混凝土永久性工事，其分布于：柳北片区，铜鼓岭－白露村－马场；柳南片区，升官塘－社湾坳－机务段外；设在城区内的钢筋混凝土碉堡，在大小十字街以及柳南新开马路各段密布。[1]

五、柳州近代城市工商业的形成与发展

（一）民国初柳州城内的企业

民国初地方商绅民营的工业企业有柳州电灯公司和石印社、手工制革

[1] 刘雄，蒋霖．蒋桂战争和抗日战争的柳州城防工事建设[Z]//政协柳州市柳北区委员会．柳州文史资料（第五辑）[Z]．柳州：柳州文史资料内部刊物，1990：10-12.

小作坊等。柳州电灯公司由柳州商人陈敬堂于1916年5月集资创办，地点在斜阳巷北段花门墩，主要供应城厢官府及主要街道、商家的照明用电。1921年冬该企业因时局动乱歇业，1926年伍廷飏对其注资，后又改为县政府主管，改名为柳州电灯局，恢复供电。后于1928年底再次歇业。1926年柳州开始了印刷业，印刷各种线香招牌纸。行业内相关的企业有设在香签街的石印社、设在四码头的觉非石印社、设在中山中路的生盛印务局。

第一平民工厂是伍廷飏着力发展的手工业企业，其厂址设在马平城内的广东会馆。1927年投产，生产的主要为纺织品，如织袜、织布。厂内工人分有艺徒、结业工等种类，其产品主要销往柳江上下游各地区，如贵州、古州、怀远、长安、容县、古宜等。与柳江南岸着力发展机器工业、重工业相对应的是，柳江半岛的马平城商绅在平民工厂的带动下，引发了其轻工业的蓬勃发展：北门街一带发展了约100多家织布业，月产花布3000余匹；苏行街一带发展了约10家制革业，月制皮箱1800只、熟皮100张；沿江北的沙街发展了枧厂，月产肥皂200箱。[1]

（二）柳州近代交通业的形成与发展

旧桂系统治广西十多年，对区域交通的发展十分有限。民国初柳州还一直依赖传统的水路运输，当时的新变化有：新轮船不断加入柳梧航线，加速航程、增密航次，大大增加了运力。新桂系上台后对柳州的战略地位非常重视，伍廷飏主政柳州督办的首件大事，就是积极开辟交通，修筑公路和架设电话线路。

1925年秋，广西民政公署建设厅拟定了《全省修筑公路网规划》，因此广西道路交通由驿道为主转向以公路为主，陆上交通发生了质的飞跃。伍廷飏在柳州规划、组织、督建的公路建设，被有关人士称为全省之冠[2]，即：其数量与效率在当时广西范围内仅见。这为新桂系期间，柳州从战略地位上短暂地超越其他三个广西城市打下坚实的基础。据《申报》载，至1930年广西公路通车里程已达4007公里，居全国第8位，这其中有近一半的通车里程需经由柳州。再对照1926年通过的“筹筑柳江各属公路及架设公用长途电话案”议案所设想的方案（即前述若干区域间的公路以柳州为中心，以柳江南岸的立鱼峰为起点，从东南西北全方位发散出去形成四条纵横干线），以桂中腹地柳州为中心的广西公路交通系统的雏形宣告完成。

在广西公路网形成后，柳州的公、私营汽车交通业开始蓬勃发展。公营的汽车交通业有新桂系当局管理的柳州汽车总站及其站场、车队；私营

[1] 沈培光，黄粲兮．伍廷飏传[M]．北京：大众文艺出版社：2007，6：77，105，106.
[2] 沈培光，黄粲兮．伍廷飏传[M]．北京：大众文艺出版社：2007，6：50.

的企业，在抗战前有七家。这些交通业务主要承接广西省内的客货运，也有经柳州往贵州方向的跨省业务。抗战时期的交通企业数量，据 1940 年一份日军情报称："柳州现有十多家汽车商行，车辆总数也增加到三百几十辆，比事变（七七事变）前的车辆数要多达两倍以上。而其中大部分是运货物的汽车，在柳州和贵阳之间，往来运货。"[1] 日军占领广州和香港后，柳州原有的水陆进出口商贸交易圈不复存在。冒险的商人随后开辟两线偷运货物至柳：一是"广州—三水芦苞镇—四会—高要—梧州—柳州"；二是"香港—广州湾—玉林—柳州"[2]。柳州因此成为陪都重庆在西南反日军经济封锁的前哨，得以解决前述迅速增加的人口压力，吸引了战时重庆、成都、昆明、贵阳，甚至西安、青海等地的商人集中来柳采购。战时柳州由原来黔江流域的中小商品集散地，跃升为西南诸省大宗货物的主要进口商埠，频繁的物资运输因而促进柳州汽车业以惊人速度发展。

（三）抗战时期柳州工商业、金融业及建筑业、服务业的发展

人口增加、商业因素刺激柳州城区各行业的数量与规模。有些行业得到进一步发展，如绸布业和百货业空前旺盛，银号业（资本在国币十万元以上者）达到 34 家[3]（1934 年抗战前），还有银楼业、私营银行业、酒吧业（图 3-3-8）。由于战局动荡，贵金属买卖在金融业交易中日益凸显，专门从事黄金白银交易的银楼业于 1940 年由赣商在柳州开设，此后直至 1949 年前，出现了至少 13 家的金银楼业[4]；1942 年以前，柳州还成立了 8 家私营银行，这在广西全域前所未有。抗战时期，由于银行实行信用业务，其强劲的市场开拓能力使银号业逐步退出了柳州市场。

图3-3-8　民国时期柳江上的"泉胜酒吧"船

（资料来源：柳州市地方志编纂委员会办公室．飞虎队柳州旧影集 [M]. 昆明：云南民族出版社，2005，7：156）

在 20 世纪 20 年代末，柳州建筑业已在木材业的基础上渐成规模，出现首家联合承接建筑工

[1]　刘振先译．日本侵略者有关柳州抗战时期的情报 [Z]// 柳州市地方志办公室主办．柳州古今（3-5 期）[Z]. 柳州：柳州市文史资料内部刊物，1990：25.

[2]　黄炳燊．抗日战争期间柳州商业概况 [Z]// 政协柳州市委员会文史资料编委会．柳州文史资料（第一期）[Z]. 柳州：柳州市文史资料内部刊物，1982：119.

[3]　魏直．柳州旧时银号和柳州改时 [Z]// 政协柳州市委员会文史资料研究委员会．柳州文史资料（第五、六辑合刊）[Z]. 柳州：柳州市内部刊物，1990：191.

[4]　刘郁卿．抗日战争前后的柳州银楼业 [Z]// 政协柳州市委员会文史资料研究委员会．柳州文史资料（第五辑）[Z]. 柳州：柳州文史资料内部刊物，1987：77-85.

程的公司:“群益公司”; 30 年代中期，出现首家专营建筑的营造厂:“联合厂”。该时期营造房屋一般由木铺承建或由房主自备材料雇工建造。民国初，柳州兼营建筑的木铺有 10 余家，全部为 3—10 人规模的手工作坊，[1] 可见民国柳州的建筑业发展迅速。由于抗战工业企业和人口数量剧增、文教办公建筑增加,使 1938 年后柳州城市建筑工程进入快速增长阶段。柳州由“桂中商埠”迅速转型为工商业重镇，这与外籍资本家的设施建设、经营有密切关系。1941 年，营造厂增至 30 多间，“所增各家均来自广州”，至 1943 年增至 50 余家，厂家来源“多自广东来”，最大型的粤商柳州营造厂有工人约 2000 余人，[2] 其业务包括制作相关新型规格的建筑材料，承包各项建筑工程。

抗战时期柳州前述公营工业的发展呈现出空前繁荣的景象:“公营工业从无到有，改变了公营工业空白状况。公营工厂数量虽然还不多，但规模比较大、资金比较充足、设备比较齐全。它代表当时广西的先进生产力。公营工业还带动和促进了民营工业的发展。与公营工业相比，民营工业发展速度更快，不论在工厂总数或资金都超过了公营工业，它是这个时期广西工业的主体力量。”[3] 与社会生活相关的民营企业更是异军突起,迅速发展。有学者指出:“(战时）广西的民营企业中，梧州的民营工业代表了广西传统的民营工业的发展水平，柳州的民营工业的发展却代表了广西新兴民营工业的发展方向”。[4] 如抗日战争期间，曙光中路接纳的大批内迁人员中，有不少是手工业者。当时这条街上的制笔师傅就是从江西、湖南和桂林迁来的，其毛笔制造占了全市的 70%。由于柳州人口骤增，对日用品的需求量很大，陆川籍的李玉明便带了一批牙刷匠散居在这条街上，以生产猪鬃牙刷为生。[5]

（四）西南交通枢纽促进的柳州旅馆业

柳州城内旅店业的发展尤能体现区域交通、区域经济对城市形态开放势能的影响。明清“桂中商埠”渐成的过程中，其旅店业的发展已经蔚为大观（图 3-3-9、表 3-3-3、表 3-3-4)。明代马平县的工、商业职能随迁入人口不断增多而得以增强，商旅、军政原因来柳或经柳人士的短暂停留，促使旅店业萌发。如明代北门附近的拱宸街聚居着相当繁密的手工业者和

[1] 梁志强.抗战前柳州的建筑业 [Z]// 政协柳州市柳北区委员会.柳北文史（第十一、十二辑合刊）[Z].柳州：柳州市文史资料内部刊物，1995：55-61.
[2] 柳州市人民政府.调查研究（第二期 工商调查专辑）[Z].柳州：柳州市文史资料，1950，7.
[3] 谭肇毅.桂系史探研 [M].北京：中国文史出版社，2005：100.
[4] 杨乃良.民国时期新桂系的广西经济建设研究（1925 ～ 1949）[D].武汉：华中师范大学博士学位论文，2001，5：63.
[5] 覃宝峰.仁恩坊·香签街·兴仁路·曙光中路 [Z]// 柳州市地方志办公室主办.柳州古今（合订本）[Z].柳州：柳州市文史资料内部刊物，1989 年 12 月（总第二期）：33-37.

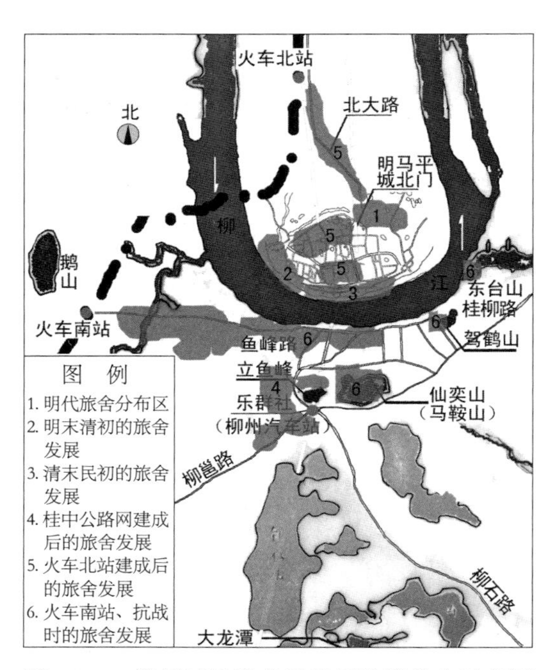

图3-3-9 柳州城旅馆业的发展阶段分布示意图
（资料来源：根据柳州文史资料与历史地图分析绘制）

商贩，当中就有接待商旅的小型客舍，徐霞客游柳时即下榻北门这一带。清代上下游木商、柴炭商、航船（运）云集柳江码头，面向梧穗为主的航运商品交流推动旅店业进一步发展。西门城外即兴起了一些旅店，分布在接待木商、柴炭商的木行街、寿板街、西柴街；与陆路货运相适应的马帮驮运，其马栈也多设在西门一带，卖马草的行市遂设在西门，旅舍随之而生；另外，来柳参加科考的应试生多来自柳州府西部各附县，西门即为其进城第一站，因此西门的考棚街内多有招揽岁考应试生住宿的客舍。

清末民初，多元经营的沙街平码行取代了西门以单一木材交易为主的经济地位。平码行专（兼）营代客买卖，收取佣金，并在店中设床位招待交易商客，同时提供免费膳食，客商留宿平码行则比投宿旅店方便。民国7年（1918年），旧桂系军阀陈炳坤在沙街建起一座四层高的钢筋混凝土大楼——新柳江酒店。该酒店内设戏院、茶楼、客房，是柳州第一家大型

明清时期柳州城旅店业发展一览表　　表3-3-3

时期	主要影响因素		主要的分布位置	旅店类型（或名称）
明代	在桂林、梧州为中心的军事城市体系中，马平所承担的次级军事（政治）职能		柳北，北门外一带，拱宸街、罗池附近等街区内	徐霞客的《西南游日记》里所提客舍
清代	区域经济及交通	柳江上下游木商、柴炭商、航船（运）云集柳江码头，面向梧穗为主的航运商品交流	柳北，分布在西门城外接待木商、柴炭商的木行街、寿板街、西柴街内	客栈
		陆路货运相适应的马帮驮运经西门，卖马草的行市遂设在西门	柳北，旅舍随之在西门一带增多	马栈、带马栈的客舍
	科考	来自柳州府西部各附县参加科考的应试生，西门即为其进城第一站	柳北，西门的考棚街内	旅店

民国时期柳州城旅店业发展一览表　　表3-3-4

<table>
<tr><th colspan="2">主要影响因素</th><th>主要的分布位置</th><th colspan="2">旅店类型（或名称）</th></tr>
<tr><td rowspan="4">商品经济及其服务业的发展</td><td>灵活经营的沙街平码行崛起</td><td>柳北沿江，沙街</td><td colspan="2">沙街平码行内的准商务客舍；大型旅店：新柳江酒店</td></tr>
<tr><td rowspan="3">城内经济中心东移至沙街和城南</td><td rowspan="3">柳北城内南（西）部的弓箭街、福建街</td><td colspan="2">大型客栈，内设单人房和双人房，备被、帐，包膳食、茶水、卫生等</td></tr>
<tr><td colspan="2">中下等客栈，旅客自理</td></tr>
<tr><td colspan="2">伙铺、太平铺，出租被、帐</td></tr>
<tr><td>区域陆路交通</td><td>民国16年(1927年）后，桂中腹地公路网的形成，柳州汽车站落成</td><td>柳南新区鱼峰山一带</td><td colspan="2">乐群社（由原柳州汽车站改造而成），新中国旅店、大西洋、国际旅社</td></tr>
<tr><td rowspan="5">西南交通枢纽</td><td rowspan="2">湘桂铁路的柳州北站建成</td><td rowspan="2">柳北，以北站至北大路一带为多，以及之前西（南）半城和沿江的商业稠密区</td><td>旅馆</td><td>分列在从火车北站至北大路两旁的大大小小旅社；北大路的皇宫旅店；潭中路的巴拿马旅店；文武巷的私人花园旅馆；正南路的新世界旅社；柳江路的胜利大厦、纽约、宝昌；培新路的新华强、南明等</td></tr>
<tr><td>客栈</td><td>映山街、西大路、柳新街和北站一带，约四十余家</td></tr>
<tr><td rowspan="2">黔桂铁路的柳州南站建成，柳南水陆客货联运便捷</td><td rowspan="2">柳南，驾鹤路、谷埠街等柳南新区</td><td>旅馆</td><td>大型的旅店有桂丰、太平洋、新中国、皇后大酒店、巴州、大南天、交通、国华、天外天，谷埠路有国际；中小型的有国光、京沪、凤山、兴华、养元、光华、环球</td></tr>
<tr><td>客栈</td><td>中大型的有大华、龙江，中小型的客栈有广合、大益、华洋、祁阳、同兴、逢益、广盛、熊兴、运昌、盛昌、德生、大安、慎安、大道等约三十多家</td></tr>
<tr><td>战时避难</td><td>到山林岩洞躲避日军的空中轰炸</td><td>柳南丛山</td><td>驾鹤山上的半山酒店</td></tr>
</table>

资料来源：根据《柳州历史文化纵横谈》、柳州文史资料及“谢贤修．柳州旅店业史话 [Z]. // 政协柳州市柳北区委员会．柳州文史资料（第四期）[Z]. 柳州：柳州市文史资料内部刊物，1989：29-31”资料整理制表。

旅店。随着城内经济中心东移至沙街，弓箭街、福建街等渐处于整个商品经济辐射的服务业区域，各大中型客栈慢慢集中至前述街道。当时提供包饭和卧具的算服务较好的客栈，并存的还有中下等、需旅客自理的客房，另有伙铺和太平铺。民初包括这些伙铺、客栈在内的旅舍在马平城内有二十多家。民国 16 年（1927 年），伍廷飏修筑桂中腹地的几条公路以后，在通行汽车和柳南新区等这些区域交通、城市建设因素刺激下，柳州旅馆如雨后春笋般出现。这段时期因陆路交通而兴旺的旅店大多集中在柳南鱼峰山附近。乐群社（原柳州汽车站）因此开柳州高级旅店的先河。

抗战时湘桂、黔桂铁路相继开通，使马平城的铁路北站、南站附近又出现了一批旅社饭店。该时期柳北除却前述三家大型旅馆外，还有柳江路的胜利大厦、纽约、宝昌，培新路的新华强、南明等。客栈则分布在映山街、西大路、柳新街和北站一带，约四十余家。抗战时期，柳南一带因富有躲避空袭的岩洞，以及集铁路南站、汽车站、水运码头等水陆联运优势，成为该时期马平城旅店业最为集中的片区，直至新中国成立前，柳南的驾鹤路、谷埠路有大型的旅店如太平洋、新中国等。中小型的有国光、京沪等。大型的客栈有大华等，中小型的客栈有广合等约三十多家。

第四节　军事促进西南交通枢纽的形成与发展

军事因素通过区域交通对近代柳州交通枢纽地位的形成与发展，构成了巨大的推动力。民国时期广西四大公路干线的枢纽：柳州站起点设在柳江南岸立鱼峰山脚——柳州汽车总站，湘桂铁路终点设于柳州北岸，黔桂铁路的起点柳州火车站设在柳江河西南岸，柳州帽合机场设在柳州县西南隅帽合村一带。柳南区在旺盛的区域交通刺激下渐成新的城市建设区域，尤其柳北渡江而来至鱼峰山形成现代大马路，引商家辐辏而至，沿街建筑了大量骑楼。马平县自古以来以城墙为宥的封闭城市形态，在强劲的区域交通冲击下渐成开放之势（图 3-4-1）。

一、清“改土归流”与相思埭的疏浚

柳江是黔粤交通要道，历史上云贵地区多次对中央王朝形成边患，均需借道马平县扼守的柳江西上。由于黔江的另一支流红水河（都泥江）水急滩险，不利行船，柳江成为入黔的最佳水道。清康熙平三藩时，柳州数次成为中原摄取云贵的重要军事门户。清雍正改土归流期间，雍正六年（1728 年），时任云贵广西三省总督的鄂尔泰为联合滇、黔、桂、湘等省军

事力量镇压地方武装，亟须打通四省间的交通，以形成军事上联通中原、相互间缓急为援的接应之势。相思埭独特的位置引起鄂尔泰极大注意，不惜重资重建以飨军事之需[1]。广西巡抚金鉷曾明确地记载了当时的运兵情况。[2] 在改土归流成效显著的清雍正年间，灵渠、相思埭共得到七次修浚，其中二次为灵渠，五次为相思埭（表3-4-1）。后者得到重点修葺，固因久置而废所致，却迫于“改土归流”形势而彰显重要的军政、交通价值。相思埭后续再修的方针为“治水要通军，通军间灌用”[3]。在晚清越南边患兴起之时，粤西形成“桂柳邕”南北纵向军镇体系。柳州北连桂林、东西纵横黔粤的军事区位特点，为南宁提供了广阔的后援基地。

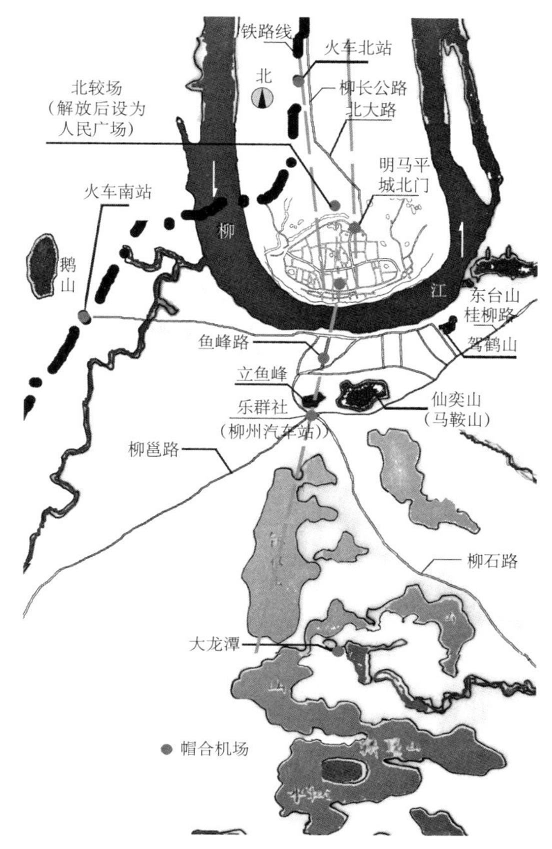

图3-4-1　民国时期柳州城对外交通枢纽的分布示意图

（资料来源：根据柳州清末及民国历史资料与地图分析绘制）

清雍正年间广西运河修整时间一览表　　**表3-4-1**

运河名	具体整修时间					合计次数
灵渠	—	—	雍正九年（1731 年）	雍正十年（1732 年）	—	2
相思埭	雍正七年（1729 年）	雍正八年（1730 年）	雍正九年（1731 年）	雍正十年（1732 年）	雍正十三年（1735 年）	5

资料来源：根据清雍正、嘉庆《广西通志》等资料整理制表。

[1]　这些文章一共有 5、6 篇，见于“(清) 金鉷等编修 . 广西通志（卷一一六・艺文）[M/CD]. 文渊阁四库全书电子版 - 原文及全文检索版 . 上海：上海人民出版社迪志文化出版有限公司，1999 年：第 568 册，第 451-470 页 .”

[2]　(清)金鉷 . 临桂陡河碑记 [A]// 胡虔等编：临桂县志 [Z]. 嘉庆七年修光绪六年补刊本 . 台北：成文出版社，1966，5：172-173.

[3]　《广西航运史》编审委员会 . 广西航运史 [M]. 北京：人民交通出版社，1991：72.

二、清末柳江的新式航运与“桂柳邕”铁路筹建

清末（梧州开埠前后至辛亥革命前后），柳江航道以汽、电船的使用为主。1898 年清廷被迫允许外轮行驶西江，而后往来梧州的轮船吨位逐渐增大，外地航商纷纷投资造船，所“造驳船来往梧州贸易。该驳船则用大力之拖船拖带新造之船，俱浅于食水，虽遇水浅时亦可航行”。所以多用于从梧州至桂林、柳州、贵县、南宁、百色和龙州等西江航路[1]。新式航运改变了以往航行的漫长行程。[2]

辛亥革命后，西江航道的梧柳线，经藤县、桂平、石龙到柳州，有电船直达，冬季水浅时电船仅达石龙。马平以上有小电船通融州长安，可达贵州。江水涨落、柳江在西江所处的航段这些因素对其运力影响很大，对其地方经济的影响也不容小觑。

中法战争后（1885 年），中越陆路交界开放贸易。此后，法国在广西边防内外多次以修建铁路为手段突破中国西南国防，[3] 广西当局因而对铁路建设极为重视，甚至提出“我广西之危，其要点实在铁路”。因此，“桂柳邕”一线成为广西铁路建设的首选并逐渐被纳入筹建日程。

三、新桂系主导的广西腹地公路网的建设

柳州在抗战前已经演变为广西省的公路交通网络中心。1928 年 11 月，新桂系主政广西之后修筑的第一条公路——柳石公路验收。随后柳三（又称柳长公路，柳州－长安－三江）公路（1927 年 8 月通车）、柳桂（柳州－桂林）公路、柳来（柳邕路的“柳州－来宾”段）公路相继征工开筑，以上 4 路共计 1400 余里[4]。历时 6 年修筑的柳庆（柳州－河池）公路在 1934 年 1 月全线通车。柳邕路的修筑被时任省政府主席的黄绍竑重视，黄曾指出，柳州至宾阳一路，“为本省交通干线，极应修筑”。黄绍竑催令伍廷飏，迅速筹划修筑该段，1927 年 5 月底该线路基完全筑成通车。其余道路的建设还有：1927 年 2 月分段兴筑柳湟（柳州－桂平大湟江口）路；1929 年 4 月即将修筑最后一段（武宣－大湟江口），时逢政乱停修；1927 年 11 月动工修筑柳榴（柳州－榴江）路，曾停建，后修成。

当时广西《全省修筑公路网》计划有五大干线（北横干线、南横干线、

---

[1] （清）光绪二十四年通商各关贸易略论·梧州口 [Z]// 钟文典 . 广西通史（第二卷）[M]. 南宁：广西人民出版社，1999：370.

[2] 《东方杂志》第二卷第十一期，《交通》，光绪三十一年十一月二十五日 // 钟文典 . 广西通史（第二卷）[米]. 南宁：广西人民出版社，1999：476.

[3] 朱从兵 . 铁路筹建与清末广西边防 [J]. 中国边疆史地研究，2006 年 9 月第 3 期（第 16 卷）：83.

[4] 伍廷飏 . 柳江行政会议开幕词（民国 15 年 7 月 1 日讲话）[Z]// 柳州市志地方志办公室历年编纂 . 民国柳州文献集成（第二集）[Z]. 北京：京华出版社，2006，12：28.

西纵干线、中纵干线、东纵干线）及一特别线的六线路。据六线路计划，至1930年，贯通柳州的有四条（图3-4-2），另外的名称又有：①邕大（柳邕）公路，从南宁起，与柳州至大塘段连接，是广西腹地的主干线；②柳池（柳州－河池，其中柳州附近要途经柳邕公路一段）公路与丹池公路连接，为通往贵州的省级干线；

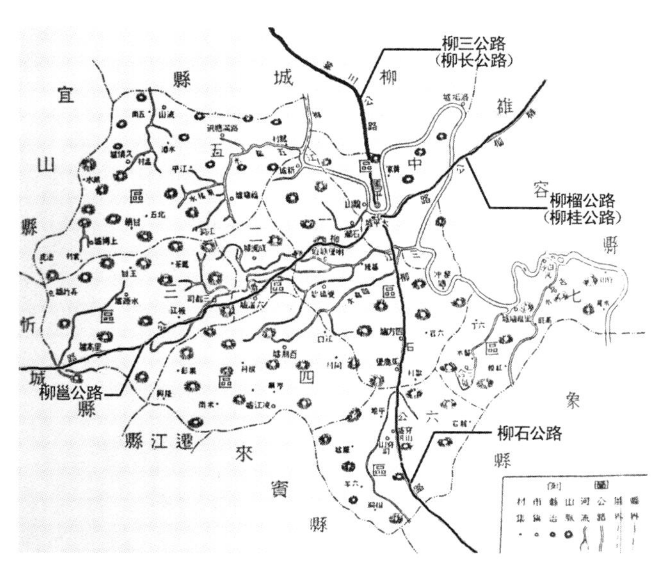

图3-4-2　1933年马平县全图所示的区域公路
（资料来源：柳州市地方志．柳州历史地图集[Z].南宁：广西美术出版社，2006，10：74）

③柳（州）荔（浦）贺（县）公路，是柳州通往桂东北的主要干线；④柳（桂林）荔黄（桂林－黄沙河）公路，是衔接柳州至荔浦公路通往桂北的主要干线，其中桂黄公路又是湘桂省级公路的组成部分。

四、抗日战争与湘桂铁路、黔桂铁路建设

民国期间，在广西修建的铁路有湘桂铁路、黔桂铁路。至1945年8月黔桂铁路全线贯通时，柳州是前述两条铁路线的事实交会点，亦即抗日战争期间至中华人民共和国成立前，西南的铁路交通枢纽。

1936年南京国民政府公布建筑铁路五年计划，湘桂铁路为五年计划中的一部分。湘桂铁路全线在规划初期为“衡阳－桂林”（全长375公里，1938年9月底通车），湘桂铁路在广西境内长达892公里，全（县）桂（林）段当时已筑成，便再分桂（林）柳（州）、柳（州）南（宁）、南（宁）镇（南关）三段，相继兴筑。

“桂林－柳州”段1940年底竣工通车，1944年冬因柳州沦陷而被破坏。“柳州－南宁”段施工时广西已深陷抗日战争，修筑活动时有断续。湘桂铁路在广西的终点站是柳州火车北站，建在马平城西北郊。为便于使用车站，筑有北大路（最初为“更新路”，又曾名“鼎新路”）联系火车北站和马平城。

1938年国民政府西迁重庆，抗战重心转移到西南，亟须兴筑一条西南大动脉——黔桂铁路，与建筑中的湘桂铁路相衔接，以取得海外补给和开发西南地区的经济。黔桂铁路因此从柳州火车南站起，全长608公里，在

广西境内 302 公里。在贵州到都匀是 1945 年 8 月通车。

铁路（图 3-4-3）是引发柳州城市职能发展的直接影响因素之一，尤其是抗日战争时期其水陆皆贯通陪都重庆的地理区位，再因战时避难人口及战时经济、内迁工业等因素促进，柳州在广西四城市发展中以后来之势迎头赶上。有时人评："1937 年，柳州成抗战大后方，跟着湘桂铁路的出现，……上海各大城市及重庆昆明商人向柳州集中，尤以上海广州的更多，造成柳州工商业的黄金时代。"[1]

图3-4-3　抗日战争时期通向柳州机场的铁路运输专线

（资料来源：柳州市地方志编纂委员会办公室．飞虎队柳州旧影集 [M]. 昆明：云南民族出版社，2005，7：40）

五、柳州帽合机场及其军用价值

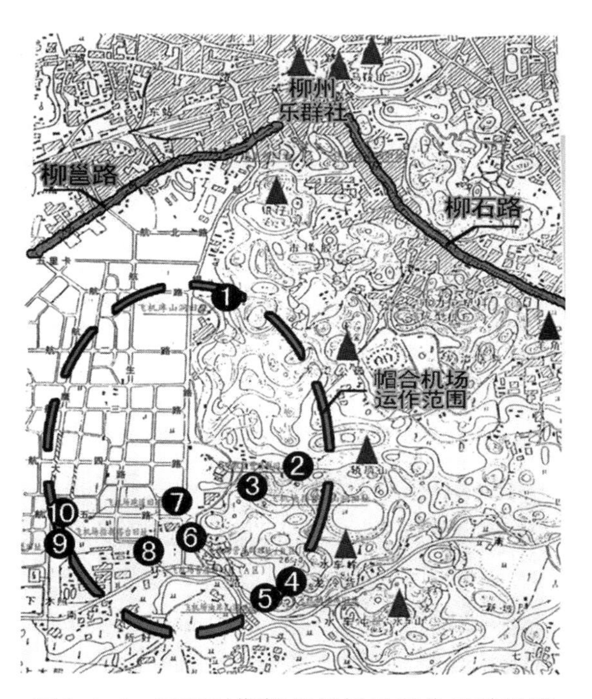

图3-4-4　民国时期柳州机场的区位及其设施分布

1. 飞机库山洞　2. 机场营房群 C 区　3. 机场指挥部山洞
4. 机场油库　5. 机场油库山洞　6. 机场营房群 B 区
7. 机场跑道　8. 机场营房群 A 区　9. 机场防空碉堡
10. 飞机场指挥塔台　▲山体标志

（资料来源：根据"柳州旧机场各文物点所在地理位置图"改绘，柳州市文物管理委员会办公室）

20 世纪 20 年代末，广西当局意识到航空运输省时快捷，平战结合使用很有效。逢广东省政府提出试办民航通行广西的意向，桂方遂积极配合。民国 18 年（1929 年）3 月，广西省政府为协助广东省政府试办民航，修建柳州帽合机场，位置在柳江西南岸帽合村一带（图 3-4-4），占地 38 公顷。至民国 32 年(1943 年)，经 3 次扩建，机场面积达 120 公顷。帽合机场开辟后不久，附近设立了第四集团军航空学校，用以教学、训练航空飞行人员；抗战后，帽合机场被设立为"飞

[1]　政协柳州市鱼峰区委员会．鱼峰文史（第七辑）[Z]. 柳州：柳州文史资料内部刊物，1990: 74.

虎队”（中国空军美国志愿援华航空队）的在华空军基地，后为方便与印度方面的航空物资运送，基地为此进行了第三次扩建。机场内设飞机跑道及停机坪、飞行指挥塔、山洞飞机库、战地医院、飞行员营房等（图 3-4-4）。

图3-4-5　帽合机场航拍图

（资料来源：柳州市地方志编纂委员会办公室．飞虎队柳州旧影集 [M]. 昆明：云南民族出版社，2005，7：引言页）

柳州帽合机场建成后很长时间（1929—1946 年），其军用效果远超民航。初建时面积仅有 0.5 平方公里，只有简易的飞行场地供小型飞机起降。“两广”政府为开通粤汉航线，拟先飞柳州，后因粤桂不和而未能通航。1946 年 7 月以后，柳州机场为美军和“中国航空公司”、“中央航空公司”使用。1946 年 9 月 6 日“中航”通航“重庆－芷江－柳州”航线。1946 年春，柳州机场中转去“受降”区的飞机达 600 多架次，运送的大部分是军事人员和军用物资。

抗日战争胜利之前，柳州机场主要担当军用机场的重要角色，其三次扩建也与其满足军事目的分不开：① 1932 年 10 月，柳州帽合机场开始专供国民党第四集团军航空管理处训练飞行员；② 1934 年 4 月，第四集团军航空学校成立后，柳州机场成为广西空军的主要训练基地；③七七事变后，国民党中央航空委员会接收柳州机场，由笕桥航校使用；④ 1937 年 11 月扩建，次年 5 月完成，完工后机场宽 1000 米，长 1200 米。1939 年冬，为苏联空军志愿队使用；⑤ 1941 年 3 月，国民党第 46 军第 170 师第 501 团进驻柳州机场，担任扩建机场任务。年底扩建完成，成为美国志愿空军陈纳德上校领导的“飞虎队”基地之一；⑥抗日战争时为军运需要，广西省政府在全省范围内大规模征工扩建柳州帽合机场、桂林二塘机场等十几座机场，柳州机场得以进行第三次扩修（图 3-4-5）。

该机场当时的军事战略地位，可参考美国军事观察家格兰姆·贝克记载第二次世界大战中国战区的著作——《一个美国人看旧中国》一文内所述：“柳州机场于是成了最靠东边的大机场，（1945 年）8 月末，它成了中国的航空中心，全部机场得以充分运用，标志着这是一个值得兴奋的时期。”[1]

[1]　[美] 格兰姆·贝克．一个美国人看旧中国 [M]. 朱启明，赵叔翼译．北京：三联书店，1987，11：627.

第四章 “城—堡”到“桂中商埠”的形态演进

柳州“城”之职能的物质形态表现,主要体现在其军事防御体系（城—堡）与其防洪体系的形态建设；柳州“市”之城市职能的形成，在于其经济移民通过城乡商贩链条的商业活动，从广大“堡”区（附郭）向“城”不断突破与发展的历史过程，这个过程引发内城商业用地的分化，使柳州城沿江街市得以向内城辐射。其城市军政职能向经济职能的完善与发展，从城市形态上看，则是由“城—堡”→“桂中商埠”的形态演进过程。

第一节 柳州故城池的营建、调整及修拆

一、唐宋土城

柳宗元关于柳州城墙的诗文:“城上高楼接大荒，海天愁思正茫茫。惊风乱飐芙蓉水，密风斜侵薜荔墙。岭树重遮千里目，江流曲似九回肠。共来百越文身地，犹自音书滞一乡”，[1] 以及《柳州东亭记》中:“出州南谯门，左行二十六步，有弃地在道南。南值江……”表明，唐时这里确实存在城墙，它毗邻柳江，上有城楼。清有文献记:“县城附郡郭，唐宋时俱系土城。”[2]

唐柳州城墙的具体位置，被大部分地方考古与史学人士认为在今柳州城中区境内。1966 年，当时在城中区的人民医院建设工地出土了一个唐代的舍利塔式罐（图 4-1-1)，该出土文物表明唐代这一区域存在佛教活动，应是汉民聚居区。《元和郡县图志》对马平县有“潭水,东去县二百步。柳江，在县南三十步”的叙述，据上述史料大致得图 4-1-1 中的唐城址位置，其城遗迹现已不存。

[1] （唐）柳宗元 . 柳宗元全集（卷四十二 · 古今诗）[M]. 上海：上海古籍出版社，1997，10：361.

[2] （清）王锦撰 . 柳州府志（第一册～第四册）[Z]. 根据乾隆二十九年版重印 . 柳州：柳州市博物馆翻印：第四册 · 卷之十三“城池一”：第 1 页，第 1-2 页；（清）舒启修，吴光升纂 . 柳州县志（又称“马平县志”，卷三）[Z]. 清乾隆二十九年修民国 21 年铅字重印之影印本 .1961 年 12 月：卷之三第 3 页 .

唐宋故城是否处于同一城墙范围现还无资料确考。据明嘉靖《广西通志·兵防》指出："(据'连四州刺史')之句则柳州城柳子厚已有，而谓'郡初无城(毕)君卿始筑之'，其始未之考。□柳州志云'城创自唐而宋咸淳初徙治柳城之龙江'，城已废，□□为是，则元祐未徙时城□□□也，谓郡无城君卿始筑可了□(出？)：有城废毁，因而修筑已耳。"[1]

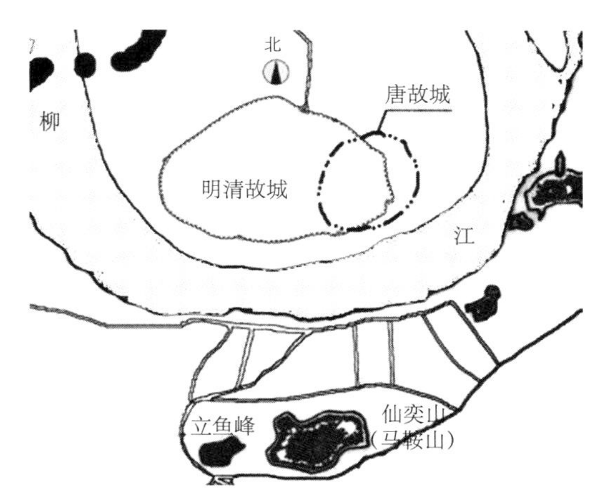

图4-1-1 唐代至清代柳州历史故城位置的示意图

（资料来源：作者自绘）

宋代马平故城应在唐故城附近，见史料："县城附郡郭，唐宋时俱系土城，至元祐间知柳州毕君卿重筑在江北旧州，咸淳初徙州治于龙江，迄元俱无城郭。"[2]"江北旧州"应指"创自唐"，在唐宋仍存的马平故城。

二、明清城池

明初柳州府治从柳城迁回马平县柳江半岛，洪武四年（1371 年），时为县丞的唐叔达在唐宋等前朝残遗的土城墙基础上进一步修筑；为增强城墙的坚固性，洪武十二年（1379 年），柳州卫指挥苏铨在原夯土城墙的表面包砌砖石，历时两年完成此"固若金汤"的军事工程。明马平城呈不规则的椭圆形，如明嘉靖《广西通志》（图 4-1-2）所示。

明嘉靖二十四年（1545 年），为了加强柳州城北面的防御，两广总督张岳出兵平定粤西少数民族起事后，以余饷在城北郭另筑一道外城墙。后加的这一面城墙的东西两端分别落在柳江东岸和西岸（图 4-1-3），"首尾皆际江长五百九十丈，城高一丈四尺，城开三谯门"。清乾隆《柳州府志》记载明嘉靖二十四年，这三门："正北曰'拱辰'门、东曰'宾曦'门、西曰'留照'门"。拱辰门上筑有高楼。宾曦、留照门上建平房各三间，兵器干戈和盾牌防备。该北城墙一直到清同治年间还存在，如清同治《广西全省地舆图说》柳州府马平县图里即还留存这面城墙（见附图 5）。

[1] （明）林富，黄佐纂修．广西通志·兵防（卷三十三）// 钦定四库全书 [DB/OL]．"高等学校中英文图书数字化国际合作计划"网站：www.cadal.zju.edu.cn/book/02051011，第 15/110 ～ 17/110 页．

[2] （清）舒启修，吴光升撰．柳州县志（全）·城池（卷三）[米]．据清乾隆二十九年修民国 21 年铅字重印本影印．台北：成文出版社，1961，12：61-62.

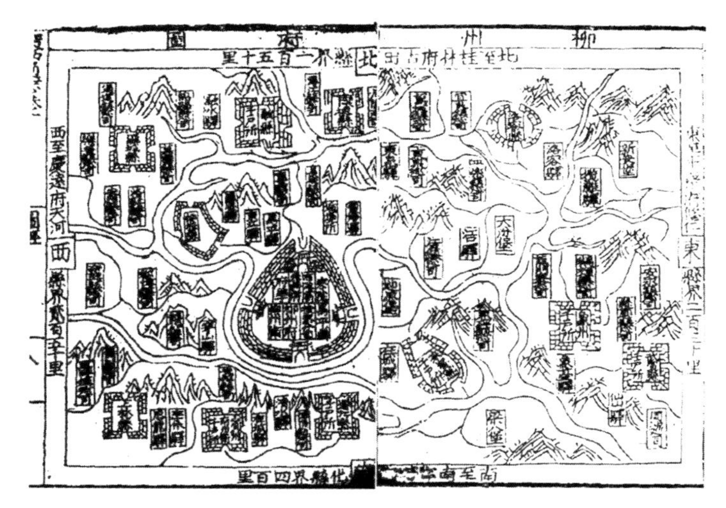

图4-1-2　明嘉靖《广西通志》里的“柳州府图”

（资料来源：由明嘉靖“柳州府图”拼接。（明）林富，黄佐纂修．广西通志 // 钦定四库全书 [DB/OL].“高等学校中英文图书数字化国际合作计划”网站，www.cadal.zju.edu.cn/book/02037674，第 61/104-63/104 页）

明万历柳州城墙，东西三里、南北二里、高一丈八尺、周围七百四十八丈，窝铺四十五间，垛口九百三十七个，城门有东门、镇南门、靖南门、西门、北门共五座门。城墙周长 3.02 公里，古城墙面积 0.572 平方公里。明万历曾经重修，如《广西通志》记载“……城高一丈八尺，广二丈六尺，延袤九百余丈，……外环以壕，复以串楼，然日久，串楼易坏多圮，万历九年推官周维新始为阳楼，三月竣工，极其坚固”（表 4-1-1）。

史料记载的宋至民国柳州城墙修筑活动　　　　**表4-1-1**

修筑时间	修筑活动
宋元祐年间（1086—1093 年）	知柳州毕君卿始修筑
明洪武四年（1371 年）	马平县丞唐叔达“始筑土城”
洪武十二年（1379 年）	诏易以砖，工程浩大，十四年竣工，其墉屹屹，固如金汤
天顺初（1457 年）	王三接“乃辟北部而城之”
嘉靖二十四年（1545 年）	张岳修筑北外城墙
嘉靖末年（1566 年）	柳州城崩，修筑，有一二丈许未克毕工
明	知府何梦英捐俸修学，城旧土垒易以砖
永乐年间（1403—1424 年）	修葺城池学校
万历九年（1581 年）	（柳州城）外环以壕，复以串楼，然日久，串楼易坏多圮，……易为阳楼
崇祯年间（1628—1644 年）	“浚壕筑垒为守”

续表

修筑时间	修筑活动
清康熙五年（1666 年）	修内城
康熙三十四年（1695 年）	地震，城楼、城门内府尽毁，重建
康熙五十年（1711 年）	大水倾西南隅，增筑以石
雍正三年（1725 年）	靖南门内起火，城楼焚，总督孔毓珣捐俸修筑
乾隆三年（1738 年）	请动正项钱银三万两，委马平知县张本阐重修
咸丰年间（1851—1861 年）	提督后府城墙经李文茂用火药通地道攻崩数丈，旋即堵塞
光绪三十一年（1905 年）	修环城女墙，重修窝铺数十间
民国 5 年（1916 年）	西门外近上关地方城基，时因水涨冲刷，拆陷数丈，官厅筹款修理完好
民国 6 年（1916 年）	增建正南门

资料来源：根据明嘉靖《广西通志》、《柳州府志》、《马平县志》、《柳州古城文化》等资料整理制表。

（一）明柳州城门及城楼

北门在明代以前是北面唯一通道。北城门为二进两重门，外为半月形。明万历《殿粤要纂》“柳州府总图”及“马平县图”显示，马平县内城北城门有一半圆形瓮城（见附图 4 明万历《殿粤要纂》里的“马平县图”）。马平城的瓮城只在北门独有。郭城设敌台十个，房舍有旌旗排列，门外还设戍军三营。

明嘉靖《广西通志》（卷一）“柳州府地图”显示马平县城有四个城门，而明嘉靖《广西通志・兵防》（卷三十三）却载：“洪武四年筑土城，十二年……为门五，曰东门、曰西门、曰镇南门、曰靖南门、曰北门”。[1] 对照明万历《苍梧总督军门志》以及万历《殿粤要纂》的马平城图经（图 4-1-3），其城墙也有五个城门。

明清马平城墙的五座城楼中，现仅存东门城楼。东门城楼坐北朝南，位于今城中区曙光东路中段，北靠罗池路东一巷，南临柳江。城楼由拱形城门和谯楼两部分组成。飞檐下的墙壁嵌“东门”石刻。占地面积 500 平方米。始建于明洪武十二年（1379 年），于清光绪年间重建。这座城楼还连接东门城楼的一段城墙，外包砖，石砌墙体内为夯土，长为 79.3 米，墙高 4~6.3 米，城门洞口处城墙顶宽 11.08 米，基宽 11.52 米。城门洞为砖券拱形，深 12 米。[2]

[1] （明）林富，黄佐纂修．广西通志・兵防（卷三十三）// 钦定四库全书 [DB/OL].“高等学校中英文图书数字化国际合作计划”网站：www.cadal.zju.edu.cn/book/02051011，第 17/110 页．

[2] 刘文．柳州古城文化 [M]. 北京：作家出版社，2005，12：10-12.

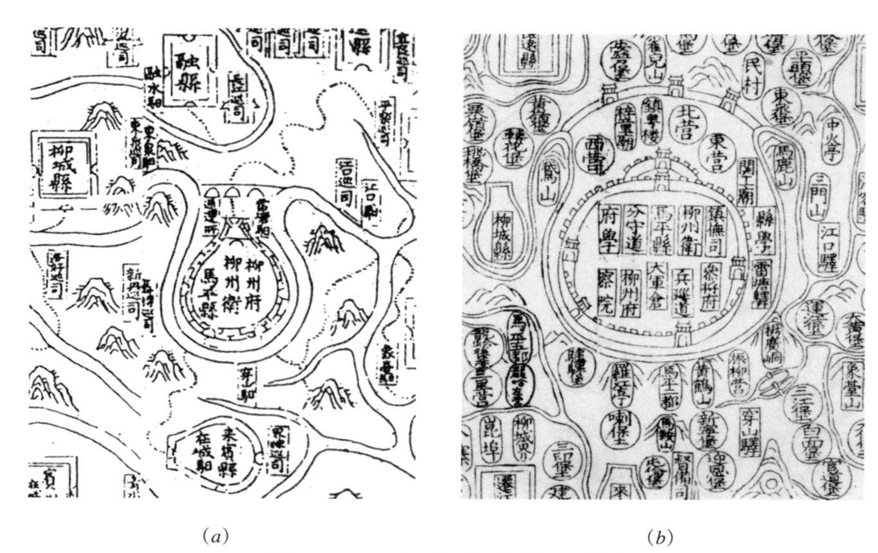

(*a*)　　(*b*)

图4–1–3　明万历的柳州府城图

(*a*)（明）《苍梧总督军门志·卷四》“柳州府图”里的马平城；(*b*)（明）《殿粤要纂》“柳州府总图”里的马平城

（资料来源：（明）应槚原纂，刘尧诲重纂．苍梧总督军门志 [M]. 北京：全国图书文献缩微复印中心出版，1991，4：69）

东门城楼屋檐下挂有匾额，上书“出乎震”。城楼为重檐歇山顶，面阔五间，进深四间。对比明清柳州城内军政衙署建筑的最高形制（大多为三至五开间，重檐歇山顶），东门城楼建筑等级是较高的（与清代广西提督署轴线北端最重要的建筑等级相同）。城楼总面阔 16.44 米，总进深 10.41 米，两层重檐歇山的底层前檐设廊，有檐柱，廊步大梁上设承重花板起轩，后檐以墙承重无檐柱，东西梢间也是山墙承重，不设山柱：二层次间山面用中柱，明间两缝无，以便加大二楼空间。该段城墙及城楼于清嘉庆年间曾毁于火灾，今存楼阁为光绪元年（1875 年）建造，保持明代城楼的建筑风格（图 4-1-4、图 4-1-5）。

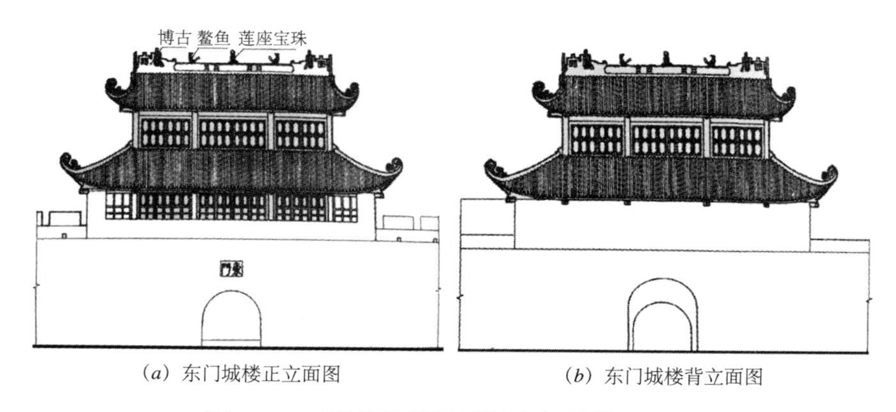

(*a*) 东门城楼正立面图　　(*b*) 东门城楼背立面图

图4–1–4　明代柳州马平城东门城楼立面图

（资料来源：刘文．柳州古城文化 [M]. 北京：作家出版社，2005，12：94，95）

（二）马平城壕

张岳在北面另筑的那面北外城墙，从西端起，因取土筑城而形成一城壕。后在崇祯年间，又有浚疏壕沟加强守备的过程，见《柳州府志》记：“明崇祯间，永新龙分守柳州，募兵征饷，得残兵卒二千人，浚壕筑垒为守。”在东南西三面，马平县城墙是“故环江而城，阻水为固，惟北无山溪之险。”北外城墙以内的圆形城墙的北面，也发现城壕遗迹。这一段长150多米、宽约40米，呈斗状深4米多的弧形沟壕（图4-1-6），即现柳州市人民广场南端。马平县城址充分利用了柳江地形特点的优势，城壕工程极其简约，如明佘勉学《柳州北郭碑记》（摘自清乾隆《柳州县志·艺文》部分）云：“柳郡城当五岭西南，牂牁水自西北来会，绕郡城三隅周旋东注，虽非汉广亦可谓天堑矣，独自北一面通途数道，无封域之限，山谷之阻，我固可往，彼也可来。”

图4-1-5 现存的明代马平城东门城楼

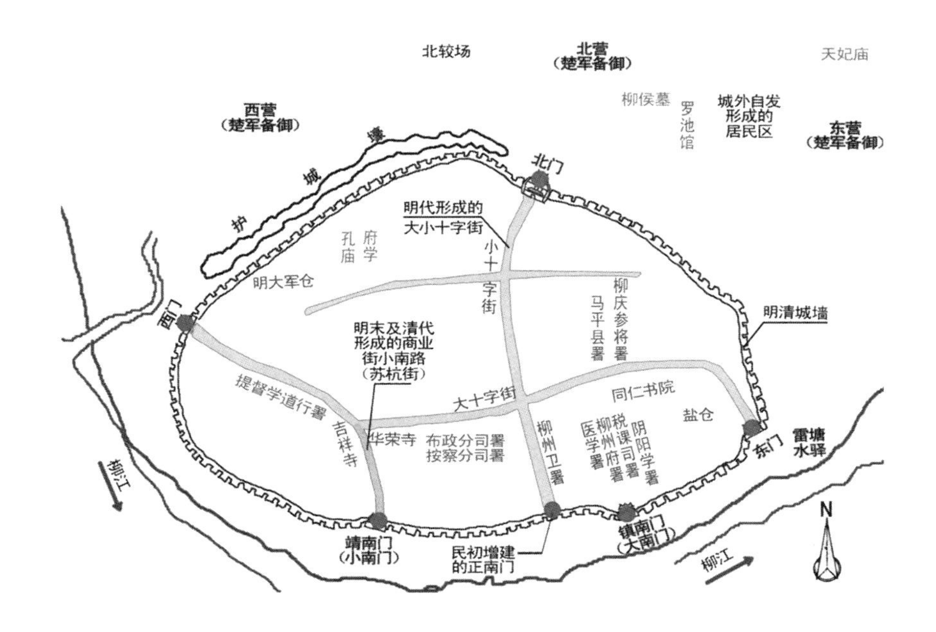

图4-1-6 明清马平内城城门的空间分布及建设发展分析

（资料来源：根据“明代柳州城区图”改绘。柳州市城市建设志编纂委员会.柳州历史地图集[Z].南宁：广西美术出版社，2006，10：178-179）

三、清至民初城墙的修筑及拆除

晚清，柳江内河贸易繁茂，沿江码头（沙街一带）与旧城墙（南环部分）之间商品流通量大增，城墙内外的人货对流激增，城墙、城门和狭窄的石板路成为人货交通的制约因素。民国6年（1917年）柳州士绅见城内福建街、仁恩坊地段日益繁华，商民来往频繁，出入城外至江滨需绕行大、小南门，于是提议在临江的南城墙增辟一门，即为正南门（图4-1-6）。

马平城墙在明清历史上屡次抵抗洪水围城，同时也屡遭洪灾破坏。其西门、靖南门（小南门）多次在特大洪灾中被冲垮，被冲崩倾塌的城墙达几十丈长。清康雍乾三朝不得不对其“屡修”，如乾隆五十四年（1789年）曾重修，对其附属设施的修缮及拆废也时有发生。清末至民国23年（1934年），由于商业、经济发展亟须在城墙与沿江街道频繁进出，城墙及城门被陆续拆除。

清末以后马平城基本经历了三次较大规模的拆墙过程：第一次拆墙活动是1917年，这次拆除的是一小段城墙，并在拆除的原位建成一座城门（正南门）。这次小范围的拆建发生在城市形态日益成长之后对现状形成的窘迫时期：1917年，广西督军陈炳焜出资，将沿东城墙外的小路改扩建成宽4米的三合土大马路（即文惠路）；第二次较大规模的拆墙同样源于民众进出内城的不便，1927年柳州城在城墙外创办的第四女子师范兼第四女子中学，住宿于内城的女学生往来东门就学需经过娼妓聚集区，因而1928年春破城开路，拆除东城脚至公园口一段城墙；第三次拆墙活动发生在1928年，新桂系东南籍将领谋划将柳州建设成广西省府，遂进行大规模城市建设及工农实业建设，其中多处企业因建材短缺而从明清城墙取砖，如柳州新工业区、柳州机械厂的兴建，拆取了老城西门城墙到北门城墙这一段的20万块火砖，柳州砖厂在筹建阶段缺乏的建材也是取自东门至大南门一带的火砖，沿河马路五道涵洞的修建亦取砖自旧城墙。

1928年因柳州申请升格省会的建材而拆墙取砖的规模或为前所未有：至1928年10月马平城发生特大火灾为止，城墙基本被拆取殆尽，只留下西南城垣一段。相关的史料于1928年《柳州市火灾难民向广西省政府请愿书》有述：“盖举办市政，首在拆墙，现在城已拆完，……尚筹备市政者稍顺舆情，暂留西南城垣勿拆。”

城门的拆除发生在抗日战争前，东门为保留至今的唯一的明清城门。北门拆于1930年，西门和正南门拆于1935年11月，小南门拆于1936年，大南门拆除时间不详。随着城门的拆除，明清马平城墙内随即开展了大规模的城市道路拓修建设（第六章详述）。

第二节 明代马平县的“城一堡”军事防御体系

一、城：山环水抱，据险设防

马平城砖墙厚固（墙最厚处达11米左右），据险扼要。明初筹建时，根据天堑险要的防御特点，既实现了卫所的军事镇守，也兼顾了工程因地制宜、简约修筑的设想，达到“易称王公设险，以固其国，而后之言地利者。山国用山城，即以川泽为池，土国用土城，即以沟浍为池，皆祖（阻）设险之义，取以捍外而卫内者也。柳郡城垣素称雄壮，若子厚诗云城上高楼接大荒是矣。近复营筑，完固屹如金汤，其牂牁之水自西北来，环绕三隅，喷激东注此非人力，亦可谓天堑矣。”[1] 马平城址山环水抱、据险设防的形态特征，在明代广西的军事要籍《殿粤要纂》有所反映（见附图4 明万历《殿粤要纂》里的“马平县图”），曾使明太祖为这一军事重镇题诗《咏柳州城戍守》:“城居边徼垒遐荒，烟瘴盈眸疠气茫。旦暮海风摇屋树，春秋溪水泛篱墙。思军久戍炎蒸地，重镇还劳绥辑肠。但愿昊穹舒造化，洗清郁结利同乡。”

二、墙营壕城组合，北面重点防御

前述马平城的建设特点表明，马平城的防御薄弱环节在于北面。分析明万历马平县城示意图，城池北面的防御环节有：北外城墙、东北西三营、城外西北的护城壕、北门瓮城、北门。形成墙营壕城的多重防御层次，在近距离重复设置城墙、营寨、瓮城等设施是被动防御的一种表现。明马平县城址为了减少被动防御带来前述的不利影响，城墙比唐故城更逼近柳江，使被动防御的薄弱环节减少到北面一个方向，并在北外城墙下挖掘壕沟。

城西门与靖南门相隔不到二里，对应的江面较宽；靖南门、镇南门、东门这三门之间距不足一里，对应的江面较窄。四门基本沿柳江岸线形状排列，除了生活用水和水上交通出入方便的原因，或为迅速出兵狙击滨柳江一线的水上来敌。当时“各瑶僮往来江边，钩船截路，杀人越货，……非集兵不行。”[2]

马平起义逾两百年的农民斗争中，鲜见农民破城的记录。景泰元年（1450年）曾出现起义者围城七天的危急战况，在守城的柳州参将孙琪和

[1] （清）王锦撰．柳州府志（第一册～第四册）[Z]. 根据乾隆二十九年版重印．柳州：柳州市博物馆翻印：第四册·卷之十三“城池一”：第1页．

[2] （明）王士性．广志绎·西南诸省（卷五）[M]. 北京：中华书局，1981：119.

柳州知府陈骏的设计下，骗散众人，又回击追杀“叛民”，方平息这一场围城之险。能解七天的围城之急，可见明廷对马平城墙被动防御工事的建设是充足的。明万历年间马平城的置校见表 4-2-1，表中驻城指挥及兵目共 1775 人。

明万历年间柳州府（马平城）兵力置校一览表　　表4-2-1

守城兵种 / 官 / 兵	守城民款	柳州卫旗军	振柳营哨官兵		城北湖广永州哨旗军	城东宁远哨旗军	城西宝庆哨旗军
			旧哨	新哨			
指挥	—	—	—	—	1	1	1
兵	64	667	295	95	336	125	190
振柳营新哨官兵，近抽 41 名复马鞍堡，于城南犄角巡逻							

资料来源：根据明万历《殿粤要纂》“柳州府图”图说数据整理制表。（明）杨芳，詹景凤纂修．殿粤要纂 [DB/OL].“高等学校中英文图书数字化国际合作计划”网站：www.cadal.zju.edu.cn/book/02037703，第 85/148-87/148 页。

三、堡：散列南岸，步步为营

有研究曾总结中国古代堡寨的若干形态特点，认为以筑城方式分，堡寨的形态有“永备筑城”和“野战筑城”两种；而以其军事防御的目的与职能分，又有“行政军事中心城池”、“普通驻兵堡寨”、“关口要隘堡寨”、“信息传递堡寨”、“军需屯田堡寨”这五种职能类型。[1]

柳州卫所的马平城墙体系是柳江流域军防体系中最高级别的防御工事，为“永备筑城”；散布在马平附郭的各堡，则属于“野战筑城”的类型。根据明万历《殿粤要纂》马平县图标注的堡、寨名称，设置的地点及堡的类型存在一定的规律。

（一）明马平县柳江南岸分布的营寨

马平城不仅充分利用天堑地形以成险要之势，还在柳江南岸沿江布设营寨，如在鱼峰山附近的振柳营及水南三寨，皆是汉民聚居区附近列设的军营，既保该区民安，也做镇守西南叛民的前哨。

（二）明马平县西南附郭分布的堡垒

《殿粤要纂》“马平县图”图说对其西部、西南部一都至六都僮村聚居区里的军事设施——“堡”有详尽设置。由其军事职能分析，这二十四个堡（除却不能确定的 A 堡）的类型有以下特点（表 4-2-2、图 4-2-1）：

[1] 王绚．传统堡寨聚落研究 [D]. 天津：天津大学博士学位论文，2004，12，: 104-113.

明万历年间柳州治所马平县郭设置的堡及堡兵一览表 表4-2-2

堡名及编号		头目	小甲	兵	哨船	水手	土舍、耕兵
喇堡	1	1	5	37	—	—	—
古零堡	2	—	—	23	—	—	—
三江堡	3	—	—	18	—	—	—
白面堡	4	—	—	16	—	—	—
红花堡	5	—	2	17	—	—	—
千蔓堡	6	—	—	63	7	14	—
官道堡	7	—	—	16	—	—	—
威宁堡	8	—	—	18	—	—	—
响水堡	9	—	—	16	—	—	—
辛兴堡	10	—	—	16	—	—	—
乌石堡	11	—	—	16	—	—	—
穿山堡	12	—	—	22	—	—	—
官埠堡	13	—	—	18	—	—	—
罗思堡	14	—	—	10	—	—	—
界碑堡	15	—	—	15	—	—	—
三门堡	16	1	1	13	—	—	—
曹颜堡	17	—	—	—	—	—	不含土舍，有耕兵72
都乐堡	18	—	—	—	—	—	土舍、耕兵 199
永宁堡	19	—	—	—	—	—	土舍、耕兵 31
里团堡	20	—	—	—	—	—	土舍、耕兵 21
长平堡	21	—	—	—	—	—	土舍、耕兵 31
长安堡	22	—	—	—	—	—	土舍、耕兵 31
石汉堡	23	—	—	—	—	—	土舍、耕兵 21
红罗堡	24	—	—	—	—	—	土舍、耕兵 21
红花堡	25	—	—	—	—	—	土舍、耕兵 21

资料来源：根据（明）《殿粤要纂》“马平县图”图说数据整理制表。（明）杨芳，詹景凤纂修．殿粤要纂 [DB/OL]．“高等学校中英文图书数字化国际合作计划”网站：www.cadal.zju.edu.cn/book/02037703，第 91/148–93/148 页。

1. 普通驻兵堡

驻兵最多的为二十二名（穿山堡），最少的为十名（罗思堡），平均驻兵约十六名；也就是表 4-2-2 中编号 4 至编号 15 的 12 个堡，保证民村的社会治安。

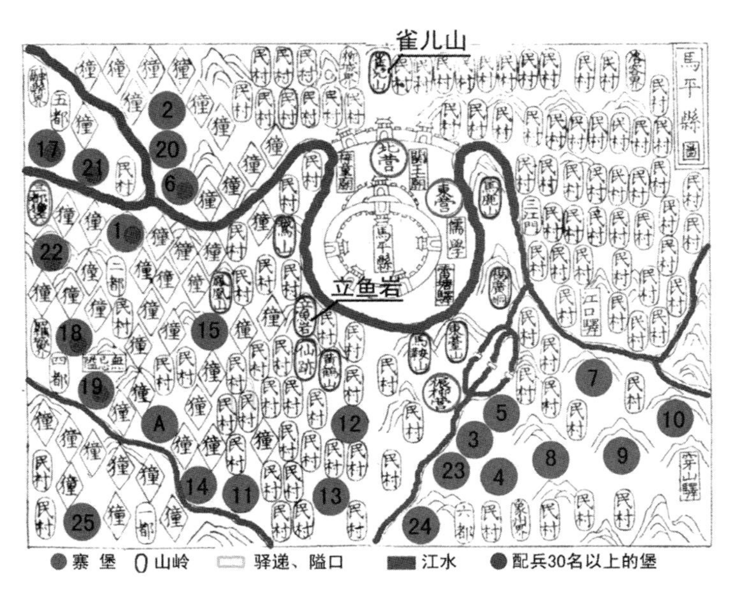

图4-2-1　明代马平县堡寨及军事设施分布分析图

（资料来源：根据明万历《殿粤要纂》“马平县图”改绘。（明）杨芳，詹景凤纂修．殿粤要纂[DB/OL].“高等学校中英文图书数字化国际合作计划”网：www.cadal.zju.edu.cn/book/02037703，第 83/148 页）

2. 关口要隘堡

喇堡（1 号堡）、古零堡（2 号堡）、千蔓堡（6 号堡）属于关口要隘堡。

从表 4-2-2 可以发现喇堡配备堡兵的层级级别相对较多，除了头目和小甲，还配兵三十七名，这样的配置明显在于短时间能指挥调度，便于发号施令；成立于嘉靖年间的千蔓堡、古零堡，立营防守的目的在于满足当时两广总督张岳镇慑五都、里隆等处屡剿不绝的“贼类”之目的，防柳州、融县、来宾等地掣放往来的军民被侵扰。而位置处于江水之滨的千蔓堡，除配重兵六十三名外，还备有哨船与水手，这样的装备匹配于其独特的江水隘口的优势；喇堡与千蔓堡各自从水陆两方面扼守陆路、水道的出入。相对平均配备十六名堡兵的普通驻兵堡兵力，2 号古零堡拥有二十三名堡兵，与千蔓堡、里团堡形成群堡以增厚抵御兵力。

“马平县图说”在“岁饷”一段载：“喇堡、古零等堡目兵，岁支银一千五百四十四两四钱，于梧饷银内支。”可见喇堡、古零堡等关口要隘设堡的重要，即便挪支“梧饷”也常设不辍。

3. 军需屯田堡

曹颜堡（17 号堡）配备了耕兵七十二名，都乐堡（18 号堡）、永宁堡（19 号堡）、里团堡（20 号堡）、长平堡（21 号堡）、长安堡（22 号堡）、石汉堡（23 号堡）、红罗堡（24 号堡）、红花堡（25 号堡）皆配备了土舍、耕兵，其中都乐堡（18 号堡）更是以一百九十九名耕兵驻守。这九个堡皆为柳州卫所的军需屯田堡。

这些屯田堡根据分管对象的不同，又分为两种：耕兵领田自种的堡和监控獞民禄禾的堡。其中曹颜堡、都乐堡的“耕兵领田二百九十五顷八四亩零耕食”，属于耕兵领田自种的类型；永宁等堡，“岁收獞耕禄禾一万七千斤，折充粮食”，属于监控獞民禄禾的类型。如“千蔓、长平、长安诸堡，既设四五都，遮恃以无警。”

四、明马平县城堡的防御特点分析

各种性质职能的城池堡寨、墩台烽燧，是国家军事防御网络体系的节点。它们通过相互联系与层级配合，形成有序纵深，从而在战略防御中发挥整体战斗力，有效牵制敌人。为避免出现柳江北岸“一城孤悬”的不利局面，作为永备筑城的大型堡垒，马平城与其江对岸的附郭各堡形成了主动、有机的防御体系。

通常城池堡寨规模形制与其所属等级相配伍，等级较高的堡寨规模较大，城防措施更丰富完备，城门、城楼等建筑规格等级也更高。明代卫所制中“卫城－所城－堡城”这一等级关系，同时也体现了其堡寨建筑与设施所具有的空间防御能力等级，及其与驻军多寡呈正比的关系。汉设堡就有“五里一燧，十里一墩，卅里一堡，百里一城（寨）”的说法，明代设堡完备的长城辽东也“每三十里置一堡，每五里置一墩”。明代筑广西南丹卫的城墙时，即有“城完之日，于城外别筑营堡，与卫军犄角而守，亦各分拨所遗贼田使之屯种以资衣粮。”[1] 的做法，可见马平城附郭营堡的设置与布局，同样出于“卫城－堡城”必须形成“犄角而守”的防御体系目的。

“城－堡”驻军兵力分配方面：万历年间马平城内置校和附郭堡垒置校两部分的总人数为 2581 人，与明初标准卫所驻防兵力的 5600 人相比，减少大半。马平守城的兵力 1775 人，是守郭兵力（806 人）的两倍多。

城郭部署的重点方面：参看图 4-2-1 可见，对马平城的威胁显然来自南、西南隅城郭一带，为此官府还将卫城哨营里的哨兵抽调至柳江南岸附近的堡垒巡逻，以随时掌握敌情。如表 4-2-1 中所述：“振柳营新哨官兵，近抽 41 名复马鞍堡，于城南掎角巡逻。”

防御的重点堡垒大多处于隘口，这些隘口有河流分支处、交汇口，山谷峡道。史料表明，广西的明官府有意识如此布局，如成化元年（1465 年）正月辛未，兵部尚书王竑条上两广剿贼安民事宜曾显示了一些明廷的具体

[1] (清)金鉷.广西通志(卷二十六)[M/CD]//四库全书[M/CD].(文渊阁四库全书电子版-原文及全文检索版).上海:上海人民出版社迪志文化出版有限公司,1999:204 号光盘.

想法：“一、两广之事，在此一举，……欲于广西进兵，则先守浔州诸处要害贼奔之地，欲于广东攻剿，则先据贼之归路。务俾此贼进退无路，腹背受敌。一、贼闻我军既集，恐深遁不出，须筑堡立栅，图为围困之计，不可辄称贼退民安，即与班师。”[1] 具体到马平“城－堡”的实际情况，“去县仅三十里”的喇堡，是附郭最重要的堡城之一，其设立是源于旧时“良獞为梗”，符合距离马平城“每三十里置一堡”的明廷军制。其配备“头目”、“小甲”、“目兵”若干等级，在所有堡城中种类最齐。而且，喇堡还与西南郭的古零堡、里团堡、长平堡、曹颜堡组成群堡星列的形式，除古零堡外其余各堡皆配兵三十名以上。在兵力匮乏的时局下，马平附郭堡城的部署体现了对动乱重灾区重点布局的倾向。

马平“城－堡”布局体系，还体现在因地制宜、沿交通要道设堡的特点：即沿河两岸、驿道线形设置。如图 4-2-1 所示，沿河黑点分布的则是堡的位置。官府驱剿壮瑶等土著后，一般在“贼寇既平”之地，“添设敌楼，起盖官厅”，如正德四年（1509 年）五月戊午，明廷户部覆议“两广镇巡等官潘忠等奏：马平县地方，贼寇既平，当图善后之计。乞于要害之地霍山、归思、覃河、白面等堡，添设敌楼，起盖官厅，调拨官军，轮班防守。其合用粮饷，……从之。”[2] 进驻堡兵之后，官府诏发别处流民前来垦种，达到增收财税、稳定地方治安的目的。沿河之地膏沃且利于农桑灌溉，沿途之地方便堵截寇敌、运输物资，因而，沿河沿驿道线形地设置堡城，一是可以服务于官府的政治、屯田目的；二是监控、打击敌寇；三是从客观上推进了该地区汉民的进驻过程。

第三节　明清马平城池的防洪体系

一、洪灾影响：明清城址对唐宋故城的微调

明柳州城址在唐中后期故城位置的基础上更靠向柳江北岸，除城墙北面未缘柳江岸线，其南、西两面皆紧邻柳江，东面与柳江也只有几十步距离。柳州唐宋故城址的确定主要由考古发掘的出土文物来提供线索，柳州地方文史界认为明城址范围基本囊括了唐宋故城的绝大部分城界 [图 4-3-1a]。本书从城市防洪选址角度分析，认为柳州明清城墙与唐

[1] 广西壮族自治区民族研究所．明宪宗实录（卷十三）//《明实录》广西史料摘录 [Z]. 南宁：广西人民出版社，1990，10：16.

[2] 广西壮族自治区民族研究所．明武宗实录（卷五十）//《明实录》广西史料摘录 [Z]. 南宁：广西人民出版社，1990，10：765.

宋城墙或不是包含与被包含的形态关系。考虑到马平城特有的地理位置及柳江流域的灾害特征（表 4-3-1），至明代洪水对马平城的威胁已经非常严重，如明弘治七年（1494 年）间，柳州曾连下几天暴雨，柳江上游水位陡升，造成水围马平之困，这一段历史见《粤西丛载》卷十五“天象征异”:“弘治甲寅（1494 年）夏四月，柳州暴雨数日，城垣崩塌几百丈。公私第宅倾颓，漂流无算。”明柳州通判桑悦亦有诗《柳州大水》记“十日十夜雨不休，龙城水欲女墙流，东市撑船过西市，不知撞破几烟楼。”可见这次的洪水位几乎触及构筑物的女儿墙。对照清代、民国的几次特大水灾，这一次冲断城墙的洪灾破坏力甚巨大，或可比肩清光绪二十八年（1902 年）洪水位的高度（91.47 米）。在前述军事防御影响的前提下，明柳州城址的选择还可能吸取了唐宋土城的防洪教训，进行过一定微调 [图 4-3-1b]。

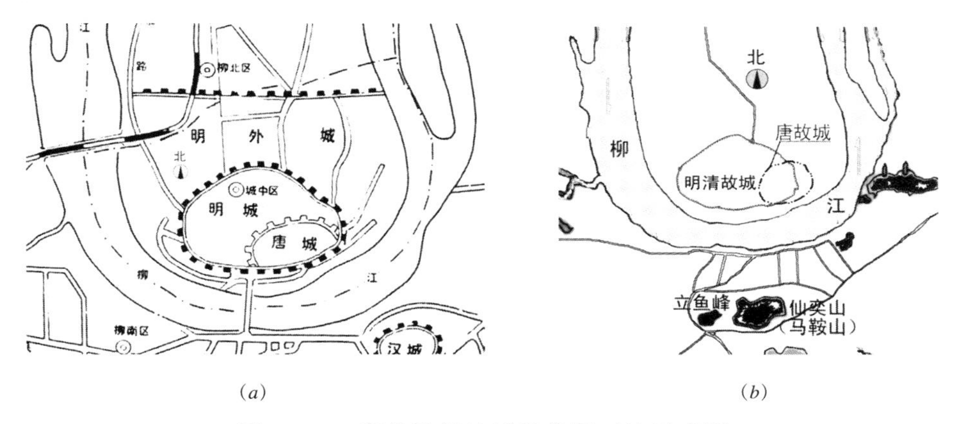

(*a*) (*b*)

图4–3–1 唐代柳州故城址位置对比示意图

（*a*）柳州地方文史资料中“明－唐”城址的形态关系示意图；（*b*）基于城市防洪选址历史研究推测的“明－唐”城址的形态关系示意图

（资料来源：柳州市城市建设志编纂委员会 . 柳州市城市建设志 [Z]. 北京：中国建筑工业出版社，1996：10）

明代马平县洪灾及其损毁程度一览表 表4–3–1

宣德三年（1428 年）	正统八年（1443 年）	弘治元年（1488 年）	弘治七年（1494 年）	万历十四年（1586 年）	万历四十一年（1613 年）	天启七年（1627 年）
江水上涨，卫城坏 59 丈	八月，多雨，柳州府城垣多处损坏	柳州大水	夏四月，暴雨数日，柳州城垣崩塌几十丈，公私第宅倾颓、漂流无算	柳州大水，发仓赈饥民	柳江大水	五月，柳江大水，漂没民房甚重

资料来源：根据“柳州市地方志编纂委员会 . 柳州市志（第一卷）[Z]. 南宁：广西人民出版社，1998，8：157”资料整理制表。

明代重建的马平城用地条件没有山岭丘陵，但其内部道路系统并不如平地新建城市那么规则，其主要街道十字街（呈南北方向串联的双十字结构，如图 4-1-6 所示）也不像其他北方平原的府州级城市那样处于居中的位置，而是在整个城墙几何形轴线的偏东位置，与其平坦的用地条件不吻合。明代马平城在平坦用地条件下未能形成前述十字街居中的道路系统，或在于其不能。影响的因素有：筑城范围必须避开柳江丰水期的洪水泛滥区。

柳江水患的文献记载较早出现于明代，并不表明之前这块舌形凸岸不会被洪水淹没。有关柳江最早的洪痕石刻记录了元延祐二年（1315 年），融水县东良村一处山坡上曾经有洪水涨至石刻位置，该石刻上有字样：“延□二年乙卯岁，延祐二年五月十七日大水到此。”经广西水文水资源柳州分局黄志平先生未经测定其高程的判定，该次洪水位置高于 1996 年柳州市特大洪水的洪痕（92.43 米）。有民国时期的水文资料揭示，地处融江下游的马平城整个城市标高都低于融江河床高度。鉴于元代曾经出现高水位的洪灾，明洪武重新修筑的马平城墙，极有可能考虑到水患的威胁。柳江水道一直很稳定，没有出现过改道记录，其洪水决口后的淹没区范围也具有相当大的重合性。分析 1988 年 8 月（洪水位 89.04 米，为 1949 至 1996 年期间的第三位洪水高度）洪水在柳州的淹没区，可以看到，明代马平城墙范围正好避开了这些洪水的泛滥区，而城墙东（北）面方向自发形成的居民聚居区因缺乏明确边界，或部分处于淹没区内（图 4-3-2）。明代马平城墙之所以能较为准确地避开中上规模的水患，或许是因为唐宋土城曾不敌洪水浸泡而被冲圮，留下城墙遗迹的同时也为明城墙标示了洪水淹没的范围，因而，明清马平城墙与唐宋土城范围或为相交的形态关系。

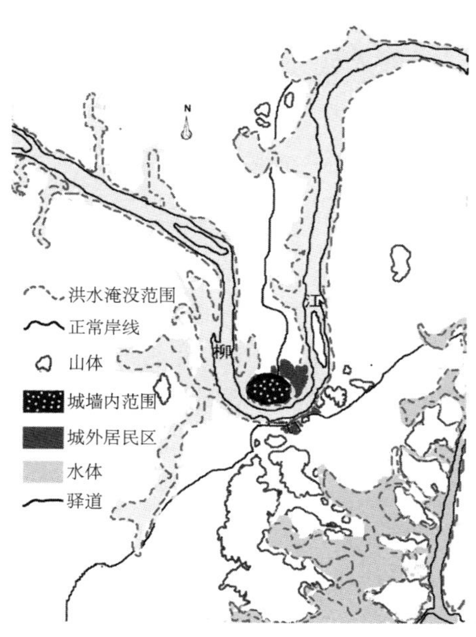

图4–3–2　明马平城位置与柳江丰水期洪水泛滥区的关系

（资料来源：根据“柳州市 1988 年 8 月洪水淹没状况图 [Z]// 柳州市城市建设志编纂委员会 . 柳州市城市建设志 [Z]. 北京：中国建筑工业出版社，1996：236”、徐霞客《粤西游日记》等资料改绘）

二、扼守驿道，凸岸造城

根据中国古代城市防洪经验，城市选址于江河凸岸能够减少洪水冲击[1]。明马平城的选址充分利用了前

[1]　吴庆洲 . 中国古代城市防洪研究 [M]. 北京：中国建筑工业出版社，1995，8：197.

述经验度地造城。据柳州市考古界勘察，明马平城对柳江天堑因势利导，还在凸岸边取土筑城：城西南面（现柳江路至西柴街）河岸呈阶梯状，这样的现象在城南面的柳江路（清代的沙街）最为明显[1]，显示明马平城凸岸造城的强烈意图。

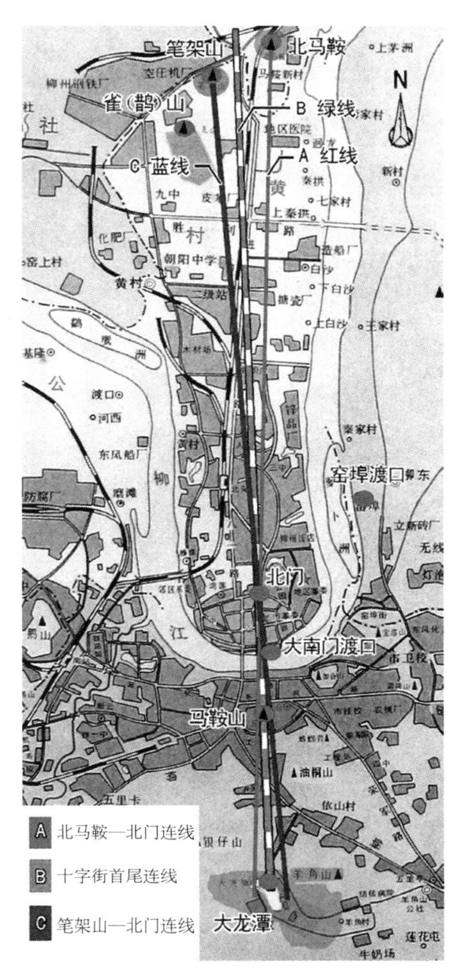

图4-3-3 明代马平城北门与两岸若干山体的景观视廊分析

（资料来源：根据“《柳州市地图》1978年5月版”改绘，柳州市图书馆地方文献部藏图）

根据徐霞客《西南游日记》的记述，明马平城十字街通往北门，该“陆路所出”北上经过“城北双山间”，是指引南北进出城最明确的，也是途经舌形凸岸的唯一南北官道，这条“唯一”联系南北的驿道或可追溯自唐宋。其明确性若仅靠沿江平行还不足以起到准确的交通目的（即通往北门或北上桂林、柳城等地），还需依靠附近山体形成准确的定位关系。这些山体有“城北双山”及其附近的一些山体，也有柳江南岸正对明城墙的马鞍山，在城墙东侧对岸的驾鹤山、东台山、蟠龙山等地物。能让来者准确找到北门定位的，应该是“城北双山”与柳南马鞍山的连线。关于“城北双山”具体指向城北哪两座具体的山峰，多位柳州地方文史专家深入探讨多年皆没有达成具说服力的共识。本书在建筑学空间景观分析的方法下进行初步尝试，分析（图4-3-3）所示：第一步，对明清至民国以来走向稳定的十字街（今解放南路）的首尾做连线，该线北向延伸至笔架山与北马鞍山之间，南向越过柳江指向马鞍山并通过大龙潭，如图4-3-3所示的B线。北岸离城墙最近的山体有鹊（雀）儿山、笔架山和北马鞍山，其中，笔架山和北马鞍山的位置最接近徐霞客《西南游日记》里“崭然双山”的描述；第二步，连线北马鞍山与北门，该线向南越过柳江指向马鞍山，并与大龙潭的西边界擦过，如图4-3-3所示的A线；第三步，连线笔架山与北门，该线同样指向南岸马鞍山并到达大龙潭，与大龙潭的东边界擦过，如图4-3-3所示的C线。

[1] 刘文．柳州古城文化[M]．北京：作家出版社，2006，2：4．

前面分析表明，笔架山与北马鞍山之间连线的任何一点与北门的视廊连线都将通过马鞍山并落在大龙潭的景观范围内，即："笔架山、北马鞍山－北门－马鞍山－大龙潭"这一线存在视廊对景的关系。笔架山与北马鞍山是否为"城北双山"？令人疑惑的是，柳北"笔架山"和"北马鞍山"的名字只出现在柳州市图书馆地方文献部所藏的一份1978年版"柳州市地图"里，在众地方文史专家讨论"城北双山"的资料中，几乎未被提及。在唐宋至明初城镇平面化发展的现实中，由于缺少高大建筑物的遮挡，前述分析图里"笔架山、北马鞍山－北门－马鞍山－大龙潭"组合的环境识别性与景观意象的作用非常突出，对引导平阔场地内一条驿道线路的意义不容置疑。因而本书认为，联系"城北双山"与明城墙北门的官道应该就分布在图示三线北岸部分的范围内，该官道经过北门延伸至城内进而演化成双十字组合的街道，并在明城内形成了早期的城市空间主轴。

在军事因素促使城池逼近柳江北岸的大前提下，明马平城于重修城墙伊始就吸取了唐宋土城的防洪教训，主要考虑三个造城因素来进行城址的微调：一是依靠附近山体的环境可识别性造城；二是避开洪水泛滥区，有效利用滨水凸岸；三是扼守驿道，镇戍要冲（图 4-3-4），并使城内道路与城外驿道形成有序的组织结构。其中，防洪的凸岸选址是最重要的因素，明马平城充分融合了"山、城、水"三者在景观、生态方面相互依存的做法，是对古代城市规划防洪选址经验灵活运用的实例。

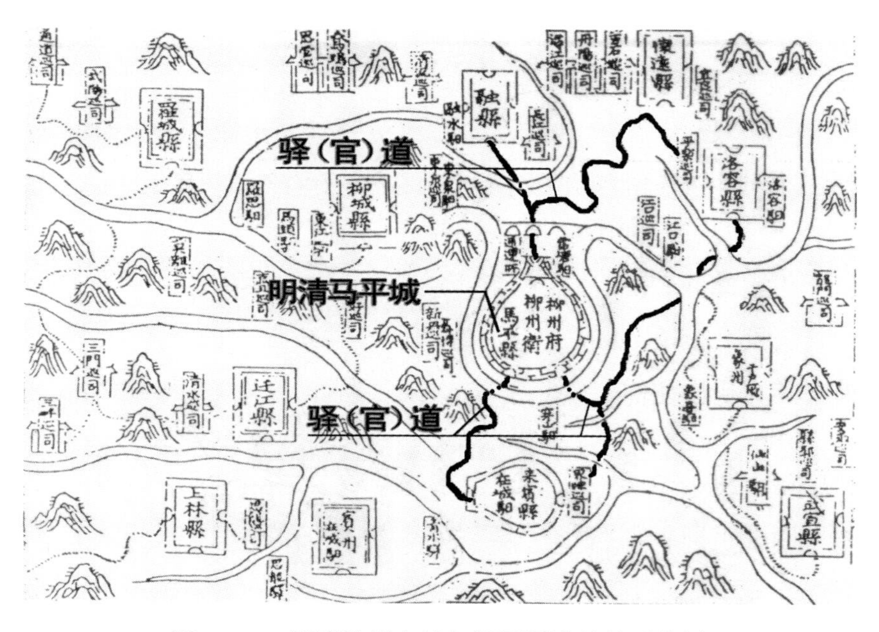

图4-3-4　明清柳州古城与周围驿道的关系分析

（资料来源：根据明万历《苍梧总督军门志》柳州府图改绘。（明）应槚原纂，刘尧诲重纂．苍梧总督军门志 [M]. 北京：全国图书文献缩微复印中心出版，1991，4：69）

三、“堵”：墙体材料的外砖内土

明洪武至万历期间曾出现广泛的筑城修墙活动，如当时位列九边重镇的张家口堡，始建于明宣德四年（1429 年），嘉靖八年（1529 年）“开小北门”，万历二年（1574 年）“始以砖包”。[1] 洪武四年（1371 年），县丞唐叔达修筑马平城时为土城，洪武十二年（1379 年）城墙按诏告，同样在墙外皮包以砖，易砖工程在洪武十四年（1381 年）竣工。根据《柳州县志》对其修筑城墙活动的记载：“县丞唐叔达对在原来的土城基进行修筑。十二年，指挥苏铨等拓之，女儿墙下为基石，墙心为夯土。”

根据考古资料以及现存东门城楼段以及其他段的城墙遗存分析，由于沿岸场地竖向高低起伏，城墙也呈现不一致的高度。现存东门段城墙表明：其确为墙心夯土，外包石砖砌块，其尺寸大小不一（表 4-3-2）。东门城楼城墙段基宽 11.52 米，城墙顶宽 11.08 米。根据前文城墙的修筑历史可知：每遭大水灾，皆按实际灾情加高增筑，因而城墙高度并不一致。由此可见，外包石砖的城墙在历朝洪水围城的情况下发挥了堵截江水的巨大作用。

柳州明清城墙遗存的墙段及其外包石砖 表4-3-2

墙址 / 尺寸	东门城楼段	东门附近北段	滨江西路段	长青路—西柴路段
长（米）	79.3	12	8.8	200
高（米）	4—6.3	3.8	2.5	3.3
石砖尺寸长 × 宽 × 高（米）	外包石砖，尺寸缺	外包石砖，尺寸缺	外包长短不一的石砖，0.72×0.35	外包长短不一的石砖，尺寸有：0.9× 缺 ×0.43；0.7467× 缺 ×0.323

资料来源：根据“刘文．柳州古城文化 [M]. 北京：作家出版社，2005，12：7-11”资料整理制表。

四、“导”与“蓄”：城市井漏及排、蓄水系统

三川意指东川、中川、西川这三条疏水道（图 4-3-5），九漏为城内九口水井。三川皆排往柳江，经柳州市博物馆副馆长刘文先生研究，三川的流经线路如表 4-3-3 所示。清乾隆二十一年（1756 年）前，马平城内有井三：一在华荣寺、一在西门大街药王庙、一在北门大街[2]，后又增六井，九井在城内的分布见表 4-3-4。城内起到调蓄洪水作用的池塘有：斗（痘）姆

[1] 杨申茂，张萍．明代长城军堡形制与演变研究——以张家口堡为例 [A]. 清华大学建筑学院，全国博士生学术论坛（建筑学）学术委员会．科学发展观下的中国人居环境建设 [C]. 北京：中国建筑工业出版社，2009，10：346.

[2] （清）舒启修，吴光升纂．马平县志 [Z]（光绪二十一年重刊本之影印本）．台北：成文出版社有限公司印行，1970：78.

塘、葫芦塘、黄牛塘、府后塘、蚂拐塘、映山塘、左营塘、道台塘、东门内盐仓附近的池塘等大小池塘近 10 个，斗（痘）姆塘地势最高。

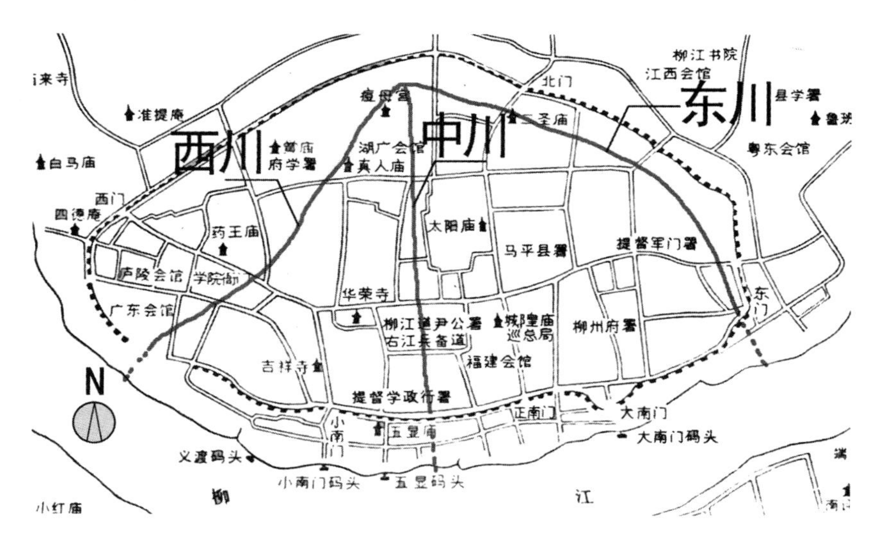

图4–3–5　明清马平城内“三川”的分布示意图

（资料来源：根据“柳州城郭图”改绘。柳州市地方志编纂委员会．柳州市军事志 [M]. 柳州：柳州市地方志编纂委员会，1990：插图页 1）

明清时期马平城“三川”的排水路径　　表4–3–3

名称	排水路径	排水起、终点
东川	斗姆（母）宫塘—牛黄塘—后府塘—太平桥—粤东会馆塘—东台路	起点：斗（痘）姆宫塘 终点：柳江
中川	斗姆宫塘—木桥街（今景行路）—中旺街土工巷塘—耳环桥—莲花桥—芙蓉巷—道台塘—香签街	
西川	斗姆宫塘—映山塘—青云路左营塘—大水沟（曙光西路）—寿板街	

资料来源：根据“刘文．柳州古城文化 [M]. 北京：作家出版社，2006，2：16”资料整理制表。

清代马平城“九漏”的分布位置　　表4–3–4

井名	城中位置
西门井	药王庙前，在原第二针织厂门前
北门井	金鱼巷口南侧原北门大街，现为解放北路中
南门井	旧华荣寺附近，旧三角地，现龙城路南端
弓箭街井	在今柳新街人民电影院后门
义贤坊井	在今公园路幼儿园西墙外中部
朱家井	在细柳巷朱家屋内

续表

井名	城中位置
张家井	在北门街原张家门前
五家井	在解放北路原伍元昌屋内

资料来源：根据“刘文. 柳州古城文化[M]. 北京：作家出版社，2006，2：16”资料整理制表，原始资料还欠缺一井的具体位置。

五、“适”：用地性质适应竖向变化

洪水对清代马平城造成损失，淹没沿江田舍或水浸县城甚至冲毁城墙的水灾有大小19次（表4-3-5）。柳江两岸地势高程不一，低洼地段每年易受洪水威胁。柳江水位达79米时，沿江个别居民点受淹；水位达80.5—81米时，洪水淹至柳江路面（即清代的沙街）；达81.5米以上时，许多城内地段均受不同程度淹没。对应1998年不同地段高程，可大致推究清代马平城内受淹地区的高程分布（表4-3-6）。清马平城内已经形成的排水设施“三川”，其最高处斗（痘）姆宫的位置分布在城北门西南面100米左右，由此可见表中较高地段分布在清代马平城北部、东部。城中最高处标高不过91米，难以抵御1902年水位至91.47米的洪水浸泡。

清代马平县不同损毁程度的洪灾一览表 **表4-3-5**

洪水淹没范围	洪灾时间及损毁程度	
淹没区未明确的洪水	康熙二年（1663年）、康熙十一年（1672年）、康熙二十三年（1684年）；乾隆十一年（1746年）、乾隆二十六年（1761年）；道光十四年（1834年）、道光二十八年（1848年）	
淹没沿江两岸田舍的洪水	顺治四年（1647年）；康熙五十三年（1714年）、康熙五十四年（1715年）；嘉庆二十二年（1817年）；道光十九年（1839年）、道光二十六年（1846年）；光绪十一年（1885年）	
水浸府城或冲塌城墙的洪水	乾隆三十年（1765年）	马平县城厢内外并近河村庄冲塌瓦、草房600余间，官署多处浸淹，道署堂房、住房墙垣俱被冲倒
	乾隆三十六年（1771年）	柳州大水灾，府城几被淹没
	乾隆四十八年（1783年）	大水，冲塌西城墙
	光绪十二年（1886年）	城内外田庐被淹
	光绪二十八年（1902年）	河水由西门、南门淹入城内，道署及民居多成泽国，房屋冲塌无数

资料来源：根据《柳州市志》、《柳州文史资料》等整理制表。

明清时期马平城内主要地段高程对照表 **表4-3-6**

高程（米）	现代地段名称	对应的清代、民国时期的地段名称
80.4~81	柳江路	沙街
81.4~82.5	滨江西路 13 栋、滨江路	上关码头附近
82.4~83	滨江路 17 号	柴行街与木板行以南
83.4~84	八一路西一巷 3 号、柳荫路西一巷 10 号	北较场以北、西兴街（正对西门外）
84.1~84.5	雅儒路 10 号、东台路东四巷 39 号	雅儒路、会馆前街（后改为东台路）
84.4~85	雅儒路、东台路 12 号、八一路 19 号	雅儒路、会馆前街附近、北较场以西
85.1~85.5	西柴街二巷 17 号	西柴街
85.4~86	八一路 27、40 号，长青路河边巷 49 号，柳州高中	北较场西部、板寿街、崇圣寺县学
86.1~86.5	柳荫路 110 号、八一路 23 号、龙城中学	西门外、北较场西部、湾塘路东的龙中
86.4~87	西柴街 17 号、东台路 27 号、小南路、柳新街	西柴街、东台路、小南路、道台塘以南
87.1~87.5	八一路、曙光中路 32 号	北较场西部、挑水巷－仁恩坊
87.4~88	曙光西路北一巷、曙光路 36 号	左营塘边－流水沟、挑水巷－仁恩坊
88.1~88.5	八一路、广雅路、湾塘路、柳州饭店、长青路	北较场西、雅儒村、湾塘路、四码头、木板行街
88.4~89	曙光路（大桥北端）、青云路南一巷、文惠路、曙光东路 20 号	道台塘以南、学院前街、文惠路、梳子街
89.1~90	广雅路、公园路小学、柳侯公园、青云副食品商行	雅儒村东部、东常平仓、柳侯公园、学院前街

资料来源：柳州市地方志编纂委员会．柳州市志（第一卷）[Z]．南宁：广西人民出版社，1998，8：162—166。

明清两朝马平城内的用地结构特征，在洪灾影响下发生一些变化：明初建城时西半城还分布有较为重要的官署机构（图 4-1-6）——提督学道行署；清代西半城基本分布军营、游击守备署等军事机构，晚清马平城裁撤广西提督军门署之后，清初至清中叶驻扎的大批军事机构撤离，西半城逐渐形成中下阶层、小手工业阶层的商住混居区。

根据上述洪水资料以及文史资料对历次清代洪水进城的记录，图 4-3-6 揭示了马平城街区用地呈现的“东西格局”：东（北）城为官署府邸以及盐仓的集中地，西（南）城为临时性用途（如兵营、棚屋等）或中下阶层手工业者、小商贩的小地块商住混合区。这一“东西格局”与明初马平城官署机构沿大十字街东西方向分布的局面不同：城西部分几乎不再分布统治机构和权贵的大型府邸，这或是对多次洪灾适应后形成的用地分配。

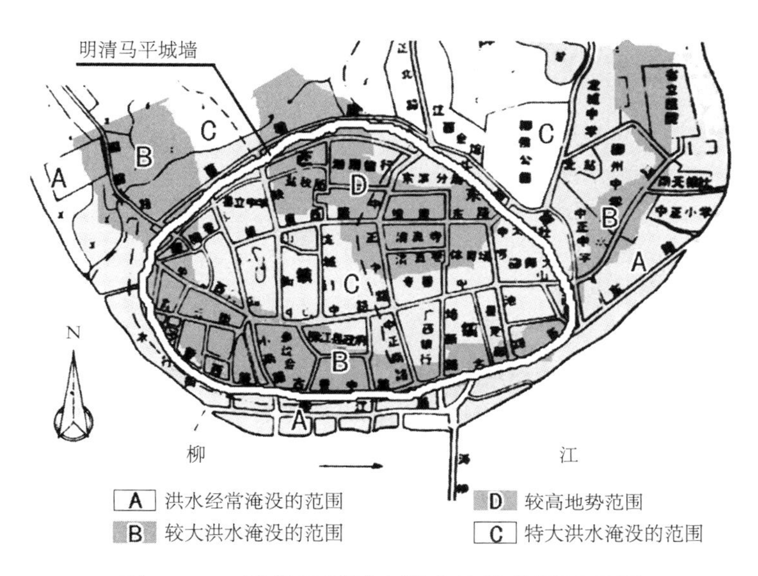

图4-3-6 清代马平城内洪水淹没范围示意图

（资料来源：根据“柳州市解放前城区图[Z]// 柳州市城市建设志编纂委员会．柳州市城市建设志[Z]．北京：中国建筑工业出版社，1996：36”改绘）

六、明清马平城的桥梁、渡口及码头

明马平西城厢临柳江滨水区，有护城壕阻隔，有安定桥、五巩桥二桥通往郊外。明代广西各州县皆大举兴建道桥。永乐十一年（1413年），柳州知府马应坤在城外二里处建安定桥。马平柳江两岸南北之间在前朝皆有渡口连系，这些渡口有城东门外的窑埠（《粤西游记》记为“姚埠”），以及大南门外南渡至驾鹤山脚、马鞍山脚方向的渡口。马平城“雀儿山－立鱼峰”一线以东区域城厢联系的方式大多以渡口连接。如徐霞客游马平城有记：“十八日始出大南门渡江，江之南稍西为马鞍山，而两端并耸为郡案山”。[1] 以上渡口附近因处交通要口，形成一些城厢聚落，如“道出其下行空翠中一里抵姚埠东门渡，由村后南向登山入竹坞中”，这里翠竹小村，有大道通之，如“出马鞍东麓，得北来道截，大道东一里为郡东门对江渡”[2]。

---

[1] （明）徐霞客．西南游日记四（卷三 下）第一页 // 钦定四库全书，“高等学校中英文图书数字化国际合作计划”网站：www.cadal.zju.edu.cn/book/06044610 ～ 06044611.

[2] （明）徐霞客．西南游日记四（卷三 下）二十二～二十四页 // 钦定四库全书．“高等学校中英文图书数字化国际合作计划”网站：www.cadal.zju.edu.cn/book/06044610 ～ 06044611.

前朝柳江两岸处于严峻的民族对立状态，清代经济的发展打破了其对立格局，表现之一为两岸增建的行业码头。这些码头基本上分为区域货运码头、区域客运码头和城内门渡三种。区域货运码头主要集中在柳江半岛滨江岸西侧，有益昌码头、中元码头、明月码头、五显码头这四个，即“三川、九漏、四码头”里所述的四个码头。柳江半岛东对岸的三门江渡是区域客运码头，通往省驿站。据《马平县志》载清代马平的城内门渡，有城墙南半环沿周的镇南门渡（即大南门“官渡”，古题匾“通津烟雨”）、小南门渡（即靖南门渡）、东门渡、在城东南中寨的中渡、柳江南岸的窑埠码头、城南八里处的社湾渡。

第四节　明至清初马平城市格局的形态特征

一、U 岸：促进明清马平城的套城格局

中原城市的某些礼制特点，如体现周礼《考工记》里“匠人营国”的思想，具备“最高权力机构（宫城）居中，左祖右社”这样的形态特征，常常为封建礼制都（王）城所具备。但封建地方城市的范型研究，存在南北城市拥有不同形态特征的状况，如明九边重镇，以方城、十字街居中，钟楼位于十字街中心等形态特征最为典型（图 4-4-1）。明洪武年间曾大力改建、新建一批“九边重镇”，如明洪武二十五年（1392 年）开始筑城的山西左云城和右玉城，皆为四方城墙、十字街居中的形制。在南方城市，（唐宋以后）则以“子城－罗城制度”形态构城居多[1]，结合不同的建设环境还会产生变通。子城即内城，为统治机构的衙署、邸宅、仓储寅宾与游息、甲仗、监狱等部分集中于内的内城垣，在子城外环建范围宽阔的罗城（外城）以容纳居民坊市以及庙宇、学校等公共部分。控制全城作息生活节奏的报时中心——鼓角楼，即为子城门楼。鼓角楼与北方九边重镇具备同样功能的钟鼓楼所处的中心位置大相径庭。郭湖生先生指出：子城城门为州门或军门，城上的鼓角楼，又称谯门，是一城的中心和最高点，也是全城最突出和最美丽的建筑。相对前述“子城—罗城”南方城市形态特征的讨论，还存在一些不同看法，如成一农指出：元以后，“子城—罗城”的构城形态就已经逐步消失。[2] 然而“子城—罗城”形态在元明时期的广西还存在相当明显的城市实例，表 4-4-1 中，唐宋元明的桂林皆具备很完整的“子城—

[1]　郭湖生．关于中国古代城市史的谈话 [J]. 建筑师，1996 年 70 期：62-67.
[2]　成一农．中国古代地方城市形态研究现状评述 [J]. 中国史研究，2010 年 01 期：144-173.

罗城”形态（明桂林作为地方城市抑或“王城”还待探讨，显然不属于元明北京、明清南京类别的王城）。由于其建城环境，明柳州的套城形态与典型“子城—罗城”形态存在一定差别。

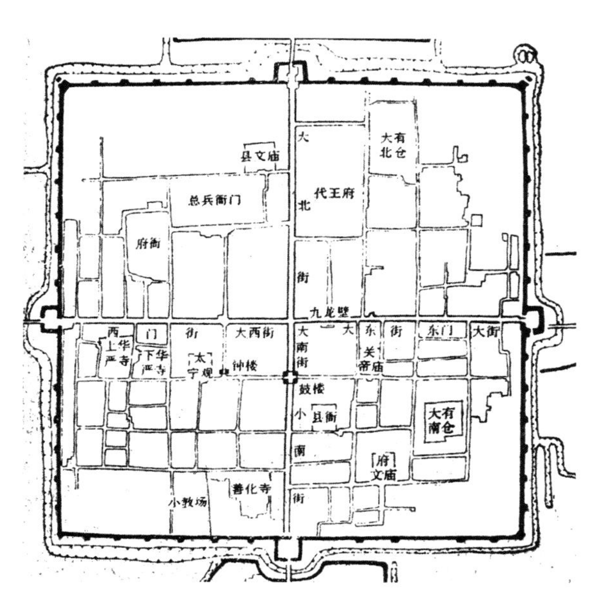

图4-4-1 明代山西大同城图

（资料来源：董鉴泓．中国城市建设史 [M]. 北京：中国建筑工业出版社，1989，7：115）

唐代至清代桂柳邕梧古城池形态比较 表4-4-1

比较	桂林	柳州	南宁	梧州
行政等级	唐代桂管驻地；宋静江府治；元湖广行省静江路治；明藩国（靖江王）驻地、桂林府治及广西省城；清代桂林府治及广西省城	唐柳州府治；宋先为府治，后为县治；元柳州路治；明清柳州府治，右江道治	唐岭南西道治；宋邕州和宣化县治所；元邕州路治；明清南宁府治，左江道治	明成化“三总府”驻地，辖两广政治、军事事宜；明清梧州府治
军事等级	唐（742年）为始安郡都督府，898～901年升靖江军节度；宋（1107年）为大都督府，后升为帅府，领广南西路兵马，兼本路经略安抚使；明桂林卫；清代抚标二营驻地	明柳州卫；清提标五营驻地，广西提督军门署驻地	唐咸通三年（862年）后，岭南西道节度使驻地；宋皇祐驻经略使狄青；明南宁卫	明两广“三总（都、兵、镇）府”驻地，梧州卫
构城形态（套城状态）	唐“子城—外城”+夹城	明洪武至嘉靖时只有一重城墙	唐“子城—外城”	宋“子城—外城”
	北宋“子城—外城”；南宋时又将唐夹城括入增筑的外城中	明嘉靖至清代为不完整的内外套城	宋“子城—外城”	明为一重城墙
	明清“王城—外城”		明为一重城墙	

续表

<table>
<tr><th>比较</th><th>桂林</th><th>柳州</th><th>南宁</th><th>梧州</th></tr>
<tr><td>城水关系</td><td>漓江西浒</td><td>城三面绕流柳江</td><td>邕江北岸凹处</td><td>城两面临江</td></tr>
<tr><td rowspan="8">城墙规模（城高、城厚、城周、城门数）</td><td>唐子城有四门，“周长三里十有八步，高一丈二尺”；唐外城有八门，“周长三十里，高三丈二尺”；唐夹城“周回六七里”</td><td rowspan="4">明万历柳州城墙，东西三里，南北二里，高一丈八尺，周围七百四十八丈，门五；后增筑，城高一丈八尺，广二丈六尺，延袤九百余丈</td><td rowspan="2">唐“罗城元周一千丈，高一丈五尺，上广一丈三尺，下广二丈”，门三</td><td rowspan="7">宋“子城周围一里一百四十步，高一丈五尺，开宝六年(973年）筑，至皇祐四年（1052年）五月，被蛮贼侬智高到烧野州城，于至和三年(1056年）重筑城池用砖瓷砌，周围二百五十七丈，高一丈四尺，面阔一丈，门四”</td></tr>
<tr><td rowspan="2">宋（1054年）增筑外城，城方六里，六座城门；南宋再经多次增筑，外城周至七百五十八丈四尺</td></tr>
<tr><td rowspan="3">宋皇祐间始筑，广阔周围一千三十步，高一丈九尺，辟五门；元丰年间修筑“周二千五百二十步，高三丈五尺，下广六丈，上广二丈六尺”</td></tr>
<tr><td>元（1356～1360年）增筑，城“高二丈有奇，广三丈，延袤三千七百余丈，周回一十余里”</td></tr>
<tr><td rowspan="2">明修建内城（靖江王城），明（1375年）增筑南城，增筑后开城门十二座</td><td rowspan="4">明嘉靖增筑北外城墙，首尾皆际江长五百九十丈，城高一丈四尺，城开三谯门</td></tr>
<tr><td rowspan="3">明“周围方十里，一千零五丈”；明崇祯九年（1636年），重修城垣，一律增高三尺，门七</td></tr>
<tr><td rowspan="2">雍正时修筑城墙，东城高二丈五尺，南城高三丈，西城高二丈六尺，北城高二丈七尺，周长四千六百一十九弓，约合十二里余</td></tr>
<tr><td>明洪武十二年（1379年）复展八百六十丈，为门五</td></tr>
</table>

资料来源：由明嘉靖《南宁府志》、明陈琏《桂林郡志》、清胡虔《临桂县志》、唐莫休符《桂林风土记》、明清《广西通志》、明《永乐大典》(梧州：卷2339；南宁：卷8507)、明万历《殿粤要纂》、《苍梧军门志》、清同治《梧州府志》等古籍、地方志书、军事要籍资料整理制表。

明洪武年间修筑的马平城墙,其内部设置的建筑类型完全符合“子城”设置的典型内容,却没有“罗城”墙作为屏障。直至明嘉靖二十四年（1545年）张岳修筑北外城墙，马平城才从形式到内容以及功能上完成“子城—罗城制度”的构城形态。明初未筑罗城墙的原因有：①当时民族矛盾尚未激化；②马平内城已凭（柳江）天堑之险；③马平县为省军费、简约工程，充分利用地形以求最好筑城效果。后两项原因曾多次在明嘉靖《广西通志》、清雍正与嘉庆版《广西通志》、清乾隆《柳州府志》与《马平县志》提及。

现明马平内城墙东门城楼由拱形城门和谯楼组成，重檐歇山顶、五开间、“出乎震”匾额说明东门城楼或为其子城的军门（鼓角楼）之一，或是明代控制全城作息与生活节奏的报时中心[1]。

表 4-4-1 揭示，柳州在清以前的广西四大城市中：军政等级最低；城墙规模及其高度最小；拥有的军事防御地形最优（三面环江）；构城形态处于不明确的“套城”状态。根据桂邕梧在宋代“子城—罗城”的形态看（柳州明以前的城市史料在四城中最为缺乏，该城宋元以前的城市史料缺佚，邕梧两城相关资料在明《永乐大典》皆有完整记录），套城为宋代粤西地区重要城市的普遍构城形式。表 4-4-1 揭示，宋邕梧修筑子城的时期，均处于侬智高武装攻伐的破城威胁。可见，当地方军事形势升级时，套城作为防御工事便得以产生或巩固。作为唐宋粤西重要城市的柳州治所马平城，其城址选择与建城形式不可避免会受到套城形式的影响。明马平城有建设套城的两个充分条件：柳江凸岸东西距离约 1800 米，其城址环境及场地规模正好满足一般州府级城堡的建设要求；明清中原朝廷在西南边疆的军事控制力逐渐向粤西北转移和加强，柳州作为广西明代农民战争风暴中心的军事形势日益严峻。明嘉靖加建北外城墙则是建立在前述两个条件之上的，它的建成，促使临江内城向“子城”转换。U 岸，是促进明马平“子城—罗城”形态特征的环境因素。明马平城在城市防洪的影响下，在平坦用地条件下，形成不居中的十字城形态。与北方典型的平原十字城及南方典型“子城－罗城”的套城形态相比，除去十字街不居中、镇南门（大南门）没有对接大南门内街、明初以柳江天堑代替外罗城这几点外，明马平城的构城形态、内部空间基本遵循了封建城市格局。

二、不居中十字街为轴的东西格局

城内道路系统总体上以偏东城十字街为主轴发展。除镇南门不接大街，其余四门皆有大街相连，连接四门的大街基本呈南北走向（北门大街，为大小十字街南北串联相接而成）、东西走向（西门大街－城中大街－东门大街），这两条大街呈大十字街格局。街坊的大小不一，城中部偏南向为柳州府最高行政和监察机构：布政分司署和按察分司署（图 4-4-2）。分析图 4-4-2 与图 4-4-3，北门内大小十字街分布了一系列牌坊群，再根据图 4-4-3 马平城内重要的封建衙署布局，可见，明代马平城以不居中的十字街为轴呈空间上不对称的东西格局。

[1] “（明）徐宏祖．徐霞客游记·粤西游日记二（卷三下）[M].（共两册·增订本）．褚绍唐，吴应寿整理．上海：上海古籍出版社，1987：396 页”有记：（初十日）“又南三里，抵柳州府，泊某南门，城鼓犹初下也。”揭示：明柳州府城的鼓楼就在滨江一带城门。柳州史料未见曾有钟鼓楼的记载，徐霞客当日所听城鼓或为柳州城内的鼓角楼所发。

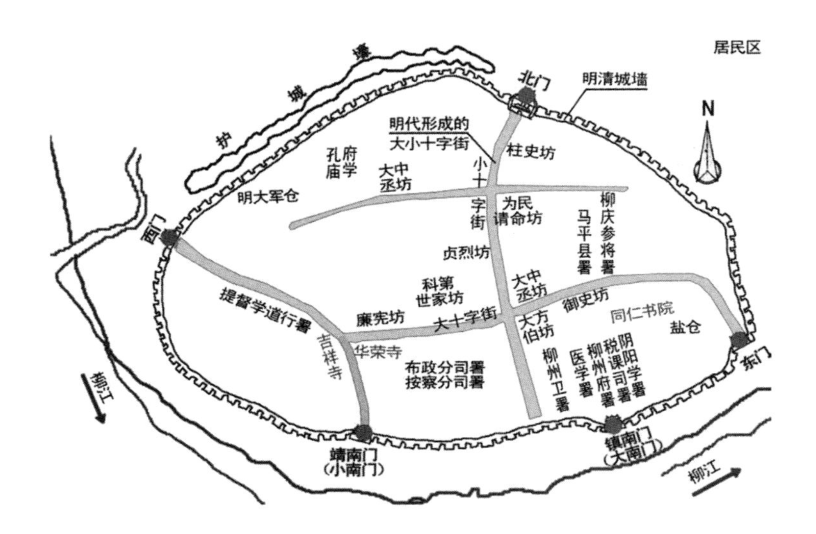

图4-4-2　明初马平城以十字街为轴的空间格局分析

（资料来源：根据“明代柳州城区图”改绘。柳州市城市建设志编纂委员会 . 柳州历史地图集 [Z]. 南宁：广西美术出版社，2006，10：178-179）

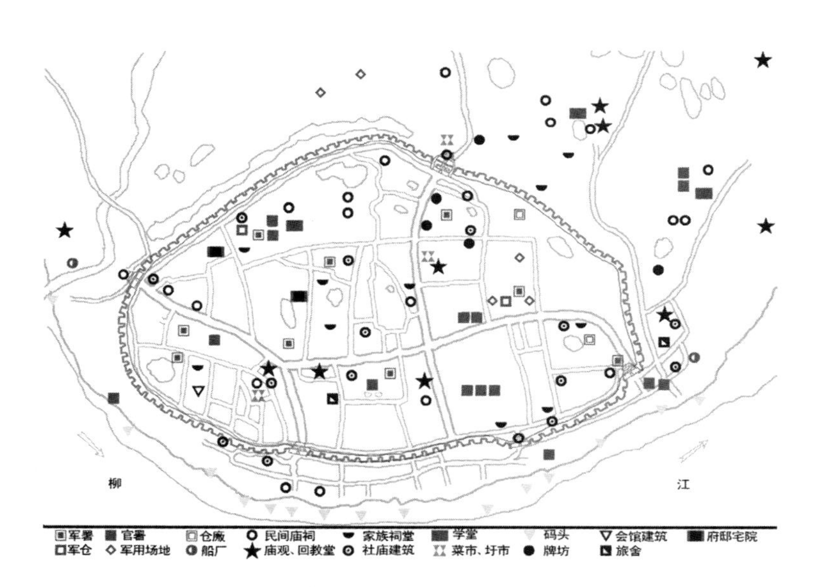

图4-4-3　清初马平城内不同建筑类型的分布示意图

（资料来源：根据“清代前期柳州城区图 [Z]// 柳州市城市建设志编纂委员会 . 柳州历史地图集 [Z]. 南宁：广西美术出版社，2006，10：180-181”改绘）

三、民族矛盾下明清马平城对封建礼制的传承

（一）民族矛盾下明清马平城礼制建筑的分布

明代与清康雍期间马平城的城市、建筑格局，更向封建形制的城市发展，如兴建城隍庙、社稷坛、先农坛、风云雷雨山川城隍坛、厉坛等礼制祭祀建筑，这些建筑皆被当时的柳州知府“遵式建造（修建)”（表 4-4-2)。

与《明史·礼制》对比的明清马平城坛庙建筑分布　　表4-4-2

出处	社稷坛	风云雷雨山川坛	厉坛	先农坛
《明史·礼制》	府州县社稷，洪武元年(1368年）颁制于天下郡邑，俱设于本城西北（卷49，页1269)	嘉靖十年（1531年)，王国府州县亦祀风云雷师，仍筑坛城西南（卷49，页1283)	洪武三年（1370年）定制，……王国祭王厉，府州祭郡厉，县祭邑厉，皆设坛城北（卷50，页1311)	明代未作全国性的明确规制
明嘉靖《广西通志》	府城西外二里	府城东外一里罗池街	府城北外三里	—
清雍正、嘉庆《广西通志》	府西城外，清雍正十年(1732年）柳州知府袁承幼改建	康熙七年（1668年)，柳州知府骆士憤在府北城外建，康熙五十四年(1715年）广西提督张旺曾修,雍正十年（1732年）知府袁承幼又“遵式修建”	雍正间在府城北，嘉庆前迁于北外城墙的镇粤台	在府城东南龙潭左，雍正六年（1728年）由知府钱元昌“遵式建造”[注]

[注]：清雍正三年，礼部对先农坛作了规制，即“各省择东郊官地之洁净丰腴者立为籍田，……每岁遵部颁日期致祭，祭毕行耕籍礼”。

资料来源：根据下述资料整理制表：(清）张廷玉等撰．明史 [Z].（中华书局点校本·全二十八册）．北京：中华书局，1974年4月：第5册（卷四七至卷六三），1269-1311页；(明）林富，黄佐纂修．广西通志·坛庙（卷三十三）(共二十九册）// 钦定四库全书 [DB/OL].“高等学校中英文图书数字化国际合作计划”网站：www.cadal.zju.edu.cn/book/02051011，102/110；(清）金鉷．广西通志（共一百二十八卷）// 钦定四库全书 [DB/OL].“高等学校中英文图书数字化国际合作计划”网站：www.cadal.zju.edu.cn/book/06042693 ~ 06042762。

表4-4-2明清马平城坛庙的分布与明规制对比，可以发现，清康雍期间设立的马平县坛庙基本是严格按照规制建造和配设的，唯风云雷雨山川城隍坛是设在“府北”(雍正版《广西通志》载)而非明规制所定的“城西南”，清嘉庆《马平县志》也载有:“山川坛旧与社稷坛同祭，雍正十一年袁承幼、张嘉硕建于城东,去社稷坛丈许。”这与城外附郭西南隅向为“猺獞”之属，或有一定关系。

(二)清马平城重要建筑分布格局

清康雍时期马平城内的官署建筑基本沿明代相关建筑的遗址，如柳州府署，沿用的是明洪武六年（1373年）建造、明成化九年（1473年）重修的旧建筑，该官署在康、雍两朝屡得重修。右江道署也沿用（柳州）分司旧址，雍正十年（1732年）重修堂室书厅。而明代不存的衙署如柳州卫指挥署等久置而废，分守道署亦然。

清马平城因柳州府军事地位改变和其他行政功能增加而增设了一批新的官署，集中在康熙、雍正年间出现，如机关衙门、仓库若干。以上官署机关在马平城里的分布见表 4-4-3。相关的文字记载见雍正《广西通志》，结合图文分析，上述衙门分为四类：行政、刑司署，文教署，兵备署，仓廒类。前述驻扎城内的军事机构，除提督（军门）署设在城内最高程的地形范围内，其余的守备署、游击署等兵营大部分安排在了西半城（图 4-4-3）。附郭外在三都设分防署，五都设分防汛。清初在东门外的雷塘驿，在附郭的穿山驿、新兴巡检司等到雍正年间皆裁废。

清初、中期马平县增建的官署衙门等建筑 表4-4-3

官建建筑类别	官署名称	城中分布位置
行政、刑司署	马平县署（迁建）、督粮通判署、司狱司	城东
文教署	教授署、训导署、提督学政行署	城北
兵备署	提督署、参将署、中营守备署、前（后、左、右、中）营游击署、前（后、左、右、中）守备署、城守都司署、清军同知署	除提督署在城东，其余主要在城西、城中
仓廒类	东常平仓、西常平仓	城东、城西北

资料来源：（清）金鉷．广西通志·卷三十六 [Z].（文渊阁四库全书电子版－原文及全文检索版）[Z]. 上海：上海人民出版社迪志文化出版有限公司，1999。

第五节 马平城主要道路及用地的演变

一、唐宋马平城厢的街坊

唐宋时期，马平城外柳江南岸陆道岩的摩崖石刻显示，柳江南岸已发展若干片街坊。陆道岩现存的“塑神像题记”摩崖列有土岩坊、含水坊、龙竹坊、大利坊等地名 7 个。石刻捐献者 41 人，有蓝姓、甘姓等捐助者。从陆道岩资料分析，唐宋马平城内外已经建设有街坊等聚居区。

二、明末清初：“城—堡”→“城 + 市”的形态演进

明末以前马平城仍以军事职能为主，商业活动还没有占据城市生活的主流。如明崇祯年间徐霞客到达马平城时，曾描述初入柳州城，渡江后所见是“其城颇峻”、“登涯即阛阓连络”。其中，“阛”多指市场的围墙，也

用来借指市场;“阓”古指市场的大门。在徐霞客游记里,“阛阓”多用来指代有街市的聚落。他记述柳州城外街坊情景:“东门以内,反寥寂焉”,而“东郭之聚庐反密于城中”[1]。可见,当时柳州府城外商业街市已自发兴起,城内街市并没有城外活跃。根据柳州文史专家研究,当时集中的商业活动以“墟市”形式出现,明马平城主要的墟市集中在北城门外,专营谷米等,有米行街(图 4-5-1)。

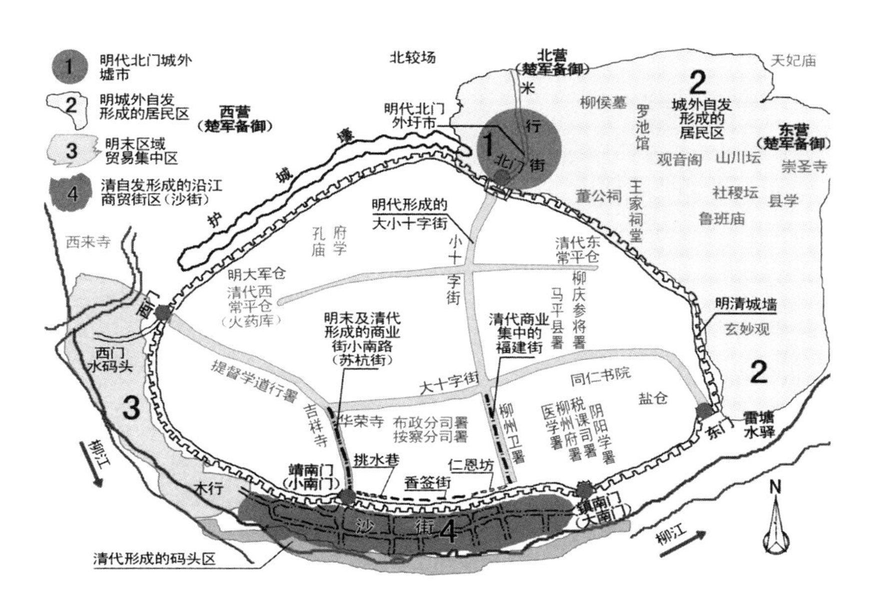

图4-5-1 明清马平城城门的空间分布及经济区的发展分析

(资料来源:根据“明代柳州城区图”改绘。柳州市城市建设志编纂委员会.柳州历史地图集[Z].南宁:广西美术出版社,2006,10:178-179)

(一)明马平城微弱的城市经济及城郭经济对立

史料记载,当时城内有西门大街、十字街、府学东街、华荣寺左上街、北门内大街、新道衙后街、开元寺街、城中大街等数十条街,这些街道主要为城内衙署、寅兵等军政机构服务。经济活动主要在马平城外的北门(北门墟)与临江的西门、南门外沿江地段生长。即明末以前,作为军事城堡的马平城是将商业功能的地段排斥在城墙之外的。由于明代尖锐的民族矛盾,马平县的民族空间不仅呈东西对立格局,其城乡经济也存在二元结构,即土著经常交易的墟市与服务于马平城的墟市并不处在同一经济网络结构。城镇与附郭之间不具备市场网络意义的交易点,经济上相互封闭。土著交易的墟市没有固定的交易构筑物来遮蔽,属“皆无草舍,值雨就雨中

[1] (明)徐宏祖.徐霞客游记·粤西游日记二(上册)[M].(共两册·增订本).褚绍唐,吴应寿整理.上海:上海古籍出版社,1987:368.

贸易”，“散墟尽投归路去，断烟半陇冒荒萝”[1]一类的荒野。这些城外墟市散布在马平县西南隅的柳江平原，主要为调剂农村剩余的农副产品或手工产品，还广泛存在“物－物”交换的方式。明代岳和声在《后骖鸾录》中，谈及万历年间柳州城外墟市的“搭歌”情景时，曾载当时情形：“遥望松下，搭歌成群，数十人一聚。其俗女歌与男歌相答，男歌胜而女歌不胜，则父母以为耻，又必使女先而男后，其答亦相当则男女相挽而去，遁走山隘中相合，或信宿，或浃旬，而后各归其家，责取牛酒财物，满志而后为之室。不则宁需异时，再行搭歌耳。”[2]这种将经济与婚嫁文化结合于一体的壮族歌墟文化与明廷倡导的汉儒文化大相径庭，在柳江流域等壮族聚居区曾一度被中原王朝打压与严禁。因此，明末柳州城郭的城乡经济与其民族空间一样，同样处于对立状态。

（二）谷埠：农副产品交易为主的柳江西南岸墟市

谷埠濒临柳江西南岸，明代时附近各县、乡的米豆油、农副土特产品和牛墟坪集市贸易均在此交易，故称之。有地方文史专家指出：“（崇祯年间）谷埠街开始建时是石板道，周围有小街巷，东有东一巷和东二巷，西有西闸巷、大同巷、维新巷。整条街道十分狭窄，两头高，中间低，形成扁担形，有数级码头上下。巷口建有五座闸门，谷埠码头建有两闸，西闸巷口建一闸为西闸，大同巷口建一闸为黄泥岬闸，东一巷口建一闸为东闸。”[3]

谷埠街虽在崇祯年间始建，作为明末声名日隆的城乡农副产品交易集市，谷埠或在崇祯前已经存在频繁的商业贸易，明末清初马平城靖南门外逐渐聚集的码头、渡口，是清中期商业街市的雏形，这是明代军镇马平城适应自身城市经济职能发展的客观结果，是城市形态适应经济发展的物质表现，明末清初的马平，开始了由“城堡”→“城＋市”的形态演进历程。

（三）明清马平城厢外的墟市

城门内、外一带的城厢区域，其发展程度不尽相同。北城厢一带有与城墙最近的墟市，见《粤西游记》：“府城北门明日为墟期，墟散舟归，沙弓便舟鳞次而待焉。”这些街市有北门城内的医寓（医馆），唐二贤祠近旁形成的一些“拓碑者家”，以贩卖、出售柳宗元的手笔《罗池题石》石拓、

[1]（明）魏濬．却坐林边解竹箄——圩集奇观 [Z]// 谭绍鹏．古代诗人咏广西 [M]. 南宁：广西人民出版社，1989：169.

[2]（明）岳和声．后骖鸾录 //（清）汪森．粤西丛载（卷三～卷四）// 钦定四库全书 [DB/OL].“高等学校中英文图书数字化国际合作计划”网站：www.cadal.zju.edu.cn/book/06068956，第 122/148 ～ 123/148 页．

[3] 维文．谷埠变迁 [OL]// 中国人民政治协商会议柳南区委员会文史资料编辑组编．柳南文史资料（第九辑）[Z]. 政协柳州市柳南区委员会文史资料编委会出版，1997 年 11 月：http://www.lzlib.gov.cn/html/200908/5/20090805173403.html；该文页面载“崇祯十七年（1628 年），谷埠街开始建时……”，经核，崇祯十七年为公元 1644 年，前述或为文字录入时错误所致，因此本文以“崇祯年间”代之。

宋苏轼手书的“荔子碑”拓片这样的文化商品，徐霞客游记有:“又西过唐二贤祠觅拓碑者家，市所拓苏子瞻书韩辞二纸。”荔子碑上刻唐韩愈悼柳宗元而文的《迎享送神诗》，从内容到形式上由柳宗元惠政、韩愈撰文、苏轼书法三方面卓绝的才学促成，又称为“三绝碑”，安放在纪念柳宗元的罗池庙里，历代莅柳游者引为必瞻之物。

其余城厢、城郭附近人烟稀薄，民居寥寥，多如明万历岳和声《后骖鸾录》所见：万历三十九年（1611 年）三月“十七日发柳州，郭外民居，皆剪茅覆屋，黄沙莽莽，了无端际。风雨骤至跨踔而行，二十里为墟市，见瑶人富有者戴红藤帽，乘马挟刀剑，贫者片麻裹头，腰间都佩一蒯缑……”。[1]

三、清中叶内城增加的经济用地及宗教祭祀建筑

清中叶马平经济的迅速发展，引发沿江附近城内外经济用地的功能分化，形成经纪行专业街市——沙街。该时期马平城以沙街为核心商业区不断通过两个城门（靖南门和大南门）向城内形成商业渗透。城内的苏行街（小南路）、福建街等通过经营布匹、日杂五金百货迅速带动马平城内西半城及南半城的商业活动,一些服务业（如旅馆业）也在此区域应运而生（图 4-5-2）。清中叶的柳州城，逐渐走上“桂中商埠”的繁荣之路。

柳江半岛沿城墙西环、南环、东南环是清代发展商业街区的主要区域，成行成街的有：梳子街、香签街；因铁器手工业而成的铁局街；因木材集散而形成的木行街、寿板街。柳州木材声名远扬，清廷建造宫殿曾选用柳州的木材，据《清碑传合集·江皋传》记：“时上方修太和殿，使者采木且及柳，柳人大恐，言长者闻往代采木南荒震天岋地”，可见清代柳州木材是其区域经济的重要支柱。柳州的木材主要有

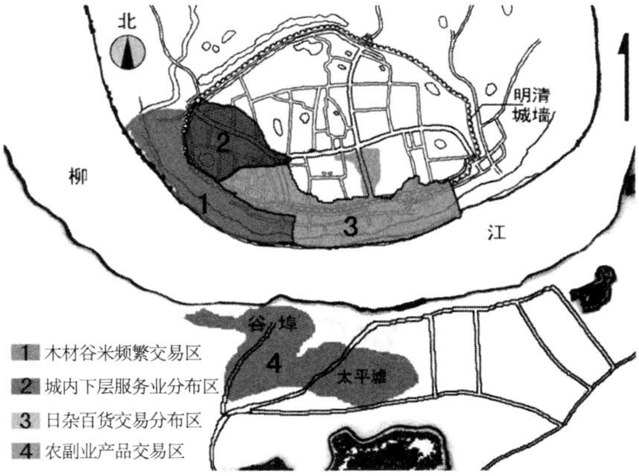

图4-5-2 清初马平城内行业分布与江岸关系示意图

（资料来源：根据“清代前期柳州城区图”以及 1935 年“柳州城市图”改绘。柳州市城市建设志编纂委员会 . 柳州历史地图集 [Z]. 南宁：广西美术出版社，2006，10：180-181，118）

[1] （明）岳和声 . 后骖鸾录 //（清）汪森 . 粤西丛载（卷三～卷四）// 钦定四库全书 [DB/OL].“高等学校中英文图书数字化国际合作计划”网站：www.cadal.zju.edu.cn/book/06068956，第 122/148 页 .

沙木、红油沙木、楠木、酸枣木、黄皮罩等优质木材。因柳州木材所享盛名，加工而成的棺材远销广州、香港等地。而沿马平城柳江两岸形成的木材街主要有：河北岸的寿板街，在小南门码头西侧；河南岸的谷埠街。谷埠街早有寿木店（制作棺材的店铺）。

马平城内街巷与其城镇手工业、商业存在一定关系，前述城市区域贸易与市民规模的扩大，促进了柳州城近代经济生活和城市街巷密度。清末马平城厢内外在工商百业与街道地名间存对应关系的有几十个（表 4-5-1）。

清代马平城的主要商业街巷及其主营业务　　表4-5-1

街巷名	主营业务	街巷名	主营业务
苏杭街	布匹、洋杂百货	谷埠街	谷米集散
猪仔行	牲畜贸易	土工巷	—
盐埠街	食盐集散	樵家巷、柴行街	薪柴、薪炭业
盐冲口	食盐集散	故衣行	—
铁局街	锻制铁器	烟行	—
打铁巷	锻制铁器	石碑巷	—
板寿街	木材加工	榨油巷	—
木行街	木材加工	缆子街	—
牛圩坪	牲畜贸易	马草巷	—
鸡鸭行	牲畜贸易	—	—
米行街	米谷集市（明在北门外，入清后逐渐萧条）	香签街	香签业、针织、乐器、小五金、皮件、文具、药材、副食品、日用杂货
车仔行	牛车制作、牛车配件		

资料来源：根据《柳州历史文化纵横谈》、《柳州文史资料》等资料整理制表。

据表 4-5-1 分析，将马平城西南部分沿江沿城墙划分成“沿江”、“沿城墙”、“城西腹”三个圈层。这些街巷在城厢分布的位置与前述三圈层存在一定对应关系，与马平城集散的货运、货源方向也存一定关系。①马平出口的货物行当基本集中在城西，并处“沿江”层，如木材加工业的街巷尽量靠近承接西部上游而来的木材的码头，谷米贸易行集中在城西柳江两岸码头；②农牧牲畜业来源于附郭乡村，遂集中在柳南偏西，沿江分布，如鸡鸭行、猪仔行、牛圩；③日杂百货服务业大多属于进口货品，因而处柳江北岸中段，又因直接服务于市民，而沿南城墙中段的东西走向；④属服务性质的制铁、榨油等行业则直接深入坊间小巷，分布在“城西腹”一带或沿河南大街的腹巷里（图 4-5-2）。

清代时形容柳州城市形态的一段顺口溜：“一龙二狮滚金球，三川九漏四码头；五庵六寺七星路，八街十巷任君游；百样风景都齐备，两重城门守北丘；千重山水早天下，万里江河通柳州。”

四、晚清军事机构裁撤与西半城及沿江的商业街网

（一）晚清军事机构裁撤释放的西半城用地

清末城西南街巷数量与密度的增加存在历史与现实条件。清前中期，广西提标五营主要驻扎在城西南一带。当时城外社会治安纷乱，马平城内外缺乏培育商业社会阶层的社会条件，也缺乏城市用地。光绪中期，广西提标五营移驻龙州，腾移出城中、城西一带用地以发展商铺、学校、民居等。如清代柳州府官立中学堂最先是建在城东北柳侯祠旁的周何氏地，丁未（1907 年）夏开工，部分教室、宿舍快建成时，被认为工程质量低劣，随后被要求推倒重建，翌年（1908 年）其重建地点改到了城中旧营武仓地。可见城市军事职能的弱化及军事机构的撤销，直接释放了城中的一部分用地，转为民用。这对城市建筑、街区的兴建与形成存在一定积极作用。

（二）晚清沿江商业街网的兴起

清末，商业进一步普及，商业、手工业移民进驻，近水楼台的城西一带商业区遂自由发展出沿河的密集街网。

沙街地处柳江北岸一侧的城墙与柳江之间，是因明清柳州区域贸易而兴的沿江街道。封闭城墙阻碍航运货品进出内城，一些商贩随即在沙滩斜坡建立简单的茅寮茶店，进而有船头中人（牙人）集中于此，并就近开设货栈商店，代客买卖而形成“平码行”（到 1937 年抗战前夕，柳州平码行成立经纪业同业公会时，沙街有会员二十五六家）。至清朝乾嘉年间具成行成市的规模，形成“沙街”雏形。光绪末年，沙街靠城墙向南的建筑已相当整齐，一般两三层楼房，三隅砖墙，尺二见方杉木横梁结构，可以堆商品，作栈房，不怕水淹。沿江边一带，则多为陶瓷铁锅及竹器编织等手工业，房屋比较简陋，每间屋后均以杉木作柱，架向河滩斜坡。每遇柳江暴涨时，多被崩塌摧毁。[1]而在柳江南岸，明代已兴的谷埠街一带已成为“桂中商埠”的谷米油和农副土特产品的贸易中心，马平（柳江）一都米、二都牛皮，柳城蔗糖，宾阳瓷器……都在这里集散，故有“谷埠成圩，沙街信息”之说。[2] 同在柳江南岸的太平街，此时具备街市雏形，它由太平墟发展而成，位于马平城的对河岸上，又称对河墟，三日一墟。

［1］ 地方史话·旧街掌故 [OL]. 柳州市政府网，http://www.liuzhou.gov.cn/ztlm/ljzt/200907/t20090730_171106.htm，2009-07-30.

［2］ 维文 . 谷埠变迁 [OL]// 中国人民政治协商会议柳南区委员会文史资料编辑组编 . 柳南文史资料（第九辑）[Z]. 政协柳州市柳南区委员会文史资料编委会出版，1997 年 11 月：柳州市图书馆网，http://www.lzlib.gov.cn/html/200908/5/20090805173403.html.

第六节　柳州“山城水”空间格局的形成与发展

一、唐柳宗元奠定的马平山水建城观

《粤西丛载》一书收录了诸多山水游记，它们大都是由仕宦于广西之官吏，游历广西奇山秀水后留下的美文或石刻。其中赞赏桂林风景的游记不计其数，而能以山水之胜再引发各旅行者浓厚游兴与文思的则属柳州（附图 12、附图 13），因“粤西奇山水大都在桂柳诸境，而浔邕罕著称焉”[1]。柳宗元在唐元和十年（815 年）到任柳州写下的《柳州山水近治可游者记》，详述州治附近东西南北分布的各山穴水木特点（图 4-6-1），堪称柳州城最早且最著名的导游词。

大建筑家曾指出：中国建筑体系有一个非常重要的，并且不同于西方建筑体系的特色，即城市规划与设计同建筑、园林“三位一体”，紧密结合。这往往为一般的研究所忽略，现代治史者每每根据学科的划分，分列为古代城市规划史、建筑史与园林史，缺乏固有的内在联系[2]。从史料发现，自唐以来的柳州城市发展史，充分显示了“山城水永续”的特点，这个景观建城的理念，可追溯到唐柳宗元任柳州刺史期间。

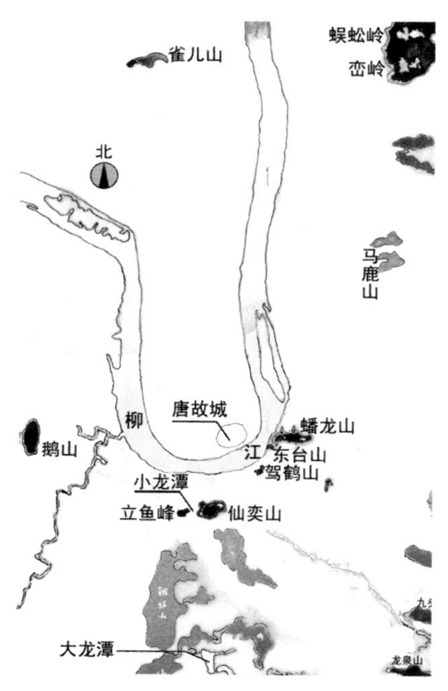

图4-6-1　现代地图反映的柳江北岸及其山水形势

（资料来源：根据“柳州市区图”改绘。广西第二测绘院．柳州市区图 [Z]. 湖南地图出版社出版，2004 年 6 月第一版）

柳宗元推崇山水美学。在其莅柳前所作的《零陵三亭记》一文即初露端倪，文中将山水胜景与官吏的政绩联系起来，引申并抒发自己的景观美学观、民本观。《零陵三亭记》肯定了县令薛存义的政绩，对他改革前任弊政、实现政通人和、修建“三亭”景观加以赞赏。《零陵三亭记》对后来的《柳州东亭记》不无影响。

柳州治所马平原来无柳，柳州刺史“种柳柳江边”，诗文种柳之地在柳江边，推究起来应在唐故城城墙之外，柳树的种植与江边驿道不无关系。边州民财两

[1]　（明）董传策．桂林诸岩洞记 [Z]// 古今游记丛钞．中华书局，1936，10：15 页．

[2]　吴良镛．中国古代人居环境建设理论与实践．清华大学博士点基金申请报告 [R]，1998// 武廷海．中国城市史研究中的区域观念 [J]. 规划师，2000 年第 16 卷（第 05 期）．

缺，开辟驿道很困难，政府非常爱护，如为了保护驿道，在驿道两旁经常种植各种各样的驿树。唐刘长卿诗《洛阳主簿叔知和驿承恩赴选伏辞一首》有“官柳阴相连，桃花色如醉”的桃、柳两种驿树。驿树，既保护了驿道，也对驿道景观的营造起了重要作用。刺史种植柳树以期形成“垂阴当覆地，耸干会参天”的城市景观，他生长的京城唐长安，在城市建设方面已经相当成熟，如唐长安的干道两侧设有臣民用的上下行道路，两侧行道树为槐树。经过上述建设的马平城（图 4-6-2），已经具备柳宗元《登柳州城楼寄漳汀封连四州刺史》诗所云之“岭树重遮千里目，江流曲似九回肠”的“山水城”辉映的景观。

图4-6-2 唐柳州治所马平城附近的山体景观

（a）文笔山；（b）马鞍山；（c）立鱼峰（鱼峰山）；（d）龙壁山；（e）马鹿山；（f）鹅山

（资料来源：柳州市地方志编纂委员会．柳州市志（第一卷）[Z]．南宁：广西人民出版社，1998，8：101-103）

明代有称“柳州山水，子厚为之生色”，柳宗元一篇《柳州近治山水可游者记》的散文，撷英马平县治附近五处山水奇景，吸引不少文雅之士慕名游访。它们是：南潭鱼跃、天马腾空、笔峰耸翠、鹅山飞瀑、驾鹤晴岚（图 4-6-2）。

其中南潭鱼跃里的南潭为柳江南岸小龙潭，鱼跃为立鱼峰，从潭东远望，一潭一峰如“石鱼跃立潭水”；天马腾空的天马指仙奕山（又称马鞍山），每当仙奕山沉浮在晓云暮霭之间，其两峰凌云而现如飞马在天；笔峰耸翠指西郭文笔山“山势卓立，直上如笔”；鹅山飞瀑为西郭鹅山“峙立平原上，孤峰直逼天。晴开千涧碧，雾锁一泓烟”，是元代唐文烇《登鹅山》的景观写照；驾鹤晴岚里驾鹤山之名见于柳宗元的“山水记”，地方文史专家形容:“驾鹤山像只匍匐的玄鹤，独自延颈柳江。……每逢晴旦，岚气氤氲，鹤山灵动欲飞。”“罗池月夜”指月亮升上灯台山上空之后，倒影在罗池水面的情形。罗池，柳宗元逝后托梦其生前部将:“馆我于罗池。”邑人由此建罗池庙（柳侯祠）祭祀柳柳州。“天下之人，知有罗池者，以柳之庙，韩之文故也。”罗池因而声名远播，明代徐霞客访柳时亦争睹为快。因灯台山在柳江南，罗池在北城门外东面（江北），相去甚远的山、池、月三者竟能相映成趣，一时成城中美谈。

二、明堪舆术影响下的马平“山城水”格局

广西出土的东晋、南朝大墓的方位，基本符合“五音姓利”、“吉水则要山高水来”等择地原则，在刘宋泰始年间的合浦北界越州城故地（今浦北县泉水乡仰天湖北面）的选址，环山为城，南临南流江，明显受风水理论的影响，并不受军事、交通等方面因素的主宰。东晋堪舆名家郭璞之子郭骜曾任临贺太守，早期堪舆术流传岭南粤西的文献虽不可考，前述若干事例给堪舆术影响粤西的城址建设和墓址选择留下若干线索。[1]

明清马平的地方志书，如《柳州府志》、《马平县志》对城墙周围的山水环境从堪舆术的角度进行过一些评论，如城北雀山为“主山”，城南马鞍山（仙奕山）为客山;徐霞客游马平时也循“土人”的说法，有“马鞍山‘为府之案山’”[2]语。可见明代马平城址的调整、拓修还有可能与风水理论发生过联系。明代地方上设有阴阳学官，府曰正术，州曰典术，县曰训术，明马平城内则设有阴阳学署（参见图 4-4-2)。阴阳五行学说是我国古代朴素的辩证唯物的哲学思想，由此逐渐形成了以阴阳五行学说为基础的中医学理论体系、风水理论等。风水术糅合了阴阳、五行、四象、八卦的哲理，通过审察山川形势、地理脉络等来择定吉利的聚落和建筑的基址、布局。在前述历史背景下，明代修建的一些城墙存在以风水布局城市的实例，如同样整修于明洪武四年（1371 年）的福州城。是年朱元璋命驸马都尉王恭修建福州旧城，王恭详细考察福州风水，以石砌墙，北跨屏山主峰，外城绕乌山、于山二山建城墙，基本上呈圆形，风水奇佳。有研究指出:“风水术及其观念在壮族地区的广泛传播与运用，是在明清时期”。[3]壮族地区溪流纵横，奇峰耸峙，有优越的形胜条件，风水术在此处广泛传播，具有利的地理条件。明代是马平县接受空前规模的中原移民时期，在满足前述军事、洪灾要求的同时，以堪舆术指导城墙范围的修整，是可能的。

[1] 钟文典．广西通史（第一卷）[M]. 南宁：广西人民出版社，1999，8:150-151.
[2] （明）徐宏祖．徐霞客游记·粤西游日记二（上册）[M].（共两册·增订本）．褚绍唐，吴应寿整理．上海：上海古籍出版社，1987：370.
[3] 覃彩銮．试论壮族民居文化中的“风水观”[J]. 广西民族研究，1996 年第 2 期：82.

在体量上马鞍山大大超过雀山，因而马平城内社会有“主不压客”、“客来人口压倒土著占据绝大多数”的说法，源于其“客山大于主山”的缘故。分析明代马平城图经，其负山抱水的形势的确较符合堪舆术中最佳城址的选择条件（图 4-6-3、图 4-6-4）。图 4-6-4 分析图的底图——清光绪《广西舆地全图》已遵从“计里画方”来绘制，具有较高的客观性，如实反映了清廷对马平县的环境认知。地方文献对主山（雀山）和客山（马鞍山）讨论较多，东西方向的“青龙”、“白虎”具体指向哪两座山则语焉不详。分析明代仅存的几张图经，由于存在测绘手段落后、意识误差的原因，明图并不能正确反映各山水环境的客观位置。如图 4-6-4 所示马鹿山有可能代表“青龙”，但从现代测绘的地图上看，或许东台山、蟠龙山更为符合“青龙”形势，并与“白虎”鹅山对称。从分析图里马平城的位置看，城址的选择最为符合尚廓先生对风水的研究成果（图 4-6-5）中“龙穴”的要求，这反映了中原文化在宏观层面对马平城市选址的影响。

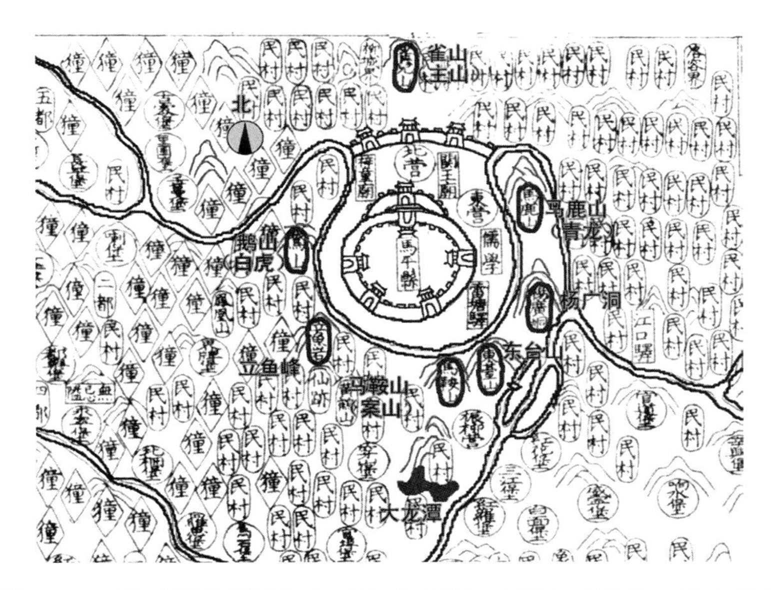

图4–6–3　明《殿粤要纂》之“马平县图”中所呈现的负山抱水形势

（资料来源：（明）杨芳，詹景凤纂修．殿粤要纂 [DB/OL].“高等学校中英文图书数字化国际合作计划”网站：www.cadal.zju.edu.cn/book/02037703，第 83/148–84/148 页）

经过洪灾、城市景观意象、风水选址等方面因素的影响，明马平城形成了以“城北双山—北门—大小十字街—马鞍山—大龙潭”为城市景观轴线的“山—城—水”紧密结合的城市空间格局，使山、城、水三方面因素在生态、景观、文化等方面有机地结合起来，柳南用地因此在视觉景观上与柳北城堡形成对景关系。至此中原文化初步将自身的审美价值落实到这个边郡小城的空间形态里，完成了其精神外化的关键步骤。

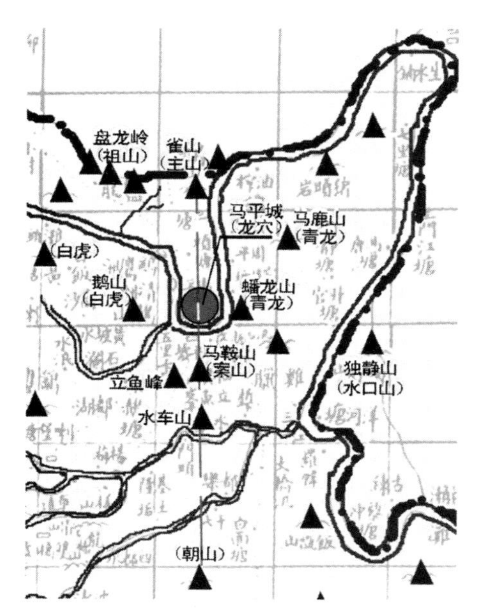

图4-6-4　以清文献马平县图经进行的堪舆形势分析

（资料来源：根据清光绪《广西舆地全图》之柳州府马平县图所标注的山体进行分析，其中蟠龙山根据现代地图补充标注，盘龙在原图标有名称，根据“韦晓萍．柳州——龙城与龙文化[J]．柳州城市研究．柳州市内部刊物，2005年1、2期：73–76”资料补注盘龙岭名）

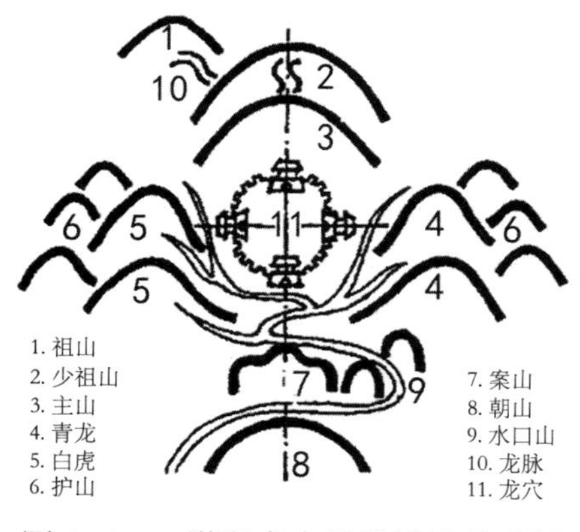

图4-6-5　堪舆术中最佳城址的选择

（资料来源：侯幼彬．中国建筑美学[M]．哈尔滨：黑龙江科学技术出版社，1997，9：194）

三、清马平八景与“山城水”格局的确立

马平城在明代已形成若干颇具特色的城市景观，延续至清代，出现了城中“八景”的景观集称，这八景见：“按旧志八景，一曰南潭鱼跃；二曰天马腾空；三曰笔峰耸翠；四曰鹅山飞瀑；五曰罗池月夜；六曰东台返照；七曰驾鹤晴岚；八曰龙壁迴澜。颇擅龙城之胜。[1]”前述八景除“南潭鱼跃”的主景为小龙潭和立鱼峰，“罗池月夜”主景为罗池和东台山，其余六景的主景分别描述马鞍山、文笔山、鹅山、东台山、驾鹤山、龙璧山。吴庆洲先生曾指出中国景观集称文化有：“传统美学，传统哲学，儒、道、释的理想境界，历史文化的积淀，水文化”等五个方面的内涵[2]。其中，以山为主景的景观表达了马平这座山水之城的空间美，对该城市的空间认识通过马鞍山、文笔山、鹅山、东台山、驾鹤山、龙璧山等具体形象获得环境意象。这几座小山在城墙附近，特点鲜明，是马平城山水格局的基本构成要素，它们之间相互辉映形成的景观联系构成了整个马平的城市意象标志物。在审美上，“东台返照”与“驾鹤晴岚”表达了传统审美中的自然美以及道家的神仙思想，“罗池月夜”表达了时间美，“鹅山飞瀑”和“南潭鱼跃”（该景暗喻从小龙潭东望立鱼峰，看到的山峰像鲤鱼似地跃然立出潭面，挺拔秀美）表

[1]（清）舒启修，吴光升纂．马平县志[Z]（光绪二十一年重刊本之影印本）．台北：成文出版社有限公司印行，1970：78.

[2] 吴庆洲．建筑哲理、意匠与文化[M]．北京：中国建筑工业出版社出版，2005，6，：72-75.

达了山水组合的动态美，同时还表现出此地域的水文化特征。

“罗池月夜”这一奇景，将城市、山、水、时间这四种不同的要素集中在一点，是古代马平城市景观文化中最具代表性的景观。因此，马平邑人在清代又设置了“仙山倒影”:“仙山倒影塘，即天马（仙奕）山之影在右江道署前，凡塘只见半影，此塘全影俱见于乾隆二十七年秋，右江道王锦于两塘四围捐设栏干以杜作践。”[1] 右江道署前的两塘池水，每塘只现仙奕山（天马山）一半的影子，而两方塘水之中的半影在景观视觉上能合成此山的全影。该衙署前两方塘水（又称“道台塘”）在明代文献没有记载，或为清代借鉴“罗池月夜”后所设的人工池。右江道是清代马平城内最高管理机构，仙奕（马鞍）山在明代已经是“城中案山”，可见中原文化的审美取向在清代已经紧密结合了当地的城市环境特征。在当地最高权力机构前设置“仙山倒影”，表明了马平“山水城”格局从明代的民间到清代的官府都获得了普遍认可（图 4-6-6）。

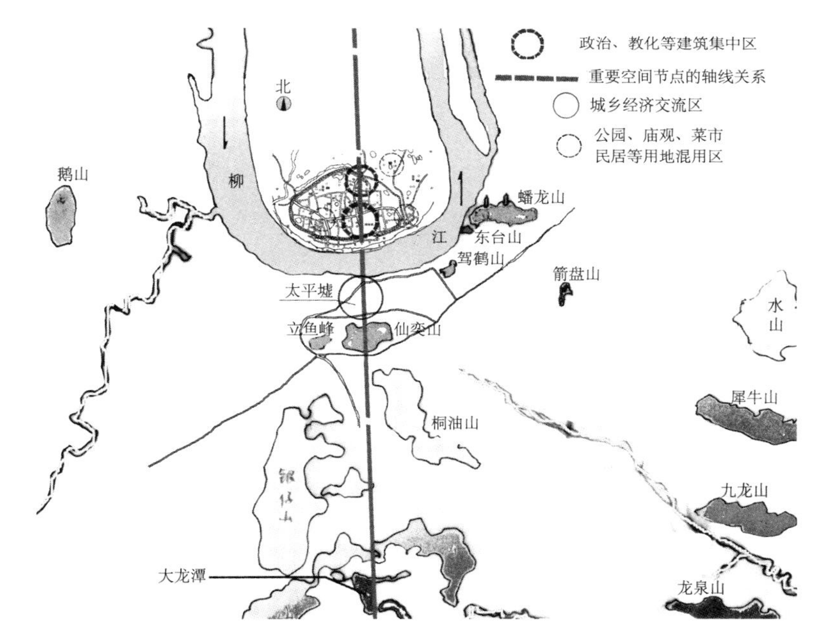

图4-6-6　清初马平城山水环境及其空间轴线分析

（资料来源：作者自绘）

张宝绘的“清柳州城图”展现了马平城在道光前后进一步发展了“山城水”的空间格局（图 4-6-7），如画面左上角蟠龙山上的楼阁式塔，画中

[1]（清）舒启修，吴光升纂．马平县志 [Z]（光绪二十一年重刊本之影印本）．台北：成文出版社有限公司印行，1970：63.

塔高七层，与柳江北岸的古城在东西方向遥相对望。该图表现出城东南方向的柳江南北两岸有聚庐星布，水面帆桅飘扬，远山叠嶂，其辽阔深远的气势凝练地点明清代“桂中商埠”山水城相得益彰的城市景观。据柳州市博物馆馆长刘文先生考证，该塔为民国35年（1946年）《广西一览》书中所载的“堤临峰塔”。该平面六角形砖塔，拱券塔门向西，南北两墙设龛。堤临峰塔，地处城之东南方，即巽方。马平柳江东南岸低洼常有水患，据《山海经图赞》说：“地亏巽维，天缺乾角。”又有堪舆学家认为，东南洼而地轻，地气外溢而难出人才，须建塔以镇之。《易·巽》说巽象风：“随风，巽。”又有疏注“去：‘风既相随，无物不顺’”，因而堤临峰塔有可能为风水塔。明代广州的琶洲塔、赤岗塔即为古城东南低洼地所建的风水塔，用以“锁二江”、“束海口”以聚“扶舆之气”；清代汕头下蓬镇欧上村的腾辉塔（鸥仃塔）也是平面六角形七层密檐式风水塔，离海不远并具有导航、路标的作用。堤临峰塔的详细资料佚失。抗战期间山下建有制弹厂，为防宝塔暴露目标，当时的第四战区司令张发奎下令拆掉了塔身上面几层。

清柳州城图，张宝（1763—？）绘于清道光前后，该图为东门城楼东南望柳江南岸

图4-6-7　清代柳州城图

（资料来源：柳州市地方志编纂委员会．柳州市志［第一卷］[Z]．南宁：广西人民出版社，1998，8：331）

四、清末柳州城市公共空间的形成

新型休闲公共空间的观念给柳州带来全新的城市绿地空间形态——公园。光绪三十二年（1906年）九月，地方绅士在柳侯祠东侧赵屏藩私家花园赏菊，倡议以柳侯祠、罗池一带为中心扩建成公园，以纪念名宦柳宗元（图

4-6-8)。嗣后，此议得到地方官府的支持，遂拨官帑及木料，开始征地建园。及至三十四年（1908 年），柳州知府杨道霖力主其事，先疏浚罗池，后又重葺柑香亭、柳侯祠、柳宗元衣冠墓等名胜，经营渐成规模，达 2 万余平方米。宣统元年（1909 年）春，杨道霖将之定名柳侯公园，并亲自拟订《柳侯公园揭示规则十四条》，以便公园管理。柳侯公园由此成了柳州最早的城市公园，吸引着城内众多市民前来休憩游玩。每逢春秋花季，游人更盛。民国以后，地方人士在清明节都要于此举行隆重的公祭活动，宣读祭柳文，唱祭柳歌。

图4-6-8 清代至民国柳侯祠及其公园入口
（资料来源：2007 年 2 月柳州乐群社展板资料）

第五章“桂中商埠”到“西南交通枢纽”的空间转型

近代柳州逐渐发展了工商业等经济综合职能，应军事与战局需要还演变成西南交通枢纽。其近代城市形态相应产生一系列空间转型，即由明清时期封闭的“桂中商埠”逐渐走向开放的“西南交通枢纽”。近代柳江南北两岸先后建设多个城市对外交通设施，其城市开放的形态也主要沿着南北方向疏散延伸，如柳江西南岸有水陆空交通联运的优势，不仅发展了前文所述的旅馆业，还设立了电台、公路管理局、电报局、法院、航空学校等，是民国时期柳州空间转型的建设重点，并进一步演变成城市新商业核心，形成新中国成立前柳州“江北 + 江南”的城市双核结构。

第一节　清末马平城为基础的近代空间转型

史料对当时柳江北岸的公共建筑曾有过这样的阐述：“商业亦相当繁盛，店肆六七百家。资本最多者，首推杂货业，次为洋杂及木料。其与旅行有关者，如旅馆客栈，有：新柳江酒店、……茶楼饭店规模较大者，如安乐酒家、……娱乐场所，有：国华电影园、……金融状况，略同邕梧。医药方面，有：省立柳州公医院、……药房如振西、中西药房三十余家。”[1]这些史料表明在清末马平城基础上，近现代柳州已具备相当完备的工、商、服务业等城市性质的综合行业特征，并引发其物质空间形态的近代转型。

一、新旧建筑类型的并存与置换

封建社会解体后，代表封建文化的一批建筑逐渐被民国时期新型的公共建筑取代，如学校、剧院纷纷出现，其中很大一部分是利用原有的家族祠堂、庙宇等改建而成。而一部分封建时期建筑在民国期间却保留了，如外来会馆积极参与当地的教育、公共事务，许多会馆建筑作为中小学校被留存下来。

[1]（民国）柳州名胜 [Z] // 柳州市志地方志办公室 . 民国柳州纪闻 [Z]. 香港：香港新世纪国际金融文化出版社，2001，9：25-27.

（一）庙观、学宫、衙署等旧建筑的拆除、改建

近代柳州城内大规模的拆庙活动出现在两个时期：第一个时期可追溯自辛亥革命爆发前后。在民主、平等观念影响下，革命党人摧毁了象征封建统治的旧衙门官署，而一向为封建文化、礼制服务的孔庙、社稷坛、城隍庙等传统的文教、宗教、祭祀建筑因失去封建统治者的支持也渐趋倾圮、坍塌，或拆除易作他用。第二个时期或为柳州申升省会建设所致的大规模拆庙活动。1928 年 10 月 26 日，柳州城发生特大火灾，火烧半城之后财物损毁无数，申升省会建设的建材、工程款项短缺，于是借响应早期“破除迷信”号召、筹集省会建设材料的名目之下，拆庙、拆城墙活动得到迅速执行。五显庙、南岳庙、飞来庙等被捣毁神像、拆除砖瓦以充省会建设的建材。而拆庙活动也招致一些地方士绅的抵制，如西来寺、北帝庙等附近的乡绅以“改庙为校”的理由，保存了西来寺、北帝寺。

柳江公医院选址在原马平城外天妃庙（天后宫）内，医院的建造必须拆除天妃庙及妈祖像，这曾引发闽南籍马平商绅、民众的强烈反对，经闽南籍士绅高景纯等的平息终于建成。

（二）近现代公共建筑的兴建与会馆建筑的保留

城市空间近代转型较为典型的现象，就是在原来传统城市格局还存在的情况下，出现大量具有现代功能的公共建筑。当时马平城内兴建的公共建筑有:中山纪念堂、体育场、柳江图书馆、柳江公医院、《柳江日报》社（今罗池路一带，原清代广西银行柳州兑换处内）、第四女师等一批有别于传统茶楼、街铺的现代建筑。出现了大量现代行业的城市建筑类型，如服务业当中的酒店旅馆业、金融业。

民国时期经济移民大量入柳，使当时现存的教育机构无法跟上其后代的教育要求。为了提高移民子弟的文化水平，有能力的移民积极创办学校。一些移民学校不仅接受移民子弟，也招收本地人的子弟入学。例如，私立楚材小学最初是为解决湖南同乡子弟入学难的问题而开办的一所学校，但它招收的学生却并不仅仅只限于湖南籍学生。中华人民共和国成立后，克强小学（原楚材小学）与原柳州市第四小学合并，称柳州市第二小学，并被确定为市重点小学。后来，柳州二小便逐渐发展成今天的景行路小学。这些学校通过移民个人或集体投资、捐资的方式办学，也有一些学校是通过向社会募捐等方式创办,办学的领域主要集中在小学和中学。通过表 5-1-1可见，大多数会馆建筑因兴办中小学校而留存下来。

二、民国时期马平城开放街网的生长、细化与归并

（一）火车北站引发的新街道

湘桂铁路在广西的终点站是柳州火车北站，建在马平城西北郊。为便于

民国时期外地移民在柳州办学情况一览表　　表5-1-1

学校类型	学校名称	创办时间	创办机构或创办人	地址 / 特点
小学	私立楚材小学	1930 年	湖广旅柳同乡会，原湖南会馆	校名取自“唯楚之材”，1946 年为纪念革命先烈黄兴，改名为克强小学。校址在今景行路
	私立回族小学	1932 年	马介甫（回族）	校址在今柳州市公园路
	私立中正小学	1941 年	广东旅柳同乡	校址原在今柳州市大南门中医院处，后迁至今国家机关幼儿园处
	私立黄花岗小学	1943 年	福建旅柳同乡会	为纪念黄花岗烈士而创，校址在柳州福建会馆（今柳州市柳州剧场处）
	私立文惠小学	1945 年	邓锡藩（福建人）联合地方士绅	校址在今柳州市东门街一巷 11 号
中学	私立中正中学	1941 年	第四战区长官张发奎（广东人）	校址在柳州粤东会馆（今东台路柳州高中处）
	私立豫章中学	1946 年	由江西会馆理事长龙伟生发动江西旅柳同乡会创办	校址在柳州文惠路江西会馆处（今柳州市群众艺术馆处）

资料来源：根据“《柳州市教育志》编纂委员会．柳州市教育志[M]．南宁：广西人民出版社，1993：24”资料整理编制。

使用车站，马平城新筑北大路（最初为“更新路”，又曾名“鼎新路”）联系火车北站和马平城。铁路开通使马平城旅馆业随兴起，当时大大小小的旅舍饭店分列在从火车北站直到北大路两旁，如北大路有皇宫旅店，附近的潭中路有巴拿马旅店，有市民在北门的文武巷小北路改造私人花园形成小型的花园旅馆。火车北站促进了柳州城北部用地新街道及旅馆业的生长。

（二）民国时期拆除城墙前后的街网生长

1917 年，广西督军陈炳焜出资，将沿东城墙外的小路改扩建成宽 4 米的三合土大马路——文惠路，以利商民，是柳州第一条大马路，由此开启了近代柳州城市街道空间系统的演变；随后，城墙北部修建了环城马路。1928 年马平城墙基本被完全拆除。由于北面城墙内外交通联系增多，由原清代北较场往西护城壕一带形成了几条较为繁华的新街道，如 1933 年扩建的映山街，而往东郊方向的，有 1933 年扩建的罗池路。1933 年还扩建城中东西向的主干路——庆云路（今中山路中段），对培新路北段进行拓长修筑，并开辟东大路。前述 1933 年的马路建设由当时驻柳州的国民革命军第四集团第七军军长廖磊督办（廖磊为 1933 年成立的柳州市政建设委员会负责人，另一军阀覃连芳任委员长）。另外，原文武巷接邻北面城墙脚，拆除城墙和北城门后逐渐演变为连接原城外北较场的小北路。

1934—1935 年先后拆除各城门时，又拓修和新辟了几条重要街道，如沙街，其余的还有：拆除正南门时，拓修了正南路（清代的福建街）；拆除西门前，先是扩修了柳荫街；拆除西门后，拓修了西大路（今中山路西段，东接庆云路）；拆除小南门时，拓修了小南路（清代的苏杭街）。

柳江南岸的街网，除了伍廷飏 1927—1929 年拓修的三条马路（谷埠路、鱼峰路、沿河大马路）外，1937 年将原来石板面的飞鹅路拓修为泥结碎石路。由太平墟发展而来的太平街也逐渐分化为中段、西段。

（三）旧街区的细化与归并

民国 15 年（1926 年），富商唐培初与其他绅士合资购买清代柳州府台衙门的地皮，民国 17 年（1928 年）大火后半城焚毁，唐培初便在该处划细地皮、逐间出卖。买主在通道两旁各自建房后，形成一条新街——取“培初”之“培”而成的“培新路”。[1] 随后各官办、合资、私营银行纷纷在此几百米的街道开店，最多时达十几家。这是商绅阶层遵循资本市场而促进城市道路细化发展的一例。

民国 17 年（1928 年）马平城内发生大火，明清城墙的西门、小南门也在这次火灾中损毁，原小手工业、小贩云集的香签街西端和挑水巷被焚毁。翌年，旧城改造扩建马路，取消了仁恩坊、香签街、挑水巷等旧街名，改为“兴仁街”（兴仁路）。[2]

三、民国 17 年火灾引发的城市改造

民国 17 年（1928 年）10 月 26 日柳江半岛发生了一场史无前例的大火，火灾“焚去全城三分之二”，“延烧民房铺房二千余间，焚毙男女二百余，伤者亦数百人，流离失所达二万有奇。”那日午时柳江北岸小南门外上沙街突然起火，火借风势很快烧毁流水沟、苏杭街、挑水巷、人字街、三角地、火神庙一带的房屋，随后向市中心蔓延。大火烧了 10 多个小时，总计 38 条街 2000 多间房屋被焚，烧死 200 余人，伤 300 多人，直接经济损失 3000 多万元（银毫），2 万多人流离失所。这是柳州城空前的大火灾，地方文史称其“火烧半边城”。

火灾的起因固然由个别店铺而起，然其蔓延的范围和受灾损失之所以波及半城，或在于以往能阻碍火势蔓延的城墙已被大部分拆除，而堆积的拆砖

[1] 黄太和．柳州“银行街”——立新路漫步 [Z]// 政协柳州市城中区委员会编．城中文史（第四辑）[Z]. 柳州：柳州文史资料内部刊物，1989：110-111.

[2] 覃宝峰．仁恩坊・香签街・兴仁路・曙光中路 [Z]// 柳州市地方志办公室主办．柳州古今（合订本）[Z]. 柳州：柳州市文史资料内部刊物，1989 年 12 月总第二期：33-37.

等材料又阻碍救火设施这些因素。因申升省会大规模拆除城墙取砖时，当局政府计划在拆除之处修筑环城马路。那时卸泥断砖堆积遍地，马路未及修建而阻碍救火。在1928年的《柳州市火灾难民向广西省政府请愿书》曾指出："……现在城已拆完，而所谓环城马路者，兴筑无期。惟有卸泥断砖堆积遍地。火起之时，各街消防之水车因此不能通过，一任火势燎原而已。倘筹备市政者稍顺舆情，暂留西南城垣勿拆，则有女墙可以避身，施救自易为力，决不至蔓延如此之广。历年沙街火患，均未殃及城内者，是其明证也。"

沙街、苏杭街、挑水巷、人字街、三角地、火神庙等受灾严重的一带基本为柳江半岛最早兴旺起来的商业区，受灾前在这儿自由发展起来的街道狭窄、房屋密集。火灾前为均衡柳江南北两岸的商业发展，当时主政柳州的伍廷飏曾劝迁北岸一部分商家到规划新区设铺，火灾之后，伍廷飏从旧区改建和迁移部分商铺（建筑）至新区两方面进行了火灾善后的建设工作。

旧区改建方面，在当时成立的"火灾善后建设办事处"商讨及马平县政府颁布的《灾区建筑取缔条例》、《整理灾区各街马路土地章程草案》指引下，柳江半岛旧城区进行了大刀阔斧的改建。前述《条例》与《草案》是马平城第一次对自由生长的街网形态进行自上而下的规划改造，其具体的改造要点有以下几方面：①将存在火灾危险的行业店铺（如打铁铺、爆竹店、煤油栈等）迁出商民混用地，至冷水湾内的上步桥左岸一带，形成独立营业区；②已遭受火灾的街道今后禁止搭建纯粹木料建筑的房屋，拆除贮存木料的木屋以消除隐患；③劝说居民组织消防队，自备救火器具，在门口放置太平桶以备救火，同时拟定消防队组织及火灾预备、救护办法；④重新测量、订立灾区内的学院街、斜阳巷、木桥街等街道的马路线，修建马路。对沿街铺屋立面、平面的形式进行重新规范，责令畸零、横斜不正者改正方向，互为割让；⑤对贴近改建、新建马路两旁横巷的巷口铺屋，责令其将铺口改向马路方向。为吸取教训，对灾区外的城区建筑，利用修建马路对地段旧屋拆迁之机，依照颁布的《取缔柳州建筑章程》规定，对新建、临建房屋的建造间距、屋面材料进行规定，如沿马路建筑的立面后退街边界 20 英尺（1 英尺≈ 0.3 米），屋背为板壁而彼此邻接者，间距至少保持 20 英尺，屋顶天面禁用树皮、木板等易燃材料。[1]

迁移部分商铺、建筑至新区方面，考虑到柳江南岸正在规划新区，如新建的鱼峰路两旁及沿河马路南边建筑的新房屋，正好可以接纳受灾商民，恢复商场。这些新建道路在规划初期即根据广西省颁布的收用土地办法：凡在该两路旁 120 英尺以内之地，均一律收用以利建筑，并根据章程对所征土地按地价给发资金以弥补征用损失。原来的立鱼峰马路宽不足一

[1] 沈培光，黄粲兮．伍廷飏传 [M]. 北京：大众文艺出版社：2007，6：137-139.

丈，路旁房屋参差不齐，建成后的鱼峰路全长653.75米，宽32米，其中车行道22米，马路两旁筑成统一式样的骑楼样式，骑楼下的人行道4米，商店80间。马路中间筑长形花圃，两旁为汽车道。北岸受灾商民起初不肯南迁至鱼峰路，经伍廷飏与地方士绅的努力，部分同意了南迁的安排。另一条接纳城北受灾商民的现代马路——沿河马路（今驾鹤路）与前述鱼峰路同时筹划兴筑，沿河马路由谷埠街口至东面驾鹤山脚止。曾是柳州至宾州的驿道，原为宽1米许的石板路。马路途经三天一墟的集市：榕树脚、猪仔行、鸡鸭行、太平墟等。一些乡民恐修建马路会致使原来的墟市不存，曾在修路初始发出抵制。1930年该路全线修成，道路宽30米，车行道宽22米，碎石路面。沿路两侧商铺为骑楼形式，骑楼下的人行道4米宽。其善后改建实质上是重新规划、整合了柳州城的大部分街道、市政系统。

第二节　居中的近代马平城市空间轴线

一、开放街网形态带动原明清城市中心西移

明清城墙被大部分拆除后，城内街网出现了若干个连接城北环城马路的街口（图5-2-1）：原先城墙内外仅通过城门联系的内外街网，突破城东、北、西南的城墙断垣处形成东西部较为均衡的城内外交通流线格局，促进原明清偏东的城市中心西移［如附图7 民国38年（1949年）柳州市区图所示］。

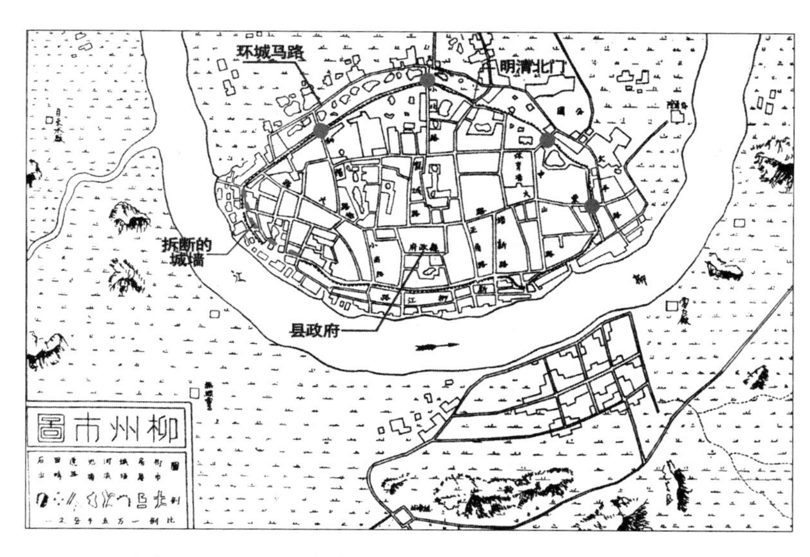

图5-2-1　1935年柳州城的开放街网形态示意图

（资料来源：根据“柳州市图”改绘。柳州市城市建设志编纂委员会.柳州历史地图集[Z].南宁：广西美术出版社，2006）

二、新公建促进道台塘为轴的东西对称格局

民国以来，柳州城内工商业、平码行（经纪行）、银行业以及金融业不断发展，这些行业主要集中在原道台塘（即民国马平县政府）附近的一带街网内（如附图8民国初期柳州城区图中的城中公共建筑、附图9抗战期间柳州城中部的公共建筑所示）。

第三节　民国时期马平城道路系统的整修与扩展

一、道路的拓宽、修直与材料的加固

柳州城内外道路随着建筑材料和施工技术的进步，逐渐由泥路、石板路改为新中国成立前的三合土、四合土、混凝土、碎砖等材料筑成。清代以前，邑民日常行走为主的路面，大多分布在内城，石板路面，如构成明清时期主轴十字街的南北干路“北门大街—大南门内街”一线，民国前为3米宽的石板路，民国24年（1935年）拓宽为12.19米，改为泥结碎石路面。如与前述南北街相交的东西向干道，民国前宽约3米，青石板路面，民国时其西、中、东三段均被拓宽为20米，改为水泥混凝土路面。在汽车盛行后，柳南新区大马路的宽度在20—30米，如民国16年（1927年）伍廷飏主持修筑的鱼峰路宽30米，分车行道和人行道两部分，初为碎石路面，后改为四合土。民国18年（1929年）拓宽的谷埠路，明清以来就是柳南谷米豆类的交易区，被修整为宽12米的泥结碎石路面，两边为带4米宽人行道的骑楼。

二、古代驿道向城市道路的转化

经过民国时期的整修，很多出城驿道因材料的改进而得到拓宽和修整线形，宽度为5～9米。如民国16年(1927年)，连接北门内大街的北向陆路，由清末时的黄泥小道(柳雒公路)改为宽7米的泥土路面。民国15年(1926年)，宽7米的柳长公路，后改修为连接火车北站的北大路，为土路；民国15年（1926年），由柳邕驿道改筑的柳邕路，修成宽9米的土路；民国35年（1946年)，由原通往桂林的柳南驿道改筑的屏山路，宽5米，碎石路面。

三、柳江桥促进的城市空间南拓

柳江南岸被大规模开发之前，固守江北的马平就集中了广西重要的军政机构及其府院官邸，一直为各项军事行动的重点打击对象；再因清代人

口与商业的空前繁荣，封闭的城市空间形态已不能满足人口、经济的发展；尤其在动荡的战争中，柳江更严重阻碍战时的某些军事行动及民众日常的避难要求，架设连通两岸的桥梁成为必要。以桥梁取代码头渡口联系柳江南北，是柳州城市空间大规模向南延伸的关键，并由此加快其城市空间格局的近代转型（图 5-3-1）。

图5-3-1　民国柳州浮桥
（资料来源：2007 年 2 月展板资料）

最初架设的桥梁为浮桥。清顺治时南明军队和李自成抵柳时曾为军需短暂搭建过江浮桥。1922 年 5 月，旧桂系军阀林俊廷部队驻柳州，曾强抢木商的木排架设浮桥。桥南端在河南码头（今江滨公园码头），北端在柳江路码头（培新路口码头），这次搭建虽出于军用，老百姓也可留下过桥费得以过江。7 月，林军开赴南宁，木商收回木排后浮桥不复存在。1929 年，江岸南北的市民增多，柳江又架起了竹排桥沟通两岸日常的生产和生活。轻便的竹排桥不胜密集人流，江水湍急时常被洪水冲垮，一经水灾则被中断使用。

“七・七”事变后，北方大批难民入柳，柳江南北两岸商旅集中，城市人口骤增。竹排桥已不能胜任以下要求：如军队往返频繁，军需物资调运增多，需密集通行疏散到南岸岩洞的避难民众等。加强浮桥的建设成为当务之急。1939 年 1 月 9 日，柳州防空指挥部为让柳江北岸的居民疏散到南岸的山岩中，以躲避日军飞机的空袭，因此征借木商的木排，在原浮桥旧址上架设浮桥。为使柳江航道客、货运通畅，前述浮桥每日零时至二时需拆断让航，待航船经过后复合拢。虽然浮桥的架设时有断续，对促进柳江两岸的流通发展却起到非常重要的作用。

铁桥的兴建是在 1939 年，桥址在现柳江铁桥上游 3.5 公里处，为“桂林－柳州”段铁路的过江简便铁桥。该处柳江宽度 600 多米，河水涨落 20 米，桥墩多且高。原拟建 50 米钢桥 12 座，水中桥墩 11 个，因当时无法得到大量的钢铁水泥，桥梁工程人员变更计划，从各路拆下的材料中选择能用者做支架，每隔两个支架建一底部较宽的钢塔，共 5 座，架桥梁 12 座，高出水面使之行车，这或是世界桥梁史上的独创。工程在日机狂轰滥炸中赶筑而成，1940 年底建成，翌年一月通车，1944 年沦陷前被毁。

民国 26 年（1937 年），还开辟了谷埠码头至华丰湾口为汽车轮渡码头。

第四节　柳江东南岸方向拓展：工农实业新区的设立

民国时期工农实业的建设是促进柳州城市物质空间形态转型的内在动力。民初柳州自发形成的民营企业因资金及用地权限的限制，大多集中在明清马平旧城内部，而由新桂系主导的工农实业建设则主要集中在城外区域，为避免军事打击、保全实业成果而呈疏散式发展。柳州东部的窑埠、东南部的鸡喇一带是蒋桂战争爆发前后，新桂系着重发展的工农实业新区，而这一系列建设，与新桂系东南籍将领伍廷飏关系密切。

一、伍廷飏与新桂系及其柳州城市建设成就

伍廷飏（1893 — 1950 年），字展空，广西东南部容县人。曾任国民革命军师长、广西省政府代主席、主席及广西、湖北、浙江等省建设厅厅长、国民党第一届全国代表大会代表等职。伍廷飏是新桂系在柳庆地区的第一任军事首脑以及行政长官，1926 年在其执政柳庆伊始，他首先在三个月时间内彻底平定柳庆全境的土匪、强寇，随即致力于柳庆地区工农实业的建立。期间在柳州建立的工农实业及工农业生产区的成果尤其丰硕。

伍廷飏早年出身于李宗仁的军队。在新桂系最初的李宗仁、黄绍竑、白崇禧三位核心人物里，与伍廷飏关系非同一般的是其同乡、广西陆军小学堂学友黄绍竑（黄绍竑、伍廷飏在新桂系中的地位参见附录的附图 14）。新桂系后期以李宗仁、白崇禧、黄旭初为新的核心人物，黄旭初与伍廷飏也存同乡之谊，感情深厚。伍廷飏在柳州开展的一系列城市近代化活动，无不体现新桂系所制定的经济建设的方针与精神，这或得益于其与上述三位核心人物的紧密关系，也使其成为新桂系集团中在经济建设方面最具实践、探索精神与成果的实干者。以下是伍廷飏在柳州经济建设中主要进行的工作：一是从区域交通、城市道路、城市公共建筑等方面大力推进柳州城市建设，促进柳州从早期封闭、对立的城郭关系，向开放、融合的近代城市空间格局转型；二是积极设置农林实验区，倡办工厂实业，使柳州一度成为民国时期广西的工业中心；三是大力号召垦殖移民，实践并探索“乡村建设”在柳州的可行性。

广西省从民国 16 年（1927 年）起由军政时期转入训政时期。1926 年 7 月 1 日至 11 日，伍廷飏主持召开柳江各属行政会议，商议如何建设柳州。该会议以表决的方式讨论通过了《整顿柳江各县团务案》、《柳江各属平民工艺场案》、《柳江各县推行社会教育案》、《筹备柳江农林试验场案》、《筹筑柳江各属公路及架设公用长途电话案》等多项议案。通过的这些议案对

指导后续进行的经济、文教建设具有前瞻性与指导性作用，伍廷飏而后开展的一系列相关活动也以此作为行动目标。

直至抗战前、中期，伍廷飏在柳州的建设活动大体可划分为两个阶段：第一个阶段（1925—1931 年），伍氏致力于柳州的区域交通，城区的改扩建、新建，以及建设多项城市公共建筑、工农实业。其中改建活动集中在马平城内外及柳江南岸附近，新建的城区和工农实业集中在原马平县柳江南岸西南隅，即唐代至清雍正时期传统的土著人聚居区。伍氏在柳州西南方向用地的成功扩展，直接驱动力来源于其主持建设的广西腹地公路网的形成与刺激，并对柳江北岸商业金融的发展存在积极有效的促进。此后，这里逐渐发展成西南交通枢纽和现代柳州城的工业区；第二阶段（1931—1935 年）伍氏全力投入到新桂系的第一个“乡村建设”实践活动，即地处柳城县与柳州县之间的沙塘垦殖水利试办区（后文称“试办区”）。试办区在选址、规模、运作机制、资金来源等方面皆依托柳州业已形成的区域交通、通信、行政、金融条件以及地理优势，与柳州城存在一定的“辅—主”关系，对现代柳州城在西北方向的城市用地扩展具有非常重要的开拓意义。

二、柳江农林试验场与柳庆垦荒局

1926 年 9 月成立的柳江农林试验场，选址在柳江南岸大龙潭附近，紧靠柳石公路，距城 10 里，距柳江河南岸鸡喇段约 3 公里。建场伊始有山林水域占地面积 3333.33 公顷，是柳州最早的农业科学研究机构（图 5-4-1）。试验场从事的建设有：①开垦（试验、土地）。开垦的地段有莲花山、观音岩、大龙潭、新坡凹、立竹峰、鸡窝垌、羊角山等。②筑堤造湖。对大龙潭附近数十亩水田洼地进行围堰造湖。后该试验场并入广西实业院，仍继续湖堤的建设。其湖水与大龙潭相通，既能灌溉农田，又可养鱼，营造景观。至 1927 年 9 月其场内有水田旱地 3988 亩，另还开辟了一二百亩的道路、房屋建筑及部分农业科研试验仪器设施等（图 5-4-2）。

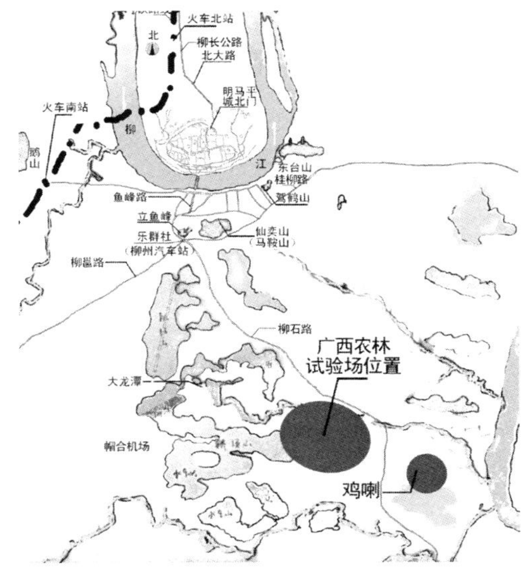

图5-4-1　柳江（广西）农林试验场及鸡喇的位置示意图

（资料来源：作者自绘）

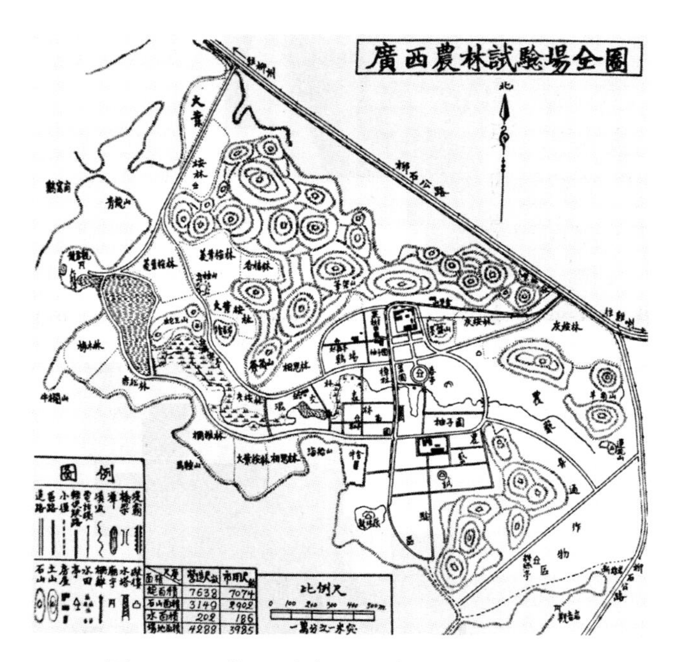

图5-4-2　柳江（广西）农林试验场全图

（资料来源：柳州市地方志．柳州历史地图集 [Z]. 南宁：广西美术出版社，2006，10：76）

柳庆垦荒局是新桂系大力实行垦殖政策之后最早成立的两家垦荒局之一。垦荒局的业务共有七项：调查荒地、发放荒地、创办模范农村及市场、移民垦殖、开办林场、清理逆产匪产、创办平民义学。柳庆垦荒局在1927—1932 年的建设期间，在柳州共取得若干方面的工作成果：①在柳州共批准发放官荒土地 10269 亩，开发了马平城近郊窑埠乡盘古庙附近的荒山坡地，在马平城郊三门江、里雍一带植桐建立桐油生产；②成立的柳州林场造林木 5.8 万株，在荒山野岭、前述广西新建的若干条干线公路两旁种植行道树；③建造沙塘农村改造示范点（柳庆垦荒局是该示范点的前身，该示范点在蒋桂战争后实施，后文详述），沙塘新农村在制好图纸的规划指导下，安置垦民 10 户，每户拨给耕地 50 亩；④在沙塘开办平民学校及阅览室，教育村民（蒋桂战争后实施）。

三、因柳申升省会建立的工业及工业区

广西当局对桂柳邕梧四城市的发展曾各有设想：将梧州拓展为面向广东的商贸、交通门户，为商业区；将南宁打造为政治区；发掘桂林风景优美的资源，使之成为文化、旅游的重点，为文化区；而柳州，则成为工业、交通的中心，为工业区。[1] 在黄绍竑主政期间，整个广西财政十分拮据，

[1]　杜重远．精神振奋 [Z] // 柳州市志地方志办公室．民国柳州纪闻 [Z]. 香港：香港新世纪国际金融文化出版社，2001，9：17.

总共兴办了近代工业企业16户，其中设在柳州的就有9户，[1]可见黄、伍二人对柳州工业建设之重视。

工农实业的选址主要集中在柳江下游段南岸，即柳州城东南隅，随着柳州区域交通网络骨架的建立，柳江南岸不但拥有柳江平原这片广阔的建设用地，水陆交通也非常便利，1925~1926年间，伍廷飏在柳州主持修建的公路长度居全省之冠：抗战前、中期这一段时间建成的四条公路穿柳而过，水路电船、汽船等航运工具的改进促使柳江南片区在货运、客运皆有了长足发展。为了给新省会打好产业基础，柳州大力兴办的实业有：广西实业院（设在羊角山大龙潭）、柳州机械厂和广西（柳州）酒精厂（皆设在鸡喇）、柳州砖厂（设在红庙）、柳州士敏土（水泥）厂（选址于柳州蟠龙山）。

其中柳州机械厂对柳州城东南部用地拓展的作用最为显著。柳州机械厂的选址定在柳江南岸龙泉山附近的鸡喇，其厂房占地95公顷，基地三面环山，一面傍水，在军事上进退有度，易守难攻。因建设工期短促，曾拆取柳州城墙西门至北门旧城墙的火砖20万块作为一部分建筑材料。次年2月建成投产，建有两个工场、一座三层综合办公楼、一栋二层宿舍楼和数间教室。生产区由“木工部、翻砂部、打铁部、机械部、电机部”5个部分组成。[2]规模宏大的柳州机械厂的建立也带动了一批配套工业及基础设施的产生；如为了便于起运梧州、广州来的水路货物，鸡喇码头专门铺设了一条轻便铁道，直达柳州城中心的振柳码头；龙泉山附近的龙潭相应配套建筑了一座小型水力发电站，供电给机械厂。柳州机械厂几乎成为当时的“广西重工业中心”，其资本相当于广西其余32家机械修理小厂总和的3倍，堪称独一无二的巨人，在全国也不多见。对城市建设区的发展与推动也很显著：短短一年间，原为荒山丘陵的场址及其附近，已是楼房矗立，通续电力及电话、车马穿行（图5-4-3、图5-4-4）。

四、抗战时期工业企业对工业区的充实

抗战时期沦陷区大批工厂的迁入给广西工业注入了新鲜的血液。1937年后，中原内迁工业、湘赣商人创办的现代性生产企业、粤港商人迁柳开办的工厂等，这三个方面的工业充实，使柳州的工业地位明显提高，呈直追梧州之势。在此期间继续在柳州发展的若干工业企业见表5-4-1。根据中国第二历史档案馆资料，抗战期间申请迁柳的工厂还有：1938年中国工商谊记橡胶厂、大隆铁工厂、苏伦纺织厂等。

[1] 沈培光，黄粲兮.伍廷飏传[M].北京：大众文艺出版社：2007，6：77，105，106.
[2] 沈培光，黄粲兮.伍廷飏传[M].北京：大众文艺出版社：2007，6：108.

图5-4-3　柳州机械厂（后更名航空机械厂）

（资料来源：柳州市城市建设志编纂委员会．柳州市城市建设志[Z]．北京：中国建筑工业出版社，1996：243）

图5-4-4　柳州机械厂近景

（资料来源：柳州市地方志编纂委员会．柳州市志（第一卷）[Z]．南宁：广西人民出版社，1998，8：545）

1932—1944年柳州设立（迁入）的工业企业一览表　　表5-4-1

建立（迁入）时间	企业名称	生产内容或历史渊源	厂址
1938年自汉口迁入	中华铁工厂	车（钻、刨、铣）床、抽水（碾米、轧花、鼓风、木工）机、发动（电）机、各种引擎和汽配件、柴油机等	鸡喇
1938年迁入	捷和钢铁厂柳州分厂	军用钢盔及工事用具、防毒面具，电讯器材和电灯电话线，其他的制造设备	—
1939年冬成立	广西机械厂	各式车（钻、铣）床，牛头刨床以及手摇双筒气（水）泵、熔铁炉、榨蔗机、面条机	窑埠
1939年初成立	柳江机器厂	各式轻重机（刨）床和消毒蒸馏机、榨糖机、铁路手推平车、抽水机、手摇水泵、打米机等	羊角山凉棚隘
1938年自汉口迁入	日华电焊厂	—	—
1932年设立	建华翻胎厂	湖南衡山人戴士先创立，主营柳州市的翻新轮胎	—
1937年由梧州疏散而来	广成兴机械厂	粤商创办，后更名为工联电焊厂，生产民用机械，修理私营汽车配件、轮船发动机	—
1939年春	广州肥皂厂天成枧厂	粤商创办，生产日用洗涤用品	谷埠路
抗战后创办	玻璃厂两家	粤商创办，生产玻璃缸、酒瓶、糖缸	—

资料来源：根据“广西省政府建设厅统计室．广西经济建设手册[Z]．广西省政府建设厅统计室编印，1947：54-61”；“郑舒嘉．对《柳宗元·柳州》一些史料的辩证[Z]//政协柳州市柳北区委员会．柳北文史[Z]．柳州：柳州市文史资料内部刊物：1996年（第13辑）：107-122”；“吴宏．柳州市水轮机厂的前身[Z]//政协柳州市鱼峰区委员会．鱼峰文史（第八辑）[Z]．柳州：柳州文史资料内部刊物”；“韦建章．柳州橡胶工业发展概况[Z]．和唐天禄．解放前柳州工业概况[Z]//政协柳州市柳北区委员会．柳州文史资料（第三辑）[Z]．柳州：柳州文史资料内部刊物，1984：183-189”整理制表。

第五节　南向跨江延伸：申省目的驱动的新区建设

一、柳州申省的建设活动及其成果

前文所述的柳州区域交通建设，为伍廷飏申升省会的建设内容之一，具体到他在柳州城内外的建设活动，主要有工农实业建设与城市公共建筑、公共交通设施的建设几方面。

（一）广西省物产展览会与柳州城南拓

1927 年 11 月，广西省政府第 44 次委员会作出决议，定于 1929 年 9 月 15 日至 10 月 5 日在柳州举办全省物产展览会。举办广西省物产展览会的目的，一是为拓展实验研究人员的眼界。二是了解市场产品需求与优劣，制定经营方针。三是开发实业、吸引投资。四是通过对参展产业的认识，更好划分国营、民营的领域范围。五是为随后迁省柳州做好基础设施和城建设施的准备。伍廷飏被任命为物产展览会筹备处主任。筹备处成立后，即着手挑选工匠，准备各种材料，建造展览馆；同时邀请国内外的资本家、实业家、经济家、教育家和一般热心的同胞多多寄出产物品，以备陈列。拟陈列的产品有农、林、牧、渔、桑、矿、纺织、机械、化学、电器、手工、美术、教育、商业、交通、卫生、标本等 17 个门类。1928 年 3 月，广西省政府正式批准物产展览会筹备处呈报计划，同意工程总预算为 80 万元毫币。4 月初，物产展览会筹备处开始征用柳江西南岸的云头岭至大龙岭以及牛圩坪、毛家园一带土地（图 5-5-1）。

在建设物产展览馆的同时，还要达到改善柳州城区面貌、逐步实现将省会迁移柳州的目标。因此柳江西南岸规划了面积十倍于江北旧城的新城区：工业区、商业区、行政区等功能分区列设其中，在河流走向和主导风向等重要城规因素的影响之下布局建设，方案如图 5-5-1 所示，其道路网采用“方格网 + 放射斜线”式系统，该图纸缺乏比例尺，与柳江河面宽度对比，可得其道路系数比较大。该方案规划之初，即考虑到现代交通工具汽车在城市中的发展趋势，对比济南近代城市规

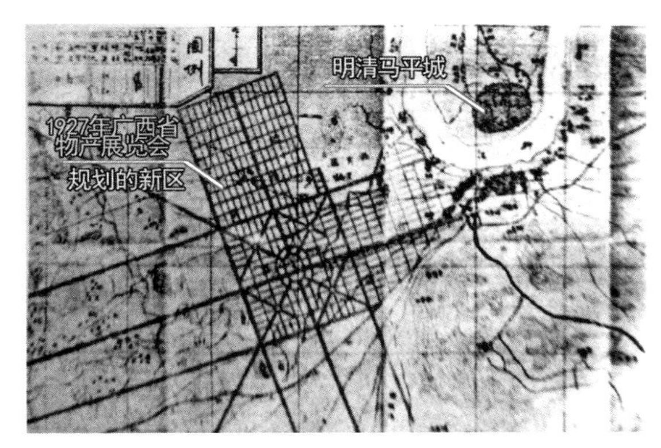

图5-5-1　1927年广西省物产展览会所发起的新街市方案

（资料来源：柳州市地方志．柳州历史地图集 [Z]．南宁：广西美术出版社，2006，10：76）

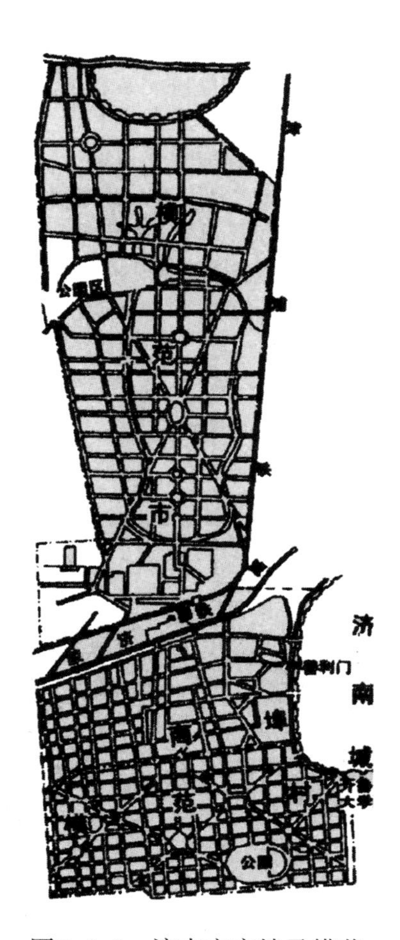

图5–5–2　济南市商埠及模范市村计划略图（1932年）

[资料来源：李百浩，王西波．济南近代城市规划历史研究 [J]. 城市规划汇刊，2003 年第 2 期（总第 144 期）：53]

划 1931 年方案（图 5-5-2），其道路系统也是"方格网 + 放射斜线"式，可见柳州近代城市的规划活动与中国其他城市一样深受西方现代规划思潮的影响。1927 年，伍廷飏主持修建宽达 32 米的鱼峰路，中间为花圃，两侧为骑楼式商铺及人行道，竣工后成为广西第一条现代化的城市马路。东大马路（今文笔路）、沿河马路（今驾鹤路）、正南路等相继开辟，沿路开设商铺。记者陈畸在他的文章中说："……路面两边铺户记录差不多在一百五十尺，比之我们在上海看到的南京路或四川路，在香港看到的九龙弥敦道或太子道，还要宽阔许多……"[1]。

（二）广西省物展会的展区规划方案

1. 建设场地及其房屋、工程。整个会展区的建设场地为椭圆形，东西宽 1800 余尺，南北长 2300 余尺。会展区内由九幢建筑组成，展区外还配旅馆及公园（表 5-5-1）。

2. 马路。在会展区内修建大小马路共 5 条，长约 10 里，最宽的 268 尺，最窄的 30 尺。路的两旁种植树木，安设电灯。其中位于展区东面和南面各有两条宽 268 尺的大马路，东路的北端接柳江新码头——振柳码头，云头岭为中续，南至鱼峰山，总长 1 万尺。南路连接柳庆公路，长约 4700 尺。

3. 码头桥梁。两座新建码头增加了会展区的运力：振柳码头在柳江南岸，长 40 尺，宽 100 尺，配以起重机；另一座为鸡喇码头，为鸡喇地区新建工业区的货运缩短水路运程。

4. 铺设轻便铁路。规划新建两条轻便铁路：一条连接振柳码头和会展区，轨道两旁为会展区的东马路（行车）及其人行道；一条连接鸡喇码头和振柳码头。而由鸡喇至大龙岭的轻便铁路于 1928 年动工，1929 年因时局等原

[1]　陈畸．柳州印象 [Z]// / 柳州市志地方志办公室．民国柳州纪闻 [Z]. 香港：香港新世纪国际金融文化出版社，2001，9：123.

1928年广西省物产展览会的规划场地及相关建筑　　表5-5-1

<table>
<tr><th colspan="2">建筑／工程 名称</th><th>数量</th><th>预算</th><th colspan="2">建筑风格及特点／（展区中的）位置</th></tr>
<tr><td colspan="2">省政府办公大楼</td><td>1</td><td>30万毫币</td><td colspan="2">3层高，200余井，钢筋混凝土建造，西式风格</td></tr>
<tr><td colspan="2" rowspan="2">省图书馆
省博物馆</td><td>1</td><td rowspan="3">24万毫币</td><td rowspan="3">8幢建筑,共450余井,分布于场地周围</td><td rowspan="2">仿中国古代宫殿的形式，红墙绿瓦</td></tr>
<tr><td>1</td></tr>
<tr><td colspan="2">各厅、局办公楼</td><td>6</td><td>西式建筑</td></tr>
<tr><td colspan="2">新式旅馆</td><td>1</td><td>10万毫币</td><td>展区外立鱼峰附近</td><td>可容500人投宿，以作省府职员住所</td></tr>
<tr><td rowspan="3">公园</td><td>露天演讲场</td><td>1</td><td rowspan="3">—</td><td colspan="2" rowspan="3">公园在展区外东南面，占地30余亩，其中的露天演讲场可容5万人</td></tr>
<tr><td>音乐亭</td><td>2</td></tr>
<tr><td>传音台</td><td>1</td></tr>
</table>

资料来源：根据“沈培光，黄粲兮．伍廷飏传[M].北京：大众文艺出版社：2007，6：111”资料整理制表。

因停建，复工后1933年3月通车，终点改在河南街。连接位于新建工业区鸡喇码头的这一条轻便铁路，大大提高了工业区与市区的运输效率。

另建有两条轻便铁路支线：西北位置的一条经东大马路、沿河马路至柳州砖厂；另一条通向帽合山国民革命军一师师部。

5. 植树。对会场周边及人行道植以绿树。广西实业院负责培育花卉精品，供展览会场装饰。

（三）因柳州申升省会建成的城建工程

以柳州申升省会为目的而因之策动的广西省物产展览会原定于1929年10月完成全部工程。然而除了已建成的部分工程外，在建的部分在1929年上半年，因新桂系卷入以蒋介石为主的“武汉事件”（武汉事变），戛然而止。为此，黄绍竑、白崇禧、伍廷飏等带兵参战，随即再卷入1929—1930年的“蒋桂战争”，此次战争蒋介石以铲除新桂系为目的，发出“限（1929年）五月二十五日前占领柳州”令。战火随即跨越柳江，一直南至黄绍竑、伍廷飏于柳州的心血所在——柳江南岸的新工业区。公路、马路、工厂、建筑等在近万人的激战中被损毁。停战后随着黄绍竑去职，伍廷飏外出考察，广西省物产展览会乃至迁省柳州的所有实践与设想都被战争中断了。表5-5-2是建成的部分城建工程项目。

对比表5-5-2与“广西省物产展览会”规划设想可以发现，已建成的城建工程以基础设施为主，未完成的以房屋建筑工程为主。前述已建成的基础设施数量不多但足以改变整个柳州城的陈旧面貌，如记者陈畸有记：“这里的马路是仿照广州式样建造的。人行道上面是骑楼，是多雨潮湿的南国特有风味。粗看起来，有点像置身广州之感。……柳州旧城在江之北岸，

民国时期因柳州申升省会建成的城建工程　　表5-5-2

建筑 / 工程 名称		长度（数量）	特点 / 位置
马路	东大马路	—	1928年11月26日修成贯通，今名文笔路，牛圩坪－大龙岭（今火车东站），牛圩坪因修路由云头岭竹园迁至拉堡圩
	鱼峰路	653.75米	1930年12月建成，曾名“展空路”，柳江南岸毛家园（今柳江大桥南）—立鱼峰山脚北面的牛圩坪
	沿河马路	—	1930年建成，谷埠街口—驾鹤山脚
码头	振柳码头	1个	柳江河南岸
	鸡喇码头	1个	柳江南岸西南隅鸡喇村一带
轻便铁路		1条	鸡喇码头—柳江南岸的河南街
桥梁		1座	柳江南岸西南隅竹鹅乡的竹鹅溪桥

资料来源：根据“沈培光，黄粲兮．伍廷飏传[M]．北京：大众文艺出版社，2007，6：115-140”资料整理制表。

城垣已经拆除了改成马路，重要商业还在旧城。对面是省政府规划建设新都市的地方；汽车站、电台、电报局、法院、飞机场、航空学校都在那边。有名的鱼峰山旁都是划定而尚未建筑的大马路……”“一个旅行者到了柳州之后，……就必定可看到这里正在进行的市区建设，范围极广而规模也颇不小。那些正在开辟建筑的马路，合起来至少也当有十里那么长，路面差不多都是五十尺宽的。”“柳州的马路比之梧州还要广阔。……对河圩的河南路和鱼峰路，因为是在空旷的圩场上面建筑起来的，所以更特别的宽阔，路面两旁铺户距离差不多有一百五十尺，假如有四辆大型的长途汽车在并排地走着，也不见得会相互撞着的。”[1]

二、南岸交通枢纽促进城市空间轴线南延

以马鞍山为中心开辟天马公园，又因天马公园与柳州浮桥搭建的位置存在一定的对景关系（图5-5-3），在城市意象上具备“路径”与“节点”这些元素的性质。附近马路还“从广西农事试验场购进各种花卉200余盆，移植各种树苗500余株，并修筑鱼峰路通往天马公园的马路”。公园开辟后，每年三月三日，柳州青年男女都到鱼峰山下赶歌圩，鱼峰公园成为近现代对山歌的公共场所。而天马公园因马鞍山山势高亢，视野开阔，登高望远，马平旧城和柳江南岸新区都被尽收眼底。由于20世纪20年代后期柳州河南一带的开发建设（图5-5-4），人口猛增而公共空间甚少，1933年，河南岸立鱼峰及周边小龙潭、壮族歌仙刘三姐像等名胜增辟为鱼峰公园。

[1] 陈畸．柳州印象[Z]// / 柳州市志地方志办公室．民国柳州纪闻[Z]．香港：香港新世纪国际金融文化出版社，2001，9：125.

图5-5-3 柳州浮桥与马鞍山（仙奕山）

（资料来源：柳州市地方志编纂委员会．柳州市志（第一卷）[Z]．南宁：广西人民出版社，1998：插图页）

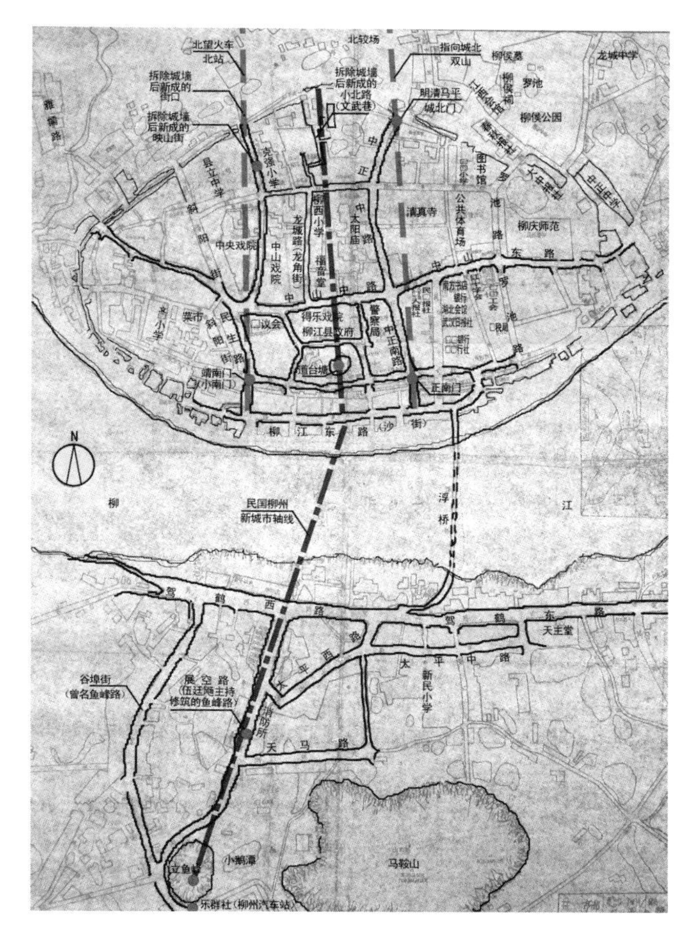

图5-5-4 柳州近代城市空间轴线分析图——新中国成立前城市轴线的西移与南拓

（资料来源：根据“曾绿庄．柳州市区图[Z]．大中报社，1949年11月修订”等地图改绘）

第六节 向北拓展：沙塘的“乡村建设”

一、新桂系与柳州“乡村建设”

20 世纪二三十年代，在中国掀起了一场声势浩大的乡村建设运动。其中梁漱溟、晏阳初的乡村建设理论与实践是民国时期最有代表性的两大派别。“乡村建设”一词曾存在很多提法，直到 1931 年梁漱溟创办山东乡村建设研究院后，才正式固定下来。乡村建设的内容十分广泛，“一切努力于乡村改进事业，或解决农民问题的，都可宽泛浑括地称之曰‘乡村运动’或‘农民运动’——类如乡村自治运动、乡村教育运动、乡村自卫运动、农业改良运动、农民合作运动、农佃减租运动等皆是。”[1] 可见，乡村建设流派纷呈，侧重点各有不同，如晏阳初认为：“乡村建设是整个新社会结构的建设，并非是头痛医头、脚痛医脚的事，而是从根本上谋整个的建设事业。所有文化、教育、农业、经济、自卫等各方面工作都是互联贯的，是由整个的乡建目的下分出来的。各方面工作的发展，合起来就是整个乡建事业的发展。”[2]

“乡村建设”运动大兴之日，正值 1930 年前后桂系在中原大战中再尝败绩以及蒋桂战争硝烟渐散之时。1931 年，伍廷飏在“蒋桂战争”失败后去职，外出考察国内外农村建设，1932 年初他对广西农村问题形成了一些想法，如树立“中国必须以农立国、广西必须以农立省”的信念。此时新桂系已形成了“李宗仁、白崇禧、黄旭初”这三人的新核心集团，黄旭初担任广西省主席。蒋桂战争促使新桂系提出了“建设广西、复兴中国”的口号，以及“三自”、“三寓”政策，并制定《广西施政方针及进行计划》，采取军事、经济、文化教育等一系列措施，从而强化自身经济实力，确保军事上的实力和统治的稳定。伍廷飏“以农立省”的想法与当时新桂系必须依赖农村经济发展的现实相吻合。伍廷飏的一系列主张与措施得到了“李、白、黄”政府在资金和政治等多方面的肯定与支持：1932 年中，经广西省政府决议，从省政府拨出 10 万元开办费，再从广西银行借给 10 万元，共计 20 万元，在柳城县沙塘建立广西垦殖水利试办区，开发柳州到沙埔一带荒山荒地，作为全省垦殖示范区。伍廷飏任试办区主任。这个垦殖示范区，用伍廷飏在其挂牌当日的话说，就“一是建设新农村，二是改造旧农村”。

[1] 梁漱溟．梁漱溟全集（第 5 卷）[M]. 济南：山东人民出版社，2005：30.
[2] 宋恩荣．晏阳初全集（第 1 卷）[M]. 长沙：湖南教育出版社，1989：565.

1932 年 9 月 26 日，广西省政府发布训令，划定柳州、柳城两县区域为政治实验区，并聘伍廷飏为该区筹备处主任；1934 年 7 月，广西垦殖水利试办区经过两年的运行与探索，改称为广西经济委员会农村建设试办区，伍廷飏任经济委员兼试办区主任。从其后续进行的实践活动与前述行政名称上发生的变更分析，这应是新桂系进行“乡村建设”性质的活动。

1932 年中成立的柳州沙塘垦殖水利试办区在两年后改称为广西经济委员会农村建设试办区。新桂系组建这一政治实验区的原因，在于广西农村经济在外来经济侵略日甚一日的威胁下几近崩溃。作为试办区主任的伍廷飏为此组织人员研究了一套“广西农村建设试办区村政计划”，对广西新农村的组织、治安、卫生、财政整理、交通、生产、经济组织、教育、习俗积弊改革等，作了全面、全新的设计。这一小型社会运行系统的形成，正是伍廷飏多方吸收“乡建派”，如梁漱溟、晏阳初、杨开道、邹序儒等人的思想、建议、经验之后制定的。

二、柳州沙塘“乡村建设”活动的位置

柳州沙塘垦殖水利试办区的前身为柳庆垦荒局，位置在柳城县西南、柳州县北（图 5-6-1）。东起柳州、雒容、柳城三县交界的洛垢，南至柳州县黄村头，西接柳州县属下的落满，北界沙埔。用地规模宏大，其南北距 71 里（1 里 =500 米），东西距 68 里，面积共 2500 余平方里。这一带不但有几十万亩荒山荒地可供农民开垦，还有丰富的水资源可开发利用。如此选址的原因，还在于伍廷飏看重此处的便利交通：两条公路（柳州－三江公路、柳州－东泉公路）交会于此，柳江从西南、东南、西北三面绕流，水陆两方面交通极其顺达。沙塘区总办事处设在柳三路旁的沙塘村，这个办事处南距柳州城 30 里，东距洛垢 30 里，东北距东泉 35 里，北距沙埔 45 里，西北距柳城 30 里。

从 1932 年中成立至 1934 年上半年，试办区经历了草创、调查摸底、资金借贷试行、移民等几个初步运行的阶段。直至 1934 年中，改称“广西经济委员会农村建设试办区”以后，伍廷飏对广西经济委员会农村建设试办区进行了制度上的改进和细化，各方面设置及配套基本完备，日常运行逐渐稳定。试办区形成生产建设组、经济组织组、村政组、教育组（后改为乡村教育筹备处）四大组织机构，一起推进整个垦区的社会运行。

三、沙塘试办区内的村落城堡

试办区为实现“三自”，实行了半军事化的日常生活管理，其垦民的衣食住行也呈整齐划一的形态。在居住村落上，伍廷飏与专家们研讨，先在各垦区设立表证村，其意在树立新农村的表率，以期日后逐步推广。村

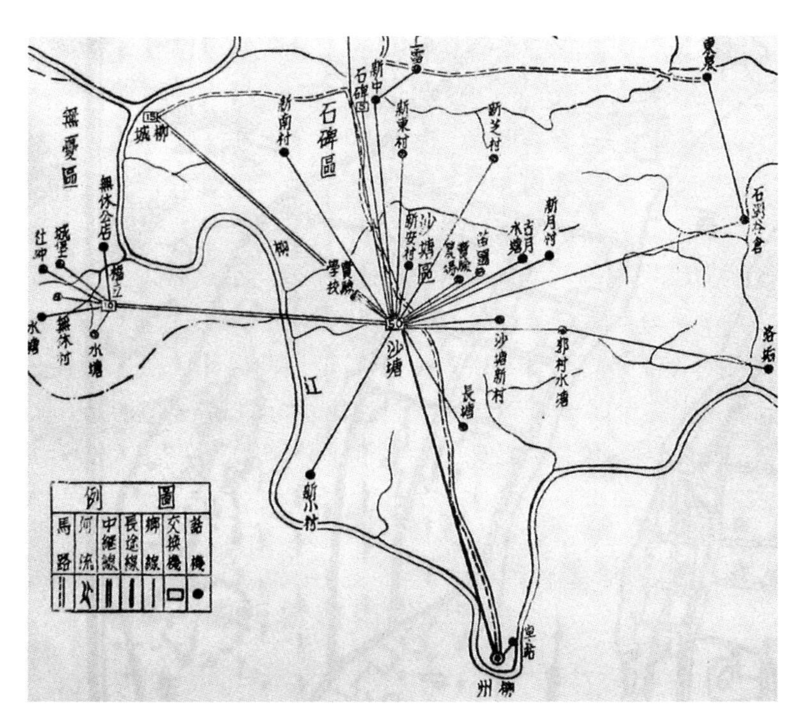

图5-6-1　柳州沙塘垦殖试办区的位置及其设施（电话通信线路）布置

（资料来源：柳州市地方志编纂.柳州历史地图集[Z].南宁：广西美术出版社，2006，10：78）

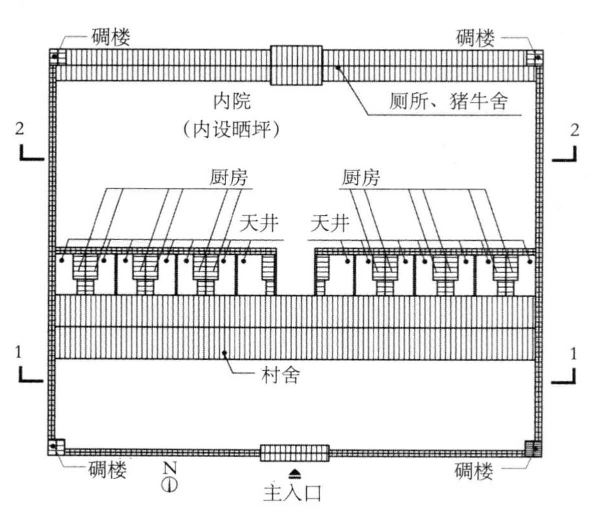

图5-6-2　柳州沙塘试办区城堡建筑的平面想象复原图

（资料来源：根据《伍廷飏传》及柳州地方文史专家考察沙塘农垦区的照片分析绘制）

里垦民宿舍按统一的设计图建筑而成，各个垦区略有不同，同一个垦区里的房舍是一样的。基本为：大围墙里整齐划一的两层楼为农舍，楼舍后为厨房，沿围墙边砌造牛圈，围墙四角修筑高出房舍的碉楼（图 5-6-2），以便管理瞭望和防范土匪。这些垦民的房屋用片石砌基础，泥砖砌墙，青瓦顶，分上下两层。一般分前后两排，前住人，后为牛舍猪圈，一排大房的长度有长有短，分住几户到十几户人家不等。

以距沙塘两公里许的新村为例，村里有村公所一座，村舍一排。这一排村舍有 15 间房（图 5-6-3），中间为楼梯间，有供行人出入的正门，正门左右两旁各有房7间，每间一厅四房，后面连接天井厨房（图5-6-4）。村舍后面的厕所、猪牛舍也是一排15间的开间，村舍与猪牛圈两幢建筑的山墙各连以石垣，形成两排房舍之间的内院，内院间设晒坪。试办区总办事处、各垦区办事处、仓库、金库、加工厂等一大批建筑在村落里的大围墙里相继建成。垦区建筑墙体材料大多为夯土砖，不耐雨水冲刷，至今毁圮严重，整个城堡已不存原完整格局时的墙垣。

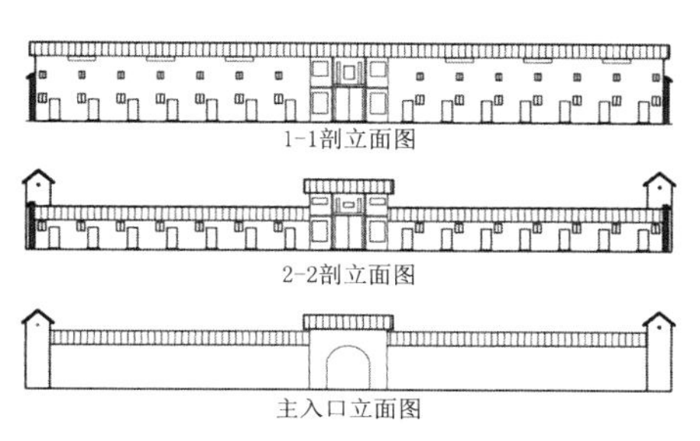

图5-6-3　柳州沙塘试办区城堡建筑的想象复原图

（资料来源：根据《伍廷飏传》及柳州地方文史专家考察沙塘农垦区的照片分析绘制）

图5-6-4　柳州沙塘试办区城堡内村舍中的天井

（资料来源：柳州地方文史专家[沈培光、陈铁生、戴义开等]考察沙塘农垦区的照片资料）

四、沙塘"乡村建设"实践的历史成就与评价

新桂系对沙塘试办区的实践活动相当肯定，1934年柳州沙塘垦殖水利试办区改称为"广西经济委员会农村建设试办区"，标志着新桂系拟将该试办区的实践经验推广至全省范围。1934年1月—1935年7月，广西农村建设试办区的探索以及成就吸引了国内一批媒体报人、考察团等社会人士的关注，如上海《大晚报》的报人钱九威、《生活周刊》的杜重远、《申报》的立斋、《新闻报》的钱华、广州《三民主义月刊》等记者及媒体皆记文报道，肯定沙塘试办区的探索与实践。如"……三四年前这里还是一个盗匪出没的荒凉世界；近两年来由于伍展空先生的苦心经营，居然有马路、有洋楼、有农场、有苗圃……绿荫缤纷，阡陌纵横……"[1]。天津《大公报》对广西农村建设的评论是："农村复兴，可算是近年中国的时髦口号，然而真正深入民间，唤起民众，从而组织之者，广西要算效率最佳的了。这因为在别省或仅由学者鼓吹，或者只得局部实验，唯独广西，合军政两署的努力，在自卫、自治、自给三位一体的口号之下，训练民团，编制村甲，依政治的力量，硬把农村建设起来。我旅行所经，看见许多乡村，辟有乡村公路，

[1]　雨林．新广西的乌托邦——垦殖水利试办区[Z]//柳州市志地方志办公室．民国柳州纪闻[Z]．香港：香港新世纪国际金融文化出版社，2001，9：37.

设有公共苗园，整洁而肃穆，是为改革力量达到下层的表征。”[1]

“三自”以孙中山的“三民”为思想依托，无论对其宣传效果还是在理论架构上皆更为成熟与完善。1935年7月，中国工程师学会广西考察团先后考察了沙塘的糖厂、油厂、蔗厂、桐林等方面的建设，对这里的农村建设实践与探索给予高度的评价，伍廷飏因而被该考察团称为“农村建设者之领袖”。

通过试办区的组织形式，运用低息贷款、农仓、公店、分配荒山荒地到户等经济手段，使农民在上述物质条件下，通过劳作自食其力并有剩余产出。同时开展的文化教育，一方面提高了民众的农业生产技能，另一方面着力增加其文化水平。试办区的粮食、蔗糖、淀粉等作物除去不可抗的天灾因素，均有相当可观的收成与收入，而最可观的还在于万亩荒山荒地的开垦，大大增加了农业生产用地。这也是试办区最终能生存下来的根本原因。从此意义上说，伍廷飏的“乡村建设”实践基本上是成功的。作为民国蓬勃发展的“乡村建设”活动之中的一股潮流，伍廷飏为首的新桂系新农村实践与梁漱溟、晏阳初等人领导的乡建活动存有一定的异同之处。

相同之处在于：一是这两者产生、中断的社会、历史背景是相同的，都是在帝国主义侵略和半封建剥削之下产生的，因为日本全面侵华战争而中断。都缺乏足够的时间段来演变并验证其实践过程和推广价值。二是从形式上都设置了较全面的农村社会运行制度，从教育、经济、社会服务等方面全面地改良农村社会。从设想层面上看，其出发点拥有一定的合理性。三是从实践效果上看，桂系与梁、晏等乡建派这两者都不可避免地陷入改良主义的共同归途——即推广的可能性微弱。两者最根本的区别在于对农民土地占有方式以及经济对农业扶持的态度。梁、晏等人的乡村建设不能解决农民的土地问题，晏阳初直接把土地问题的解决推给中央政府，梁漱溟则认为：“土地分配不均，是从土地私有制来的流弊，私有土地的结果就难免不均”。要想根本免于不均，只有土地全归公。然而土地的公有或私有，不是单讲道理就可决定其应当如何的；亦不是一句话说办就可以办得到的。[2] 他们“以承认现存的社会政治机构为先决条件，对于阻碍中国农村以致阻碍整个中国社会发展的帝国主义和封建残余势力之统治是秋毫无犯的”[3]，从这个方面上看，伍廷飏领导的桂系农村建设比梁、晏二人的有着更彻底的农民土地和农民经济政策，而其实践时首先从土地和农用资金

[1]（民国）大公报（天津版）[N].1935年2月29日.

[2] 梁漱溟.梁漱溟全集（第2卷）[M].济南：山东人民出版社，2005:530-531.

[3] 孙冶方.为什么要批评乡村改良主义工作[J].中国农村，第2卷（第5期），1936年//张森.梁漱溟、晏阳初乡村建设理论与实践之比较[D].西安：西北大学硕士学位论文，2008，6：36.

着手，再逐渐配以文化和一定程度的民主建设，这也与梁、晏二人首先提倡文化建设的出发点有着很大不同。

桂系之所以能直接根除土地与资金对农村建设的障碍，源于其军政合一的执政特点、直接引进大量外来移民以及试办区内实行封闭的半军事化管理等因素作为实践的前提。因而其实践价值被有些记者称为“乌托邦”，正如中华职业教育社农学团国内农村考察团记者向尚评：“在试办区的中心地点或新村旧村比较适中的地点，他们都已建起或准备建起一幢宽宏高大的楼房，把所有乡村内各种事业的计划实施保存都集中在里面，全盘统制起来。……他们准备一切都由这里出发都集中到这里。我们认为这是项经济而合乎理想的办法，但是能否拿它推行到其他的农村，在这举国大闹破产的穷乡村里,又有谁能花几万元来建筑这样一个合乎理想的东西？”[1]新桂系迫于蒋桂矛盾的压力及自身的军事利益，花费巨资与巨大人力来组织这样的农村建设，以半军事化管理的方式在短时间内高效地构筑了12个村（表5-6-1），2000多村民的新生活，这在温和、民主渐进的社会改革派眼里，是不可思议的。

至1948年因伍廷飏“乡村建设”的实践所形成的村落一览表　　表5-6-1

垦区名称	沙塘垦区						石碑坪垦区			无忧垦区			合计
村落名	沙塘新村	永安村	六合村	新丹村	新芝村	新小村	新中村	新东村	新南村	无忧村	福立村	城堡村	12村
垦民户数	30	4	3	9	12	12	36	22	25	32	44	22	251户
垦民原迁地	主要迁自岑溪县						主要迁自北流县			1948年共800人，其中32人为土著，503人为容县移民，其余为平南、岑溪、广东移民			—

注：本表数据或与1933年广西垦殖试办区招募垦民初期的数据略有出入。因垦区生活条件艰苦、土客冲突、生病死亡、垦民不遵守纪律（赌博）等原因，曾陆续有人退垦或迁入，试办区垦民的数量一直处于变动状态。

资料来源：根据“广西农村建设试办区概况[Z]// 广西省政府建设厅编．建设汇刊[J]. 第1期，1937年8月”；“沈培光，黄粲兮．伍廷飏传[M]. 北京：大众文艺出版社，2007.6”，“里予．萌芽中的新农村——参观广西省无忧集体示范农场记（续）[Z]// 广西日报（桂林版）[N].1948年7月18日”等资料的数据整理编制。

[1] 向尚．沙塘农村建设试办区[Z]// 柳州市志地方志办公室．民国柳州纪闻[Z]. 香港：香港新世纪国际金融文化出版社，2001，9：60.

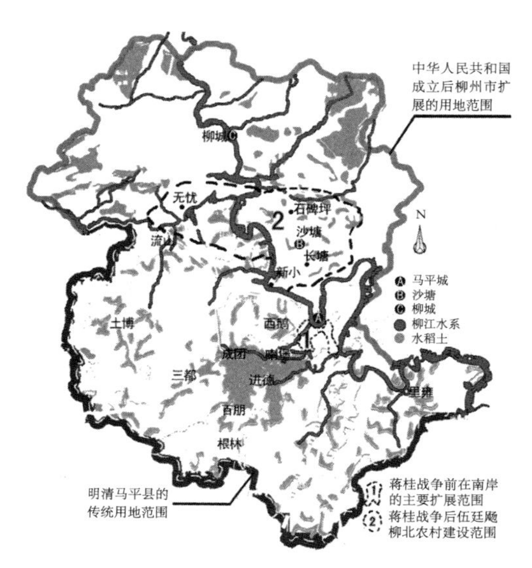

图5-6-5　柳州城市用地新中国成立前后的不同范围示意图

（资料来源：根据《柳州市土壤分布图》绘制。柳州市地方志编纂委员会 . 柳州市志（第一卷）[Z]. 南宁：广西人民出版社，1998，8：插图页）

从聚落规划来讨论试办区，如村落建设点与饮用水源之间若存在就近选址的关系，或许更有利于试办区生活的稳定与持续发展。而试办区村落创建伊始，虽然规划建设了居住的村舍，但村舍建筑的布置、排列形式基本为行列式，忽视了其内部存在的社会交往与社会生活，同时也忽略了几百人聚居的村落，如若缺少相关的卫生、社会活动等公共服务设施，也会面临瘟疫等不良因素对人口的折损。从这一角度上说，桂系的新农村建设还难说成功。

从城市发展看，沙塘试办区的建设对柳州城的形态发展有着积极拓展的作用。首先，试办区选址在“柳三”公路两侧，其两三千人的居住规模，以及财经、生活资料等方面对柳州城的依赖，文化教育方面曾经对柳州城的吸引，这些因素促使明清以来封闭的柳州城在北面的建设用地开始沿柳三公路呈指状发展（图 5-6-5），向北开放延伸：直至新中国成立前，因新桂系沙塘“乡村建设”实践形成的村落达到 12 个。其次，其半军事化的生活管理与民团活动，对附近盗匪起到一定的打击作用，有利于稳定柳州城至沙塘一带的旧村治安，这里的民居、民村也渐趋稳定与稠密。再次，这几千汉民落籍柳州之后，与当地土著共同生活，经过不断繁衍、适应，为柳州当地的民族关系、人文形态的改变也起到非常重要的作用。如 2006 年，一批在世的新中村、新南村垦民接受柳州地方志文史专家采访时表示，他们在此已繁衍几代，成为当地人。

第七节　近代柳州“山城水”空间格局的完善

一、柳江南北两岸的城市意象与景观空间轴线

柳州“山城水”格局得以延续发展，存在一定的客观因素：马平城四周的山不惟景观之用，早在元明时期，即有鹅山、马鹿山、驾鹤山、立鱼峰

作为烽火瞭望之用途的说法。自清代乾隆年间迁来的移民及其后代中，仍传有“东台山、马鞍山、鹅山、鹊山四山在历代都为建有警报敌情的烽火台”这样的说法[1]。而唐代被柳州邑民尊祀的刘贲（与柳宗元并祀的刘贤良），在《柳州府志》记载其贬谪柳州：“大和间任司户参军，掌军防、烽驿”等职。这说明，自唐代起，柳州附近的峰丛，还具有军事监控的功能。在历次特大洪水困城时期，驾鹤山、蟠龙山、马鹿山、马鞍山、城墙顶等还是灾民躲避水浸的高地；若逢战乱，前述诸山岩洞遍布，还是战时军民防空和逃命的躲匿处所。在江南岸新区兴建的有柳州汽车总站、柳州火车站以及鱼峰路、沿河马路以及东大马路的沿街骑楼商铺等建立了柳江南岸的街区骨架。立鱼峰山脚下的柳州汽车站，在日后整个柳江南岸的城市空间形态发展中有着非常重要的意义：即将柳州旧城市中轴线向南延伸至马鞍山、鱼峰山脚一带（图 5-7-1）。在延伸的这一段城市空间轴线节点中，具有巨大聚集作用的柳州汽车站是其最显著的焦点，由于其在选址上依托鱼峰山的地标作用，同时又处于新马路鱼峰路的南端，并具有供人流集散的站前广场，柳州汽车站在城市形象上几乎成为柳州的“南大门”。根据近代游记分析，其文章记载的民国柳州城市意象，多以 U 形凸岸与立鱼峰、乐群社的形象出现（表 5-7-1）。可见民国时期柳州的“山城水”空间格局的主轴已由清代马鞍山一线转移到立鱼峰。

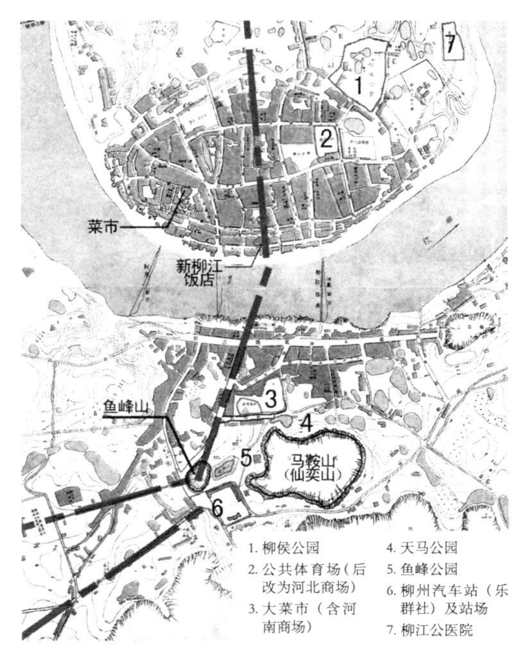

图5-7-1　中华人民共和国成立前后柳州开放城市空间的分布

（资料来源：根据“柳州市人民政府．柳州市街图 [Z]. 国华书局华风书店，一九五〇年十二月初版”等地图改绘）

近代游记所显示的柳州山水城市意象　　表5-7-1

作者	时间	篇名	所载的山水胜地
（日）森岳阳（日本驻华总领事随行人员）	1931.9.6	柳州游记（P4—14）	城郊很多石灰岩山，到处奇峰奇岩，越近柳州就越近此等山；罗池庙、柳侯祠、慕柳文“游记”所述的鱼峰山（军用、游览用）尽览江绕城北；文笔山（甑山）、驾鹤山

[1]　刘文．柳州古城文化 [Z]. 北京：作家出版社，2006，2：36.

续表

作者	时间	篇名	所载的山水胜地
五五旅行团（伍朝枢等广东政府组织）	1932.5.9	桂游半月记（P5—14）	立鱼峰；夜宴柳江酒家，崇楼五层，颇壮观，旧府治所在；未得往柳侯祠及柳文所记诸胜，深为遗憾
杜重远（报人、革命家）	1932.8	精神振奋（P17）	参观柳侯祠、柳墓及河南新工业区，看见街道整齐、建筑维新
卢湘父（广东基督教青年会广西旅行团员）	1933.8	桂游鸿雪（P20—23）	柳州车站（原拟下榻新柳江饭店，后住车站饭店）；首游立鱼峰，再游柳州城（马平城）里的罗池庙（公园？）、柳侯祠、韩愈为之书写的碑；农林场、飞机场、酒精厂、鸡喇山
《广西一览》赖彦于主编	1936	柳州名胜（P26）	柳州风景名胜，最著者为柳侯公园及立鱼峰，其余如柳侯祠、柳宗元墓、韩诗苏字柳侯碑、柑子堂等
田曙岚（民族研究者）	1933.10	柳州旅行记（P28—36）	一再提及“U”形的柳州城市形象；对立鱼峰、天马山、文笔山、鹅山、罗池、东台山、驾鹤山、龙壁山、蟠龙山、柳侯祠、柑子堂、柳宗元墓、刘贤良墓等做先后介绍
立斋（《申报》报人）	1934.5	建设中之柳州与桂林（P41—47）	据廖（磊）军长语记者云，柳州各种改革，虽为广西之经济现状所限，恒有力与愿违之感，但附近周围五十里内之荒地，则已于近两年间开垦殆尽，民十九（七）大火后之市面萧条，亦逐渐恢复旧观。十三日上午游柳侯公园及柳侯祠。后参观广西机械厂、酒精厂、垦殖试办区
郑健庐（中华职业教育社）	1934.3	西南旅行杂记（P48—52）	广西航空处、广西机械厂、广西酒精厂、广西农林试验场、立鱼峰、柳侯公园，尽览柳江环绕之美及柳州旧城街道
邵元冲（革命家）	1936.11	邵元冲日记（P121）	寓乐群社，游柳侯祠、柳宗元墓，赏三绝碑
娄立斋	1936	柳州见闻（P114）	“柳州的风景也很秀丽，最著名的叫做立鱼峰”。还游览了柳侯公园、柳侯祠、柳宗元墓、柑香亭
潘文安	1936.3	粤桂印象（P119—120）	下榻乐群社，社对天马、立鱼两峰。……首游立鱼峰，“此峰为柳州最有名之山，柳子厚甚称之”。后游广西农事试验场，再游柳侯公园、柳侯祠、柳宗元墓
陆诒（报人、新闻学者）	1935.8	经柳州而达桂林（P103—105）	城内柳侯祠、思柳亭等。第二日游览立鱼峰，山顶所见“柳州全城，历历在望，柳江横贯如带，远山环伺”。后又游沙塘试办区

续表

作者	时间	篇名	所载的山水胜地
钱华	1935.8	南游印象记（P106）	游览了柳侯公园、柳侯祠、柳宗元墓、柑香亭、立鱼峰。在鱼峰山“峰前有巨洞名立鱼岩，现辟为公园，增建楼阁，登峰遥望，柳州全城，历历在目”。城南近江有天马山，高出群山之上，下有杨文广洞，俗名马鞍山，城北有将台，旧传宋狄青征侬智高时所筑，以深夜都未往游，深为遗憾。另参观了沙塘试办区等处
向尚（中华职业教育社）	1934.3	西南旅行杂记（P52—57）	柳州有名胜两处，一为城内柳侯公园，一为河南车站附近的立鱼峰。（作者只游览了立鱼峰）由峰顶向北望，柳州整个城市都在眼底下。……初到柳州者实不可不好好看一番
梁文威	1935.12	广西视察记（P79—85）	去了柳州“唯一”的公园柳侯公园，游览的柳侯祠、柳宗元墓、韩文苏字柳碑，慕鱼峰山名而未暇游览，后又参观了垦殖水利试办区
卢青云		陕豫苏浙闽桂粤七省游记（P97）	柳侯公园、韩昌黎碑，柳州城之“吴起鼓楼”、“石牌楼”尚存，“将台”、“张翀墓”、“立鱼峰”皆为世人所艳称
谢国桢（历史学者）	1935.8	柳州纪游（P98—99）	游览了柳侯公园、柑香亭、立鱼峰，后又游农林试验场和航空试验场
《民国柳州日报》记者	1935.8	在广西所见到听到的（P101—103）	游览了柳侯公园、柳侯祠、柳宗元墓，后再参观广西酒精厂

资料来源：根据“柳州市志地方志办公室．民国柳州文献集成（第二集）[Z]. 北京：京华出版社，2006年12月版”；“柳州市志地方志办公室．民国柳州纪闻[Z]. 香港：香港新世纪国际金融文化出版社，2001年9月”整理编制。

二、南岸新城市核心：公共建筑＋商业街网＋新型公园

民国时期柳江南岸新增了以立鱼峰为中心的鱼峰公园、以马鞍山为中心的天马公园。在这两座山麓附近，还形成了南岸最为重要的公共建筑群和商业街网。公共建筑群有柳州乐群社（原柳州汽车总站）、法院、柳州公路管理局、柳州汽车总站、消防所、邮电所、华丰湾汽车渡口、火车南站、航空学校等。其中，柳州乐群社在当时具有重要的社会、政治功能（第六章第二节详述）。而以鱼峰路、谷埠路、太平街为主的柳江南岸商业街网，正是以柳州乐群社和前述两个公园为重心而发散生长的新城市核心地区。

鱼峰路、谷埠路、太平街是民国时期柳江南岸最重要的商业街网，除这三条主要的大街外，还衍生大量的内街与内巷，各内街巷与其主要大街一样，进驻了大量商业店铺（表5-7-2）。

民国时期柳州柳江南岸重要的商业街网一览表　　表5-7-2

<table>
<tr><th colspan="3">街道名</th><th>街道主要行业</th><th>主要公共建筑、商铺</th></tr>
<tr><td colspan="3">鱼峰路</td><td>汽车维修、打气、补胎等服务业行业</td><td>书店、戏院、汽车站、银行、邮电局、电报局、旅社、赌场等</td></tr>
<tr><td rowspan="3">谷埠街</td><td colspan="2">上街：街南部至鱼峰山</td><td rowspan="3">谷米油、农副土产品贸易；后扩大到收购木材、糖、烟、杂料、药材、牛皮、土特产品等</td><td rowspan="3">零售米店156家，专营收购谷米的收囤商70余家；下街有木材铺20余家，大同巷有木材铺10余家；棺材铺9家</td></tr>
<tr><td colspan="2">中街：东二巷部分至西闸巷上步桥等</td></tr>
<tr><td colspan="2">下街：街北部河边巷、驾鹤西路、飞鹅二路和东二巷部分组成</td></tr>
<tr><td rowspan="4">太平街</td><td colspan="2">坪亭</td><td>鸡鸭行在驾鹤路西南附近，生猪、猪仔行则皆在鸡鸭行以北，牛行在立鱼峰北麓的空坪</td><td rowspan="4">粉面食品、小百货、纸张文具、故衣新衣、布匹、豆、米、糖、草席、猪牛肉、干鲜蔬菜、火笼、竹壳帽、烟丝、香烛摊铺；耍猴的、耍狗熊的、踩软索的、放西洋镜的杂耍艺人；小食摊</td></tr>
<tr><td rowspan="3">圩中正街</td><td>西街</td><td>车仔行，制造牛车和配件</td></tr>
<tr><td>中街</td><td>烟行、米行、茶叶的集散地</td></tr>
<tr><td>东街</td><td>棺材、烟行和故衣行</td></tr>
</table>

资料来源：根据《伍廷飏传》、“肖杰明．那时鱼峰路‘广西第一’[N]．柳州晚报，2010-10-17第17版”、“维文．谷埠变迁[OL]// 中国人民政治协商会议柳南区委员会文史资料编辑组．柳南文史资料（第九辑）[Z]．政协柳州市柳南区委员会文史资料编委会出版，1997年11月：柳州市图书馆网，http://www.lzlib.gov.cn/html/200908/5/20090805173403.html”、“地方史话·旧街掌故[OL]．柳州市政府网，http://www.liuzhou.gov.cn/ztlm/ljzt/200907/t20090730_171106.htm，2009-07-30”资料整理制表。

鱼峰路：在民国17年（1928年）底筹建，约第二年完工。因其采用骑楼设计（图5-7-2），适应南方炎热气候的同时，还有效融合了商业街道中行人与店铺的关系，很快显示出商业的聚集效应并带动附近的街道如驾鹤路的商业发展。至民国21年（1932年）前后，城市各行业、公共建筑、商铺纷纷进

图5-7-2　20世纪50年代的鱼峰路

（资料来源：沈培光，黄粲兮．伍廷飏传[M]．北京：大众文艺出版社，2007，6：5）

驻其两侧门面。

谷埠街：民国 15 年（1926 年），作为申省建设修路的一部分，伍廷飏将谷埠下街河边巷一带房屋拆除，修建河南大街、河南大码头和鱼峰路，将谷埠与太平墟（对河圩）连接起来，以拓展交通运输能力。民国 18 年（1929 年），由美国“爵力公司”承建，扩宽街道，将西巷闸等闸门拆掉，全路铺设混凝土路面，街道两旁建起骑楼。民国 26 年（1937 年），汽车轮渡码头建成，由谷埠下街至南站兴建飞鹅路，交通方便，促进谷埠街商业繁荣，成为南岸主要的商业街，当时有一种说法：“洋杂、平码（经纪）在沙街；布匹、苏杭（绸缎）在小南（小南路），土杂、谷油在谷埠。”柳州西南交通枢纽地位形成后，铁路、公路修通，南岸交通条件优越，促使谷埠街的门面铺位多达 260 多间。

太平街：晚清时在太平墟的基础上形成的太平街，有坪亭和圩中正街。其中坪亭有三十个，每亭约为 9 平方米，砖柱瓦面，檐高八尺许。1935 年圩中正街始分为太平东街、太平中街和太平西街。

第八节　抗战后柳州的城市规划活动

1938 年 7 月柳州已经经常遭受日机轰炸，城市发展几乎停顿，战时避难人口的聚集短暂地促使了日用品及相关生活用品的小手工业制造的发展。1944 年 11 月柳州在抗战中沦陷，原来进行的各项经济建设旋即停顿。战争对城市的摧残是巨大的，在国民政府和驻柳美国空军撤出柳州前，大部分重要的交通设施被炸毁，湘桂铁路的柳江大桥就是其中之一。抗战中后期，美国飞虎队在柳州西南隅帽合一带的郊区设立了空军基地，日军因此在占领柳州前多次轰炸这座城市。由于战争的残酷性，美国爆破队由桂林撤往贵州独山过程（其中也包括撤离柳州）时“照章办事地破坏了许多中国人自己并没有实行‘焦土政策’的建筑物。我听说几乎柳州全市都被美国人烧毁了”。[1] 1945 年 8 月战败的日军撤出柳州时，也纵火烧毁南北两岸房屋 38431 间，抢去牛马猪等畜生 94167 头。其实行的焦土政策使原来繁茂的柳州中心城区沦为废墟：“市中心一度是有声有色，熙熙攘攘，现在则是一片寂静的废墟，只有十来所房子还有屋顶。”[2] 战争对城市的破坏可参见附图 10：1945 年夏日军撤退柳州城所焚烧的城区范围示意图。直至

[1]（美）格兰姆·贝克．一个美国人看旧中国 [M]. 朱启明，赵叔翼译．北京：三联书店，1987，11：556，624.

[2]（美）格兰姆·贝克．一个美国人看旧中国 [M]. 朱启明，赵叔翼译．北京：三联书店，1987，11：556，624.

中华人民共和国成立前，伍廷飏主持的近代柳州城建设，不仅在一定程度上整合了马平城历史上自发生长的城市形态，还有效促进了其近代城市空间转型（附图 6 柳州市街图（1950 年））。抗战胜利后，国民政府先后拟定了两份城市规划方案，对柳州的城市建设进行恢复建设和规划整合，但因国民党政府发动内战，人民解放战争爆发而停止。

中国研究都市社会学主要代表人物之一的邱致中，在民国期间为柳州做过一份城市规划方案。民国 35 年（1946 年）春，受国民政府委托的邱致中以及当时的柳州市政工程处，分别为柳州的整个城市发展制定了两份城市规划方案：一份是邱致中主持设计的《大柳州‘计划经济’实验市建设计划草案》（后文简称“草案”），另一份是柳州市政工程处处长杨毓年、工务科长蒙宽贤等人编拟并绘制的规划方案《柳州市区初步计划图》（后文简称“初划图”），两份方案各有侧重点。

一、《大柳州“计划经济”实验市建设计划草案》

“大柳州计划案”充分体现了邱致中先生强调以社会公共政策为先导的都市规划理念，或为 20 世纪 30 年代上海社会学家在分支社会学研究中，所进行的一个实验方案。该计划案以光复后的柳州即将展开的工业化进程为前提，对现代城市运行牵涉到的各方面，如区域资源与交通、都市能源与经济、都市防洪与市政工程、都市与景观计划等作了详细分析与设计。其方案基本达到现代城市总体规划的设计深度，对城市土地功能的使用方面还附有图纸示意。邱致中编制该草案之前，进行了相当多的规划调查与踏勘，以及相关的现场访谈等调研工作，据说其多次登门拜访柳州九旬耆绅张幼程先生以了解情况。这份基于现状调查而制定的“大柳州计划案”，既是对未来规划期内的都市设想，也对当时柳州城市建设现状进行了一些功能性整合。如将伍廷飏开拓的鸡喇在“草案”中定位为重工业区；将柳江南岸沿河驾鹤路一带设为第二商业区；将马平县西南隅（即 1929 年伍廷飏欲建设广西省政府办公楼一带，其范围有所扩大）的鹅山附近设为柳州新的行政办公区。这份草案以规划方案的形式肯定了伍氏在柳州的早期建设成果。如果说新桂系以前，马平城市形态呈现“自下而上”的自由发展规律，那么，从伍廷飏以后，“马平”到“柳州”的城市职能、规模方面的转换，则拉开了其“自上而下”的发展序幕。“大柳州计划案”对建设现状无疑具有相当大的延续性与整合性，如“草案”提议在鸡喇设发电厂，在土地利用与城市发展等方面，其选址都比 1944 年在水南村驾鹤山东麓建成的电厂更具科学性与前瞻性，而对城市的防火防洪也落实到具体措施当中。这一方案更具系统与完整性，还表现其通过都市经济与能源、都市防洪与市政工程、都市景观规划与控制等多方面对柳州进行配套建设的梳理（图 5-8-1）。

“草案”总共分“计划前提”、“计划经济”、“计划都市”三部分。“计划前提”对柳州的区域地位、区域发展条件、城市性质及发展原则进行分析与阐述。确定柳州城市性质与职能为：“柳州为广西之几何中心、交通中心、力源中心、物产中心，乃至工商业中心；故拟以之作为发展工矿、农林、商务、交通、金融、水电等事务的策动基地，而着眼于本省千五百万民众物质生活之解决。”[1]对广西省所实施的“商务方针”，提出：“宜侧重计划推销计划生产物，计划运入工矿交通等事业所需各物资。并以公益市场及消费合作社方式，对一般民众及公教人员，实行配售产运之日用必需品，且次第扩充范围，以增益其福利；而逐渐办到以分配机构，代替交易机构，俾废除层层不合理之中间剥削制度。”[2] 以公益市场及合作社形式的运作体系，体现了邱致中等社会改良者对都市采取公共政策为导向的良好愿望。从其形式上，或与伍廷飏在沙塘“乡村建设”所实施的统一生产、统一分配有很大的相似之处，但付诸实践还需要一系列的前提条件，其是否可行，也因而具有很大的不确定性。该方案对当时影响柳州产业发展的河道航运、水渠河坝的设计与改善投入了相当多研究，提出：“从（所设拦河活动坝）上游右岸开渠引水至鸡拉（喇）水力发电厂坝址”，由此可“改善航运；因柳江开渠发电后，所有船只可不再绕行三门江一带而直达鸡拉（喇），计省艰险航程约三十六公里；此航程过去上行需三日，下行亦需一日，而载重量尤受限制。若改经渠道，即可节省三分之二以上之时间，同时渠道深度增加，载重亦可不受险滩之阻而能航行巨舶。”[3] 但方案仅是将此作为设计提议，并建议广西省政府根据财力对该设计量力而行；“计划经济”部分从工矿、农林、商业、交通、金融、水力、劳动、财政八方面分析其发展的历史、现状及未来；“计划都市”部分是整个草案中最直观的城市物

图5-8-1 “草案”中都市防洪、引水渠及发电厂的构思示意图
（资料来源：根据《1946年柳州市分区设计图》及“大柳州‘计划经济’实验市建设计划草案”文本说明绘制）

[1] （民国）邱致中．大柳州“计划经济”实验市建设计划草案 [Z]. 民国广西省政府文件（现国家图书馆藏），1946: 7-8.
[2] （民国）邱致中．大柳州“计划经济”实验市建设计划草案 [Z]. 民国广西省政府文件（现国家图书馆藏），1946: 7-8.
[3] （民国）邱致中．大柳州“计划经济”实验市建设计划草案 [Z]. 民国广西省政府文件（现国家图书馆藏），1946: 62-63，73-76.

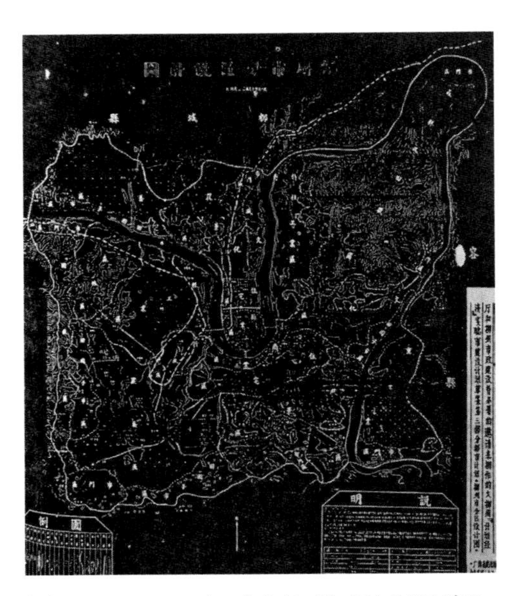

图5-8-2　1946年《大柳州“计划经济”实验市建设计划草案》设计图
（资料来源：柳州市图书馆地方文献部藏图）

质建设内容，分土地分区之使用、交通之布置、市政管线工程布置、经济建筑物、行政建筑物、文化建筑物、卫生建筑物、社会建筑物、丧葬场及屠宰场等九项子内容。

在“草案”的“土地分区之使用”中，邱致中采取了现代城市“居住、游憩、交通、工作”的四大功能分区理念，同时融合霍华德“田园城市”的思想，将柳江北岸半岛视为整个田园城市的核心部分，设置城市级别的公共建筑及公共服务设施，如提出“择第一商业区［即明清城墙内范围（图5-8-2）的核心部分］中适当一环状路作为邮政局、电报局、社会服务处婚姻指导所、职业介绍所、图书总馆、水陆空联运站、新生活俱乐部、社交堂市民馆、市卫生院、电化教育馆等类公共建筑物园，集中建设之。”[1]这个第一商业区利用柳江北岸“U”形弧线曲岸的圆心，形成核心城区“放射线＋环路”的道路系统，如“作一直径八十公尺之街心花园，其中建一八层圆锥形塔式钢骨水泥建筑物作为火警瞭望楼、标准钟、演说台以及供某种特殊用途。由街心花园街幅外，向东西南北放射宽三十五公尺之甲等干道主（柳州图书馆藏复印本将此处‘主’在旁侧纠正为‘各’，根据上下文意思，‘各’更为合理）一条，街道两旁房屋均各纵深四市丈，屋后火卷（或为“巷”更为准确）五市尺，而与放射路粗交之第一二三环，亦为甲等干道，……于第四环上再放宽二十八公尺之乙等干道四条，同时第四五六环亦各二十八公尺。于第七环上再放宽一十四公尺之丙种干道八条，而七八九环亦为丙种干道。于第十环上再倍放宽十八公尺之丁种干道十六条，而环亦随之，直至东抵旧省立医院。南抵旧柳江路，西抵旧自来水厂，北抵北较场为止。”[2]

在一些内部街区当中，星盘式道路系统也是其主要形式，如接近商业文化行政街区的住宅区，其“一律采用星盘式道路系统”。该星盘式道路

［1］（民国）邱致中．大柳州“计划经济”实验市建设计划草案[Z].民国广西省政府文件（现国家图书馆藏），1946：62-63，73-76.

［2］（民国）邱致中．大柳州“计划经济”实验市建设计划草案[Z].民国广西省政府文件（现国家图书馆藏），1946：62-63，73-76.

系统是在“一正方形土地中，作小中心花园，向四直角各放宽八公尺之小路一条，四边则筑宽十六公尺之较大路一条，将此方形地带分为四个钝角三角形，于各三角形中，视其面积之大小，而定单独住宅数之多寡。”该住宅区内配备托儿所、幼稚园、小学校、合作社、公益市场保甲办公处。这种在巴黎、罗马城市内重复采用的放射性道路，强调中心聚集的效果，在该草案中得到大力推崇。如在柳江北岸的第一商业区后的住宅区内部街道：“即可划成此种星盘道路系统，而成数十星盘总和之一大住宅区。其他文化行政诸区，则视附近住宅区之大小与需要，至少作一星盘乃至若干星盘道路。”[1]

马平县附郭周围被设为“田园子市区”的小镇市，参照《明日之都市(Modern City of Tomorrow)》里田园城市的做法，作为马平城的各卫星小城（图 5-8-3）分布在其东南西北方向，它们是：南面的小山、百朋；北面的洛满、流山；西面的水园、三都；东面的密松顶、生木铺。

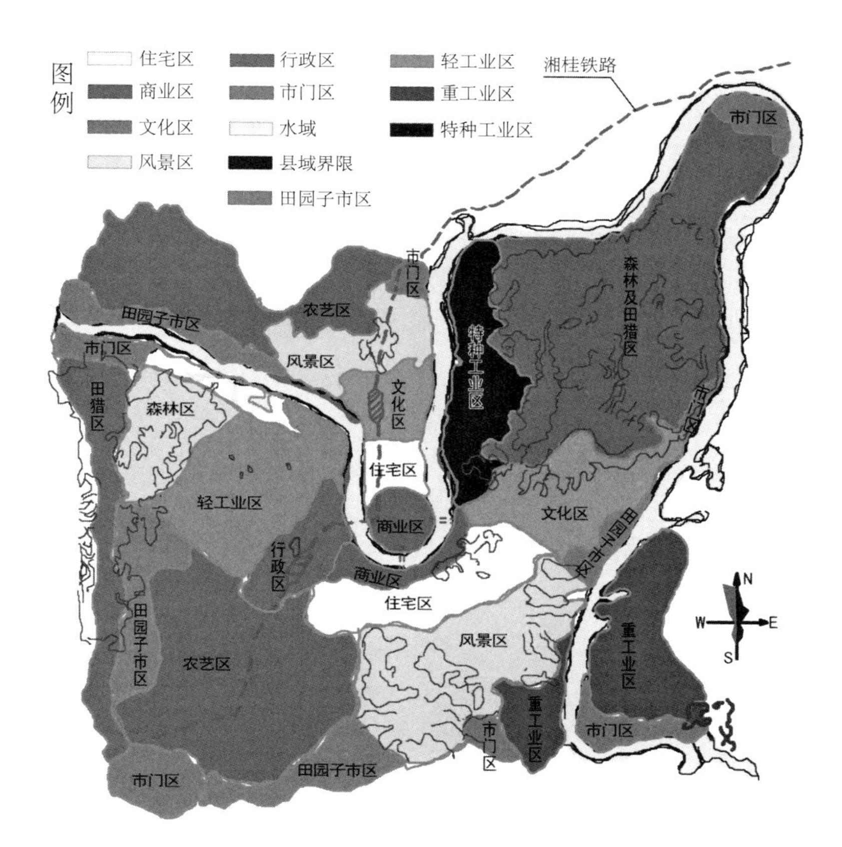

图5-8-3 “大柳州计划草案”中的用地控制性规划示意图

（资料来源：根据邱致中《1946 年柳州市分区设计图》改绘）

[1] （民国）邱致中．大柳州“计划经济”实验市建设计划草案 [Z]. 民国广西省政府文件（现国家图书馆藏），1946：62-63，73-76.

针对柳州山水格局的景观特点，邱致中通过分片区、分层数限制来控制核心城区的建筑轮廓线，以达到对主要城市空间景观的控制。如滨水沿岸的两个商业区建筑：“其宽为三十五尺者一律六层，二十八公尺者五层，二十四公尺者四层，十八公尺者三层。”为增加识别性，每街建筑色彩不同，建筑形式、建材、构造设备等在设计上采用标准化，以取得“整齐庄严与美观”。对于第一商业区的建筑群高度：“为一中高四周渐次低下以迄江岸，不惟有艺术价值，且有高度使用价值，因中心高建筑物可为银行圈、百货圈、旅馆戏院圈，而边区较低建筑则可为日用百货乃至手工艺，藤竹器皿圈故也。”[1]

可见在民国时期，不仅霍华德的田园城市理论对中国城市规划学者具有深刻影响，欧洲城市景观也是此期间中国城市规划设计的范式，如在柳江北岸核心城区追求街道的整齐划一效果，以建筑外墙立面的不同色彩区分不同的街道，对城市轮廓线的控制——“如此不惟超过柏林聂伯河电城之一律五层六层有整齐、乏使用之房舍，亦且超过巴黎日内瓦威尼斯之纯艺术建筑，而在世界市政上树一最新的科学的升华品”。[2] 前述对西方范式城市的追求或忽略了这个城市的某些地域特点，如该草案并不鼓励适合于南方炎热气候特点的骑楼形式：“（两商业区之建筑物）一律不作骑楼，以免两旁建筑物遮去对面之光线与空气不流通之弊。”[3]这或许是该宏伟草案的一点遗憾。

二、《柳州市区初步计划图》

柳州市工程处编制的“初划图”主要内容集中在城市分区的土地利用、土地规模的确定这两部分，并提出城市发展规模预期为 50 万人，然而未表明其具体的规划期限。

“初划图”尚未涉及城市交通、城市防灾与市政工程、城市空间景观、城市绿化等方面，将整个柳州按方位分为 8 个功能区，其内容的具体框架参见表 5-8-1。

前述两份规划方案的设计完整性和深度各有不同，基本反映了民国期间国内城市规划学界与地方城市规划工作的发展水平与现实状况。邱致中主持的“大柳州计划案”系统、完整、科学。其在工作中引入了理性主义，结合当时国际上最有影响力的城市规划理论，如功能分区、田园城市、卫

[1] （民国）邱致中．大柳州“计划经济”实验市建设计划草案 [Z]. 民国广西省政府文件（现国家图书馆藏），1946：62-63，73-76.

[2] （民国）邱致中．大柳州“计划经济”实验市建设计划草案 [Z]. 民国广西省政府文件（现国家图书馆藏），1946：62-63，73-76.

[3] （民国）邱致中．大柳州“计划经济”实验市建设计划草案 [Z]. 民国广西省政府文件（现国家图书馆藏），1946：62-63，73-76.

《柳州市区初步计划图》主要内容一览表　　表5-8-1

分区	面积（平方公里）	位置／范围	地表物	土地用途
中区	总占地35.42，其中：石山面积0.97，河流面积4.86，耕地和林地6.18，可建设用地23.41	明清马平旧城及柳南沿江新区	柳江U形岸区，鱼峰山、马鞍山、驾鹤山、蟠龙山、鹅山等	计划容纳30万人，政府机关、公检法、事业大楼、科研中心，林地、菜圃、公园
东区	总占地21.18，其中：耕地和林地12.25，石山1.57，河流0.76，建设用地6.60	柳江U形岸区，城市东部	马鹿山、梯山、密松顶、独凳山	计划容纳2.64万人，农艺和农艺住宅区
南区	总占地22.86，其中：耕地和林地17.70，石山1.04，建设用地4.12	柳南，鱼峰山以西一带	平原，若干山体	计划容纳1.8万人，飞机场及其机场服务人员，农艺人员及农艺住宅
西区	总占地47.32，其中：耕地和林地30.80，石山0.08，建设用地16.44	柳西南，喇堡南至新圩附近的水磨岭	无河流	计划人口6.57万，种植大片森林和设置农艺地带，以设置农艺和住宅为主
北区	总占地18.06[注]，其中：耕地和林地10.36，河流1.86，石山0.26，建设用地5.58	柳北，北从欧阳岭，南到黄村	欧阳岭、雀儿山	计划人口1.00万，安排市立大学、农艺住宅及农作物地带
东北区	总占地53.94，其中：农艺与林地45.89，河流2.26，石山1.52，建设用地4.27	东北角的雷山到西南向沿江鲤鱼嘴	密松岭、梯山、马鹿山	计划人口1.68万，设置特种工业、森林及狩猎场
东南区	总占地42.38，其中：耕地和林地21.18，石山7.61，河流2.30，建设用地11.29	柳东南，鱼峰山东南方向到柳江一带	龙潭，鸡喇山、羊角山	计划人口3万人，以鸡喇为中心设附庸市，再设以森林、龙潭公园，以重工业、特种工业为主
西北角	总占地27.60[注]，其中：耕地和林地16.80，河流2.52，建设用地8.28	原马平县与柳城县之间，马平城西北	—	计划人口3.31万人，主要安排轻工业、农艺住宅和农艺作物为主

[注]：原引文此两处分别印刷为“18.66”、“27.63”，与其后区内各类分项用地面积总和18.06、27.60不符，本文以各分项用地面积实际数据计算总和为准；同时原引文对前述八区占地面积计算总和为268.67平方公里，也是在两区占地18.66、27.63数据的基础上计算而成，因而相应修改为268.04平方公里。

资料来源：根据“黄相严．解放前柳州建市之初步计划[Z]// 政协柳州市柳北区委员会．柳北文史（第九辑）[Z]. 柳州：柳州市文史资料内部刊物，1992：63-66”整理制表。

星城镇等思想来编制整个方案。根据交通功能划分道路性质，提倡现代交通的水陆联运，对大量性运力的公共交通如地铁等作了发展预留，体现了对城市交通动态发展的方向性把握；大胆引入计划经济理念，兼顾城市区域资源利用、区域交通、城市防灾与社会公平，体现了对城市这一综合社会文化体系的深刻认识；其编制工作中的一个重要原则就是根据城市的发展需要编制城市规划，这是该方案理性主义的一个重要体现，如考虑到广西当局政府对整个计划案投入有限（不过七千万美元），对改善航道路线、设置水力发电拦河坝等项目给予量力而行的建议。这些理性主义的认识符合城市的实际发展，也体现了以邱致中为代表之民国城市规划学者的社会责任心与学养。

“大柳州计划案”同时还让人想起另一份同样是停留在图纸阶段的方案：民国 35 年（1946 年）8 月的“大上海都市计划”。“大上海都市计划”同样遵循了理性主义的城市规划理念，其先后历经的三稿编制，所邀请的专家大都属于现代主义和理性主义流派。“大柳州计划案”的设计成果，比“大上海都市计划”还要早几个月出现。如果说民国 18 年（1929 年）南京的“首都计划”还多少带有“中国之固有形式”的传统建筑审美要求，那么,作为后期发展阶段的“大柳州计划案”则与“大上海都市计划”一样，完全体现了现代理性的西方城市规划理论对中国的深刻影响。

“初划图”在形式、内容与深度上虽没有“草案”恢宏，但对柳州域内山体、河流、耕地与林地、可建设土地等进行较为详细的测量，为工程实践和城市发展摸清了土地使用的基础条件，初步完成了城市规划工作中最为基础与繁杂的土地调查步骤；该计划图还对域内现有的产业分布作了进一步的廓清，其较准确的土地测量数据为各区发展相应的产业提供了预期的规模依据。基本反映了以伍廷飏为首的民国地方政府在城市规划领域的工作特点，即在有限的财力、物力、人力条件下，以最有效、最直接的途径解决当前城市发展的主要问题。

民国时期柳州的区位、经济、政治、军事条件使其被动地发生产业变换、城市用地扩展，城规技术人员无法对城市的发展变化起到实质的导引作用，这也是前述两份方案最终无法实施的客观原因。

第六章　柳州城市建筑的发展

第一节　桂中壮侗苗瑶的土著民居

一、清以前史料里的粤西土著民居

现今被称为少数民族的广西壮侗瑶苗族，唐代至清代史料对这些民族的居住形式往往着墨不多，如《旧唐书·南蛮传》载：岭南“土气多瘴疠，山有毒草及沙虱、腹蛇。人并楼居，蹬梯而上，号曰‘干栏’”。宋人周去非《岭外代答》载：（广西地区）“民编竹苫茅为两重，上以自处，下居鸡豕，谓之麻栏。”明人田汝成《炎徼纪闻》载：“僮人，五岭以南皆有之，与瑶杂处，风俗略同。……居舍，茅缉而不涂，衡板为阁，以上栖止，下畜牛养猪犬，谓之麻栏。”邝露《赤雅》亦载：“僮民缉茅索绹，伐木架楹，人栖其上，牛羊犬豕畜其下，谓之‘麻栏’。子长娶妇，别栏而居。”清嘉庆谢启昆编的《广西通志》对干栏建筑的构造及其原因作了明确解释：“深广之民，结栅以居，上设茅屋，下豢牛豕。栅上编竹为栈，不施椅桌床榻，惟有一牛皮为烟席，寝食于斯。……考其所以然，盖因地多虎狼，不如是则人畜皆不得安，此乃上古巢居之意焉。”又说：“迁江侗、瑶、蛮、僮杂处，……架板为居，上栖男女，下畜牛豕。”迁江在历史上长期为柳州府辖县，在地理上与马平县毗邻，处马平县的西南方，其土著民居形式或可作为当时马平县的参考。清《马平县志》里有载：（猺人）“采竹木为屋，绳枢筚窦，覆以菁茅”，僮人“葺茅作屋而不塗，衡板为楼，上以栖止，下畜牛羊，为之阑麻”。[1]

前述文献表明壮侗瑶苗民族的居住形式具有相同之处，如前文谢版《广西通志》所示这些全木结构高脚干栏式建筑具有良好的防潮防兽、干燥通风、居住安全舒适的功能与结构特点，特别适合山区居民居住。瑶、苗、侗、毛南族等民族的干栏式民居建筑，其结构多与壮族的干栏式建筑的结构特点大体相同（图 6-1-1）。在满足各民族生活习惯和审美观念上，各族对其进行局部改造和装饰，使之适应本民族的风格特征和文化习俗：如瑶族的干栏式建筑常建有供男女青年幽会的过街楼（俗称“爬楼”），侗族的重檐

[1]　（清）舒启修，吴光升篡．马平县志 [Z]（光绪二十一年重刊本之影印本）．台北：成文出版社有限公司印行，1970：84.

式干栏，苗族则在干栏式房屋顶上用两根木条对绑以压住顶部，各民族的房屋内部的空间分隔形式也不尽相同。

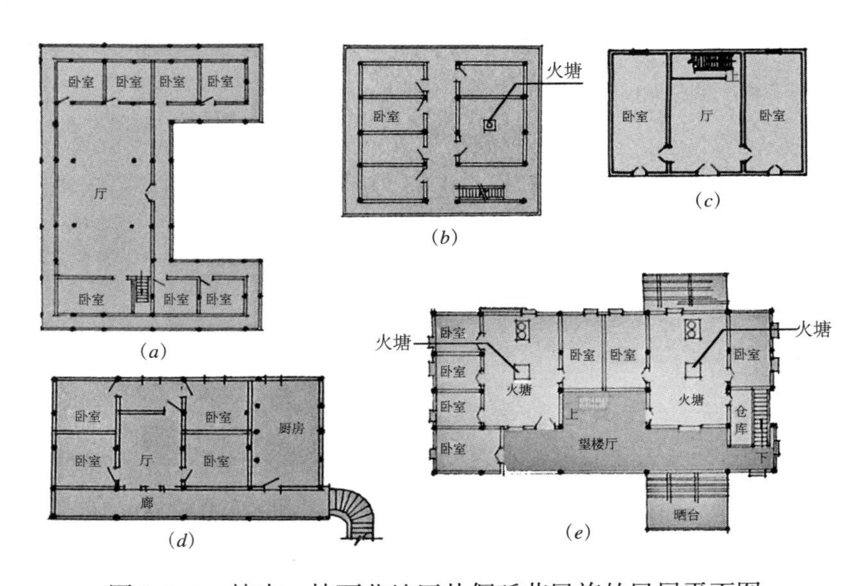

图6–1–1　桂中、桂西北地区壮侗瑶苗民族的民居平面图

（*a*）西林马蚌王宅（壮）；（*b*）三江高定寨吴宅（侗）；（*c*）金秀十八寨瑶族住宅；（*d*）融水宋宅（苗）；（*e*）融水卜令杨宅

（资料来源：雷翔．广西民居[M]．南宁：广西民族出版社，2005，4：129，146，130，132）

二、土著干栏建筑的空间与构造特点

干栏式建筑的材料以木材为主，承重结构上多采用井干式或穿斗式木构架体系，墙体多为竹、木材料，多数为底层架空、低层或多层的体量形式。在长江中下游、岭南、云贵以及巴蜀地区都有分布。最晚至清嘉庆时的迁江县（此地明清皆属柳州府）还保留着壮侗瑶苗混住区的干栏式民居形式。在唐代至清代广西壮侗瑶苗民居的动态历史发展方面，至今鲜见研究成果，根据雷翔先生专著《广西民居》对其近现代发展状况的调查，可考的壮侗瑶苗族的干栏式民居主要分为干栏式与半干栏式两类（表 6-1-1）。以历史上柳州府所覆盖的地域范围为考察区域，这一带的民居形式主要有：全木（竹）构的干栏式、砖木为主的地居式两种。在建筑空间上，全木构的干栏式以火塘为生活起居中心，火塘是就餐、家庭聚会、议事、会见外客的核心空间。而土著壮侗瑶苗族的传统民居形式基本以干栏建筑为主(图 6-1-2)，砖木地居式主要为中原文化的汉族移民传入。

其主要承重结构的竹木构架保留至今，但早期的民居建材、构造节点与现存建筑存在一些区别：如早期传统的干栏式建筑系全木（竹）结构，屋顶覆以茅草、竹筒（竹筒被对剖后正反相扣）或杉木皮，墙体以木板拼成；其构造节点的连接，如檩条与木柱的连接、梁与梁的连接等细部，大多采用索或藤条的绑扎，或直接由构件搭接来完成，还没有采用榫卯技术来形成成熟的穿斗式木构体系。这些关键技术在明清时期，即中原文化落地生根后得到很大改进。

广西壮侗瑶苗等民族传统民居的建筑特点一览表　　表6-1-1

形式	主要特点
干栏式	2～3层高：底层架空以防潮、圈养牲畜、防虎虫攻击人，间或建有围墙用以储藏或防盗；中层住人；顶层为楼阁，存储或住人
	居住层的平面布局以堂屋为中心，近门处设起居中心火塘；卧室围绕堂屋两侧或后部布置，堂屋前设晒台或外廊；连通上下层的楼梯设在堂屋前的晒台或外廊附近
	受力结构以木材（柱）框架为主，其余构配件不承重；墙体材料以竹木为主，屋顶覆盖物多是树皮和竹片，近现代后改为青瓦
半干栏式	半楼半地的平面空间组合，纵向的前部为楼居，后部为地居，适应山坡基地条件；横向多为三开间一字形平面，规模稍大者加梢间
	与全干栏式入口设于底层不同，其入口多设于山墙，辅以曲廊和退堂手法导入到主要宅门，使居住层与室外联系更为方便
	半地下空间的底层，为圈栏杂储或外置晒台；中层为半楼半地面的居住层，在建筑纵向上为“前室后堂”；顶层为阁楼层，储粮用
	建筑体量高低组合灵活，楼层吊脚因地形长短伸缩灵活调整，屋顶多为歇山顶，间或呈一悬山加披檐的二叠式，屋脊或以鸟饰为题

资料来源：根据“雷翔．广西民居[M]．南宁：广西民族出版社，2005，4：22-24”资料整理制表。

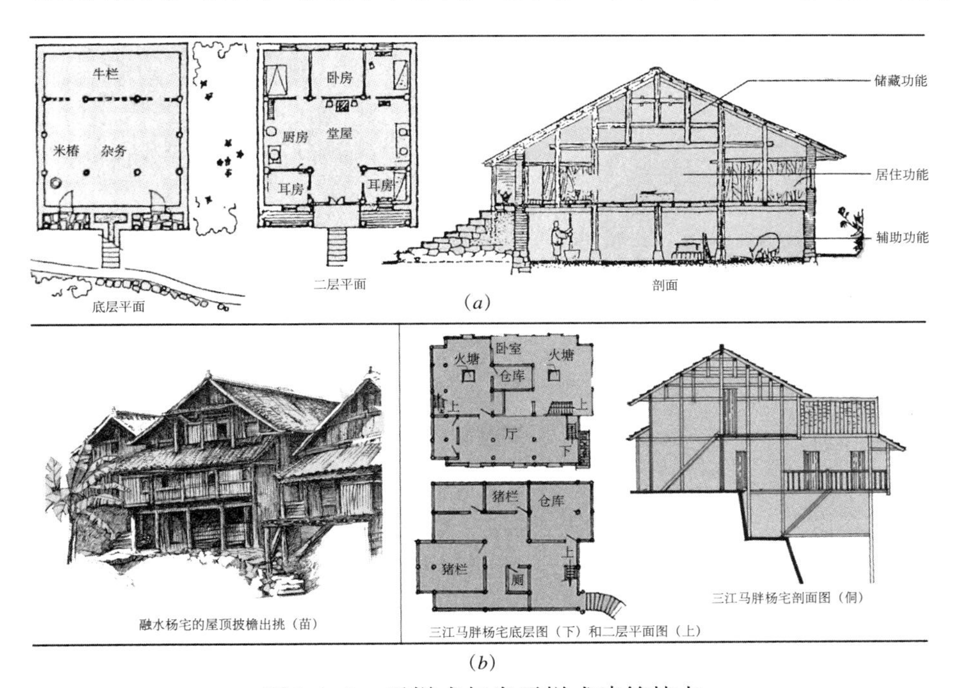

图6-1-2　干栏式与半干栏式建筑特点

（*a*）干栏式建筑的平面图与剖面图；（*b*）披檐做法以及半干栏式建筑的平面图与剖面图

（资料来源：雷翔．广西民居[M]．南宁：广西民族出版社，2005，4：120，148，133，137）

三、土著民居文化中的崇拜

聚族而居的土著民族，在长期社会生活中形成了“村寨－宗族－居室”三个空间层次的民居文化崇拜形式。这一系列的神灵信仰，在心灵上形成了从室内到室外、村内到村外的安全防御体系，以防止鬼邪灾祸的危害，确保居住平安和生活富足。以壮族为例，其三个层次的崇拜牵涉十几种神灵，具体参看表 6-1-2。其中，土著民居中重要的居住空间形式“火塘”，具灶神崇拜与餐煮功能合二为一的功能特点，这是土著民族建筑文化的重要特征。

壮族民居文化中的空间保护神　　表6-1-2

空间保护领域	保护神名称	象征物（偶像）	保护内涵或形式
村寨保护神	土地神	土地庙（社坛）	司管一方土地的神灵，保佑风调雨顺、五谷丰登，守护村寨，防鬼怪猛兽入村
	水神	村寨前水口	主宰泉源的枯涌、河水涨落、渔猎顺利、村落财气内聚
	树神	繁茂的大树	多以榕树、松树等充当，被称为“社公”，以保佑村落人丁繁衍、繁荣昌盛
	山神	象形的山峰	像龙、虎、金鸡等的山峰，象征山神保佑村落平安，保佑狩猎和采集顺利
	英雄神	特定庙宇（莫一大王庙）	将传说或史实中的英雄人物奉为地方或村落保护神，保境安民、消祸降福
宗族保护神	宗祖神灵	村寨宗祠	促进宗族的团结与凝聚力，增强宗族成员的宗祖崇拜意识，感受宗祖神灵的庇护
居室保护神	门神	石雕牛角、石狗、猪头骨	壮族先民曾流行以牛、狗、猪作为图腾崇拜，相信其图腾具有强大威力以镇守门户，阻止鬼魅、灾祸、病疫进入居室；后吸收道教内容，在门楣上镶嵌两个木制门簪，上刻八卦或太极图形，或在门槛、门枕石上凿刻金钱或宝葫芦图形，同时还流行在门边插以桃木、艾草或菖蒲，并且在门板上奉贴门神；后形成财神与门神合一以护财，防财外流
	祖先神	厅堂正壁设神龛	祖先死后的神灵对子孙后代是友善的，会庇护家人的平安，是镇守居室的重要神祇
	土地龙神	动土建房时祭土地龙神牌位	保护住宅建筑及其地基的稳固与安全，护佑家业兴旺、子孙繁衍、生活美满、居住平安
	花婆神	神位或金竹、花束、剪纸花	生育女神，专门司管一户人家的生育和保佑孩童的健康
	灶神	火灶、炉灶、火塘	灶神以上天监察代表的身份进驻天下人家，具有上可通天言状，下可秉旨操掌赏罚大权，决定一家人吉凶祸福的作用

资料来源：根据“韦熙强，覃彩銮．壮族民居文化中的宗教信仰[J]．广西民族研究，2001 年第 2 期（总第 64 期）：55-63”资料整理制表。

四、柳州土著建筑对外来文化的吸收

民国期间，柳州城内外已不存典型的壮瑶建筑。在沿江常受水淹的地带，木构的吊脚楼因适应潮水涨落得以沿用至民国。而在城镇街巷、乡村内部大量建造的壮瑶民居，逐渐采用硬山搁檩的形式。发展至民国时期它们基本都呈现出对外来文化的兼收并蓄：如建筑布局上，干栏式建筑在近代发展受到中原文化堂屋居中、尊卑思想的影响，以三开间为主，处于中轴线上的堂屋居中，厅堂正中壁上设立供奉祖先神位，大门正对着神龛。左右厢房为卧室，男居左女居右；建筑构造上，前后檐下设挑梁以承挑檐檩木，形成挑檐，一定程度上吸收了汉族斗栱的做法；建筑装饰上，土著建筑装饰的图案出现了金钱、葫芦、八卦、太极、莲花、水波、枝叶、福寿等图形，也是吸收融合汉文化的结果。

第二节　柳州历史建筑的城市文化意义

一、柳州唐宋明“亭轩堂阁院房”：形胜处选址

（一）中原景观文化对柳州山水的审美导向

中原文化中的道家提倡“道法自然”，强调人与自然的相互融合，山水建城观是中原文化在城市建设中的宏观体现。延至宋明时期，一批重要的宗教、文教、文化建筑纷纷选址于柳江两岸山水之间、形胜之处。由于马平城近在咫尺，作为人文景观的城市与自然景观的山水之间存在强烈的对景关系，驾鹤山、鱼峰山、马鞍山、陆道岩等是历代士人感受柳州城市风貌的必游之处，并留下富有历史内涵和史料价值的摩崖石刻14处（表6-2-1）。将清代以前摩崖石刻的分布特点，与民国时期柳州带有城市意象的游记对比，可从环境心理学层面印证柳州山水城市格局具有古代与近代的传承性。分析近代的柳州游记，U形柳江、江北城区和奇峰拔地的立鱼峰三项是旅游者对柳州最深刻的城市意象。地方文史专家收录的18篇民国时期的柳州游记中，直接提到登临了立鱼峰、北望U形江岸的抱城景观以及拜谒了柳侯祠的有12篇，其余有数篇表示曾听闻立鱼峰之名而无缘登临之，或因游程所限只游览了柳侯祠。这表明，近现代柳州城市空间轴线的营建，与环境识别的认知规律相符。还表明，柳州城市的山城水格局，含有丰富的人文历史底蕴。

（二）唐宋于形胜处选址的“亭轩堂阁院”

唐宋时期的“亭轩堂阁院”建筑大都选址于形胜之处建造，对柳州山

柳州市古代摩崖石刻分布一览表　　表6-2-1

序号	石刻名称	作者	年代	分布地点
01	蔡仲典等游仙弈山题名	蔡仲典	宋淳化二年（991 年）	柳州市马鞍山仙弈岩内岩左侧
02	赵师邈题诗并序	赵师邈	宋嘉泰三年（1203 年）	柳州市马鞍山仙弈岩口上方
03	新殿记	王安中	宋绍兴二年（1132 年）	柳州市马鞍山西麓南端石壁
04	“钓台”榜书	方信孺	宋嘉定七年（1214 年）七月	柳州市马鞍山西麓梓潼岩左侧
05	“柳江砥柱”榜书	张朝午	清康熙四十七年（1708 年）	柳州市鱼峰山三星洞口上方
06	咏立鱼峰诗	朱佩莲	清乾隆二十六年（1761 年）	柳州市鱼峰山罗汉洞内南向石壁
07	柳州及庆远装设电报成功纪事	马其芬	清光绪二十九年（1903 年）	柳州市鱼峰山三星洞前山路旁
08	“驾鹤书院”题字	王安中	宋绍兴二年（1132 年）	柳州市驾鹤山南面
09	“小桃源”题字	郑镇	宋淳熙元年（1174 年）	柳州市驾鹤山南麓石壁
10	重建三相亭记	赵师邈	宋嘉泰三年（1203 年）仲春	柳州市驾鹤山南麓石屏
11	驾鹤写怀诗	张翊	明万历七年（1579 年）仲春	柳州市驾鹤山南评宫旁崖壁
12	拱真岩功德铭	不详	宋淳祐七年（1247 年）孟秋	柳州市陆道岩
13	“天山万里”榜书	范德荣	明嘉靖三十九年（1560 年）春	柳州市天山路北段东侧天山
14	剿平北三大功记	张翀	明万历六年（1578 年）九月	柳州市蚂拐岩

资料来源：柳州市博物馆。

水风景进行了最大程度的利用。这些建设场地所倚靠的山峰各有特点（表6-2-2），不仅风景优美，还有利于记忆和识别（图 6-2-1），是柳州山水城市格局得以不断发展的环境心理基础，柳宗元以及王安中等唐宋士大夫从中原文化的文学、景观等方面将其特点推向了审美高度，为明清时期马平形成“山城水”格局打下深厚的文化根基。

在罗池东侧的柑香亭，始建于宋代，原称柑子堂（参见附图16）。堂上置有柳宗元“手种黄柑二百株，春来新叶遍城隅”的石刻诗碑。北宋陶弼有《柑子堂》诗。清乾隆十九年（1754年）知府孟端重建，改名“柑香亭”，后几经修葺。“文化大革命”期间被毁。1978年依清乾隆年间式样重建，后几经修葺。罗池旁的罗池亭，北宋政和二年（1112年）柳州知州朱辂修建，同时刻柳宗元像置于亭中。绍熙二年（1191年）知州涂四友迁建新亭，“高明闳丽，得江山之胜”。后柳宗元石像被毁。明代洪武年间又重筑新亭并刻柳宗元石像。清代，亭毁圮。

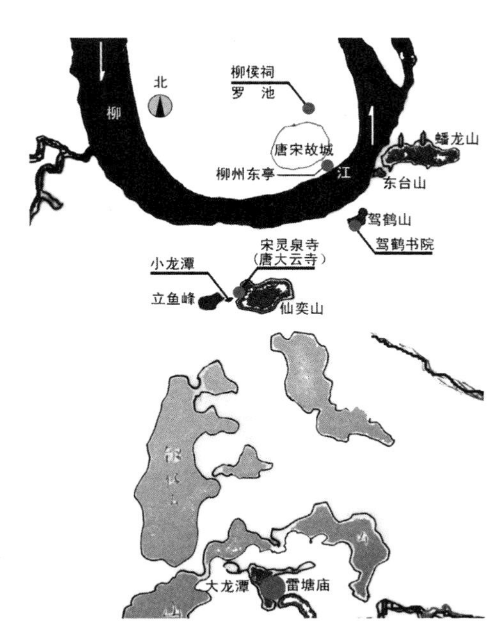

图6-2-1　唐宋明时期马平城的部分建筑分布示意图
（资料来源：作者自绘）

唐宋马平城文献记载“亭轩堂阁院”建筑　　表6-2-2

建筑名	建设位置	始建年代／文献出现年代	兴建缘由／建筑特点／周围环境
柳州东亭	柳江凸岸东南角滨江	唐元和年间	馆驿增建的亭群，众山环横
柳侯祠	城外东北郊	唐元和年间	城外罗池旁
大云寺	仙奕山（马鞍山）西麓	始建年不详，唐元和重建	面临小龙潭，背靠仙奕山
柑香亭（原称柑子堂）	城外东北郊	宋	城外罗池东侧
罗池亭	城外东北郊	宋	城外罗池旁
望仙阁	—	宋	以面对仙人山（马鞍山）而得名
驾鹤书院	驾鹤山南麓	宋	书院附近崖壁上刻“小桃源”
三相亭	驾鹤山下	宋	建于山林之间
钓轩	报恩寺（灵泉寺）旁近	宋灵泉寺住持觉昕禅师修筑	因面对立鱼峰，故名

资料来源：根据柳州市博物馆、《柳宗元全集》、柳州文史资料等整理制表。

驾鹤山麓下建有三相亭，为宋代曾任宰相王安中、吴敏、汪伯彦流寓柳州所建，三位前宰相于闲居暇日，游访石林佳处，建茅亭二所，其一为三相亭（另一为驾鹤书院）。嘉泰三年（1203年）知州赵师邈重修三相亭并作记，宋后未见修葺记载。

（三）明代王氏山房

明代马平县境内山奇水秀，已引来游客纷至柳南仙奕山、屏山、立鱼峰等景点。这些孤峰丛相互拥有良好的景观视野，不少文人雅客在山上修筑别业，如明代的王氏山房。王氏山房为明仕王启元、王启睿兄弟隐居读书、著书之处所，在蟠龙山北麓，“登台之北又一里，有山横列三峰，其阴即王氏山房所倚”之王氏山房，则建筑于山坡上，“去地五六尺，崖旁平度出，薄齐架板，上为王氏山房，小楼三楹横洞前，北临绝壑，胜瞻遐眺，楼后即洞。”[1]对王氏山房的开阔视野，另一版本《粤西游记》又记：“北临绝壑，西瞻市堞纵横，北眺江流奔衍，东指马鹿、罗洞诸山，分行突翠，一览无遁形。”[2]王启元撰有《重修府学碑记》，是历史上第一个推崇并称“柳州山水甲天下”者。其弟王启睿“以明经，授县佐”（江南睢宁县县丞），但其“辞不赴”，隐居于王氏山房研读和著述，著有《蟠龙岗志》。王氏山房在历代战火中未能幸存，于清康熙末年荒圮。如今蟠龙山仍可依稀辨认王氏山房的遗迹，是早期柳州的景观建筑实例。此附近存两处楷书刻画的摩崖石刻，字迹不辨。

二、唐代至清代柳侯祠：位尊地方保护神的柳宗元

柳侯祠始建于唐长庆二年（822年），位于罗池畔，曾名罗池庙。北宋徽宗崇宁三年（1104年），追封柳宗元为文惠侯，遂改称柳侯祠。

唐以前，柳州多被认为“此遐方僻郡也，不可以居贤者”，仕宦者多“吏部者鄙其地，不以贤者署其守。为其守者，鄙其民，不以善政”。自唐元和至民国期间，柳州这样一处民风纯美之地，再也得不到更好的行政长官去开发。史料因而有“自子厚以还，称良守者，二三人而止”。柳宗元已经作为衡量是否“良守”的标准。这反映出，柳宗元在柳州勤政为民的形象，已深为民间称颂。其不负王朝，实现了朝廷“皇风不异于遐迩，圣泽无间于华夷”的愿望，甚至成为柳州父母官的典范。因而从唐开始，宋、明、清等各朝官民皆修缮柳侯祠以不绝祭祀柳宗元，是其具有巨大文化感

[1]（明）徐宏祖．徐霞客游记·西南游日记（卷三下）．22-23页 // 钦定四库全书 [DB/OL]．“高等学校中英文图书数字化国际合作计划”网站：www.cadal.zju.edu.cn/book/06044610.

[2]（明）徐宏祖．徐霞客游记·粤西游日记二（上册）[M].（共两册·增订本）．褚绍唐，吴应寿整理．上海：上海古籍出版社，1987：400.

召力的体现。历代官府为管理好柳侯祠，在柳城、鹿寨及祠庙附近设有祭田以供祭祀及日常管理开销之用。依韩愈所撰碑文，柳宗元之于柳州已不仅仅是行政长官与地方民士的关系，他已经成为这方水土的保护神，（任职）“三年，民各自矜奋”。柳侯神灵之威严曾现于一则故事，如：庙成不久，宾州军将李仪醉酒入庙骂詈，被毒蛇咬死，柳民以为柳神显灵，遂遣人求韩愈撰碑文，碑名“罗池庙”。日本学者户崎哲彦对建庙的过程与韩愈撰《柳州罗池庙碑》文的关系进行考证，指出建立罗池庙和撰碑文的曲折过程（表6-2-3），以及民间对柳宗元的神化倾向。

柳宗元对柳州作出的杰出贡献，给后朝来柳之官宦贤臣者的精神层面带来两方面的影响，使唐代至民国期间的来柳旅客必谒柳侯祠，它们是：一，柳宗元对致仕南荒的迁客骚人，树立了忠诚朝廷而贬谪怀乡的形象，能与拜谒者形成一定共鸣；二，其树立了身处逆境仍抱负“生能泽其民”之豪迈政治理想，成为拜谒者的精神楷模。清康熙对历代前朝有关广西文献材料的集成——“粤西三载”（《粤西丛载》、《粤西诗载》、《粤西文载》），对柳宗元和柳州有关的文献收录得较为完备。分析“三载”，明代人和柳诗共五首，以柳宗元为抒情、论述背景的咏柳诗作有八首、文章二篇。如谢少

唐罗池庙（柳侯祠）建造过程及立庙碑的时间关系表　　表6-2-3

时间（年）	月份	事件
元和十三年(818年)	—	柳宗元与部将魏忠、谢宁、欧阳翼饮酒，预言死期
元和十四年(819年)	十一月八日	柳宗元卒于官。一说十月五日
元和十五年(820年)		韩愈撰《祭柳子厚文》、《柳州刺史柳君墓志》
元和十六年(821年) 长庆元年（821年）	正月四日	改元为长庆
	正月十一日	孙季雄建立《罗池神碑》，陈曾篆额
长庆二年（822年）	—	陈曾由桂州转任郓州马总节度使从事，当在长庆元年春后、二年冬前之间
	七月辛卯（三日）	柳宗元为神，降于州之后堂，梦告欧阳翼
	七月丙辰（二八日）	柳民建庙于罗池之阳，庙成大祀，宾州军将李仪醉酒入庙慢侮，立即被毒蛇咬死
	秋冬	谢宁就上京之途
长庆三年（823年）	春	谢宁请韩愈撰《柳州罗池庙碑》，沈传师正书。又请沈传师正书柳宗元《井铭》
	夏	柳州刻立《柳州罗池庙碑》、《井铭》

资料来源：（日）户崎哲彦．韩愈撰《柳州罗池庙碑》之谜团——撰文、立碑之年代及其撰碑原因[J]. 柳宗元研究，2008年（第十一期）。

南的《谒柳子厚祠》所云“当年旧恨休重省，信有文章百代尊”，明代桑悦《登柳州城》云:“一代高明人共仰，千秋遗迹我重来”，表达了柳氏对一部分人士积极向上的精神感召。特别是明代怪才桑悦，虽狂诞不羁，仍效法柳侯仁政惠民。其另一诗作云“予将去柳，军民士夫之家不忍别，乃刊予像以留，以为异日可佩享柳子厚庙。予又重柳人知予二人也，前桃源令计君从善，且以诗见赠，为和其韵。”诗:众军以木刻吾真，千百分明是化身。他日罗池还祀我，休言祸福解惊人。《粤西诗载》中有诗五首是通过拜谒柳侯祠来表达对柳宗元的怀念，如解缙《罗池庙》、戴钦《谒柳子厚祠》、袁□《谒柳祠》、谢少南《谒柳子厚祠》、王士性《谒柳柳州祠墓》。柳州这座城市因柳宗元而散发丰富的人文魅力，是历史现实。

现存的柳侯祠为清代所建，为前、中、大殿三进的院落布局，大殿为三开间硬山顶（图 6-2-2）。祠后有柳宗元衣冠墓，东侧有纪念与柳宗元同称为唐二贤的政治家、柳州司户参军事刘蕡的贤良祠，并有柑香亭、罗池、讲堂、山长住房、斋房、回廊、院门等附属建筑。

图6–2–2　清代重建的柳侯祠

（资料来源：柳州市文化局）

三、唐柳州东亭：具文化象征的馆驿建筑

柳州东亭是唐马平城外的一座馆驿。撰于唐元和十二年（817 年）九月的《柳州东亭记》(后文简称“东亭记”，全文参见附录附文 2)，是柳宗元为柳州城南扩建的一座馆驿——东亭，所写的碑记。文中记述了东亭周围的环境，修建东亭的经过，以及东亭在建筑艺术上的设计特色。

（一）唐“亭”的馆驿建筑内涵及其空间功能简析

作为中国的传统建筑，亭多建于路旁，供行人休息、乘凉或观景用。

现存明清时代的“亭”，其形式上多为开敞性结构，没有围墙，顶部可分为四角、六角、八角、圆形等形状。这样的“亭”，承载的主要为景观意义，而非具体功能的实用价值，而唐代以前，“亭”曾具有丰富的政治内涵[1]和佛教意义[2]，张渝新在《中国古建“亭”的发展演变浅析》中指出：在唐代至少到杜甫时，“亭”还完整地具备着像汉亭一样的驿馆功能，有很多驿馆还称作“亭”。[3]

可以从唐代诗文发现，唐“亭”具备着一些具体的使用功能，如柳宗元的永州旧作《零陵三亭记》有：“乃作三亭”，“更衣膳饔，列置备具，宾以燕好，旅以馆舍”；唐元和官宦李绅《四望亭记》的四望亭“崇不危，丽不侈，可以列宾筵，可以施管磬”。二文表明唐“亭”还有“备厨、更衣、宴请宾客，馆舍旅人”的功能，说明这一时期的唐亭是有门窗、有墙帷的建筑；与明清时期开敞形式的亭不同，是较封闭的空间实体。

前文简溯唐“亭”的历史内涵、功能和空间形式，有助于把握柳州东亭的建筑功能及其建设意义。历史上对柳州东亭建筑性质的判定，存在分歧[4]。那些观点有可能将东亭当作明清以后的“亭”来解读和讨论。然而，读“东亭记”前段，可断定它并非一座纯建筑小品意义的景观建筑。章士钊先生在其专著《柳文指要》曾指出：“柳州东亭记，应视为政治建制之一种记录，与昔在礼部所为监祭或馆驿使诸壁记等，同一类型，而不应列在永州八记之后。刘梦得当年为子厚编集，或未及注意到此。”[5]唐有一类馆驿诗题于驿馆的壁、柱、梁、楹上，人们习称为题壁诗。章士钊先生应是将“东亭记”列为与该类题壁诗差不多的“壁记”。按古建筑开工、完工的环节多有文章记述其修建的缘起、目的、过程的做法，“与昔在礼部所为监祭或馆驿使诸壁记等，同一类型”应意指该文是为礼部监祭使或馆驿建筑修建所作的碑记。

（二）柳州东亭的政治使用功能——水陆馆驿

文章里“南值江，西际垂杨传置，东曰东馆”一段告明此为馆驿建筑。“传置”的含义有二。一为：驿站。见《前汉书》载：“太仆见马遗财足，

[1] 秦汉时期“亭”为一种基层政权区划单位，对应的行政长官为“亭长”。西汉时全国有亭29635个，大率十里一亭。亭由负责维护法律和秩序的亭长管理。亭长掌管的邮驿职能，又使“亭”具有馆驿的内涵。

[2] 见“张渝新．中国古建‘亭’的发展演变浅析[J]．四川文物，2002年第3期：50-56.”一文所指出的：“汉台－佛塔－唐亭”的历史发展。

[3] 张渝新．中国古建“亭”的发展演变浅析[J]．四川文物，2002年第3期：54.

[4] 人民日报1989年12月24日版有文章《中国第一位景观建筑家——柳宗元》，提到柳州东亭，说是柳宗元规划建造的一座园子，一个风景区。谢军《国土绿化》2004年第5期（第43页）也有提：（柳宗元）“他被派到广西柳州作刺史，又在柳州城西南建造了一处景点，名为柳州东亭。”

[5] 章士钊．柳文指要·体要之部“记”（卷二十九上册）[M]．北京：中华书局，1971：856.

余皆以给传置。”颜师古注：“置者，置传驿之所，因名置也。”王先谦补注引宋祁云：“传，传舍；置，廏置。”[1] 二为：驿站转运。唐代元稹《李立则知盐铁东都留后》载：“敕李立则：国有移用之职曰转运使，每岁传置货贿于京师。”

前述之“传置”与“驿”应为同样功能的建筑，承担文书传递之用的为“递”或“驿”。“驿”的说法见于《玉海》：“郡国朝宿之舍，在京者谓之邸，邮骑传递之馆，在四方者谓之驿。”[2] 唐代，“驿”同时承担文书传递和接待宾客的任务，并为过往宾客提供交通工具。[3]

“馆”，《三才图会》有解：“馆，客舍也，待宾之舍曰‘馆’。凡事之宾客，馆焉。舍也，以待朝聘之官是也。”[4]“东亭记”里的“东馆”是提供住宿之用，负责接待朝聘宾客，为过往官客提供交通工具的驿舍之“馆”；宋以前“驿”与“递”功能合在一起，因而“东亭记”里的“西际垂杨传置，东曰东馆”将“递”与“驿馆”合置符合唐制；柳州东亭应是中唐一组驿道旁的馆驿建筑群。这类馆驿建筑往往配有一高出道上、以便瞭望并形成地标作用的“驿亭”。[5]“东亭记”表明其所述的“五室”扩建，是增建“驿亭”部分。

唐代实行宵禁，夜晚城门关闭，馆驿设于城内对于传递公文情报和接待往来多有不便，移至城外便成制度。柳州东亭这样的地方馆驿，设在离城墙很近的位置属常例。据《唐六典》统计的陆驿、水驿、水陆相兼馆驿的名目。[6] 可知唐代的驿邮系统不仅有通达各州的陆路，还有连通各内江、运河的水驿和水陆相兼馆驿。粤西腹地的柳州治所马平县（现柳州市）地处唐代桂、邕两管之间，是南北陆路重要官道的中续，柳江绕流其唐故城，为东西方向沟通黔粤的黄金水道，水陆条件使之成为粤西四方的区域交通枢纽。驿馆一般只设于交通要道，即驿路之上。[7] 由此推究，“东亭”设置的不仅仅是区域交通要道旁的陆路馆驿，还极可能是水路馆驿，即水陆相兼馆驿。柳州地方文史专家戴义开先生在《柳州历史文化纵横谈》里指出今柳州市大南门濒江到东门沙角一带即“东亭”的建设场地。经现场勘查，确较符合“东亭记”文中的场景描述（图 6-2-3）。

---

[1] （东汉）班固．前汉书（卷四）[M/CD]// 四库全书 [M/CD].（文渊阁四库全书电子版 - 原文及全文检索版）．上海：上海人民出版社迪志文化出版有限公司，1999：202 号光盘．

[2] （南宋）王应麟．玉海·邸驿（卷一七二）[M/CD]// 四库全书 [M/CD].（文渊阁四库全书电子版 - 原文及全文检索版）．上海：上海人民出版社迪志文化出版有限公司，1999：206 号光盘．

[3] 曹家齐．宋代交通管理制度研究 [M]. 开封：河南大学出版社，2002：11.

[4] （明）王圻．三才图会（宫室一卷·中册）[M]. 上海：上海古籍出版社，1988：993.

[5] 高鈴明，覃力．中国古亭 [M]. 北京：中国建筑工业出版社，1994：19.

[6] 李国豪．建苑拾英——中国古代土木建筑科技史料选编（第一章 考工典 馆驿部）[M]. 上海：同济大学出版社，1990（第 786 册）：57.

[7] 曹家齐．宋代交通管理制度研究 [M]. 开封：河南大学出版社，2002：12-14.

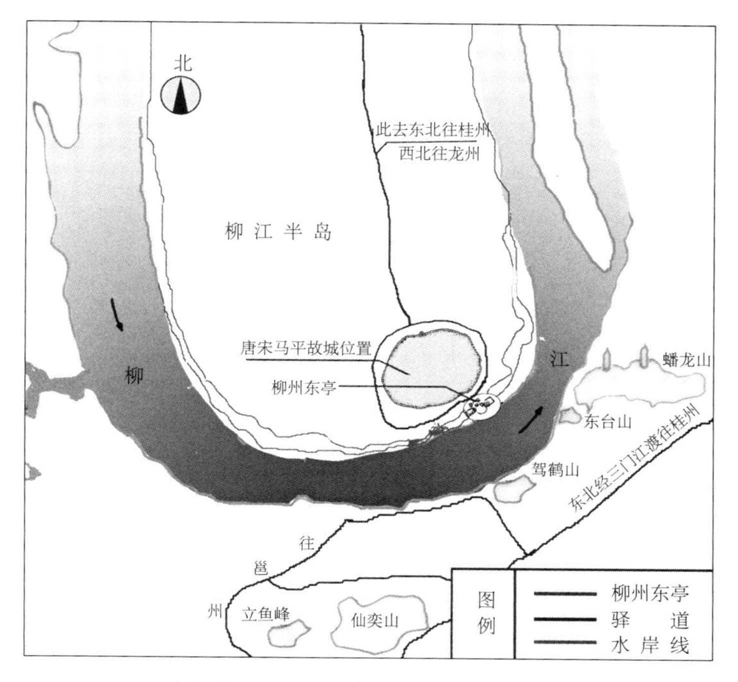

图6-2-3　唐代柳州东亭“建设场地—环境”关系分析图

（资料来源：根据“柳州市区图”改绘。广西第二测绘院．柳州市区图 [Z]. 湖南地图出版社，2004，6）

为复合建筑单体形式的东汉明堂

图6-2-4　东汉明堂复原立面想象图

（资料来源：王贵祥．东西方的建筑空间：传统中国与中世纪西方建筑的文化阐释 [M]. 天津：百花文艺出版社，2006：201）

（三）柳州东亭的文化象征及教化功能——“明堂式”构图的意象

《柳文指要》曾设问“东亭记”：“此一记录，几与明堂图比重，即此窥见子厚体国经野大计划之一斑。”[1] 柳宗元对明堂的认知，应该比较熟悉，因其从政经历曾饱览经史子集等经典。他二十一岁中进士；二十五岁通过博学宏词科考试后任集贤殿书院正字；三十二岁任礼部员外郎，即文化部

[1]　章士钊．柳文指要·体要之部“记”（卷二十九 上册）[M]. 北京：中华书局，1971：856-857.

兼教育部的高级公务员。前述的文化及礼部任职完全有可能使柳宗元深谙“明堂”的性质和作用。其作《零陵三亭记》记载:“三亭”记有“邑之有观游”，乃为政“告明之具”“辅时及物”，侧面印证了柳宗元欲通过建筑以佐教化的主张。

历史文献对明堂的形制存在多种解释，最初明堂是集上古时期天子寝居、朝政与祭祀这些功能的建筑单体，属于多开间复合建筑结构，礼制建筑一类（图 6-2-4）；使用制度上遵循时令岁序的大自然规律，因此在一个单体建筑中，形成若干与自然规律相对应的时令居住空间。然明堂在其历史发展与演变中，至隋唐时期已超越其最初所盛行的建筑单体形式。

文献中的明堂在两方面存在共同点：一是以实体性的建筑空间为中心对称的集中式构图的形式（图 6-2-5）。然而明堂这一原为君王独享的建筑实体，是如何淡出单体形式，演变为民间建筑群中，以“堂”或“台”为集中向心的构图（图 6-2-6），对此王贵祥先生曾论证过上古三代至隋唐，明堂由兴盛走向式微的发展历程及其形式演变的三个阶段[1]：上古至汉时期的平面五方位或九方位的空间图式，此阶段明堂作为单体建筑出现；南北朝时期由繁复组合的建筑单体，向直方一殿并结合庭院、建筑群的空间形式转变；南朝尤盛，简化为一座单一空间、直方大殿并处于建筑群中的明堂；不拘古制地进行变通、简化、创新的隋唐时期，演化成“独立居中殿堂＋回廊环绕”的建筑组群形式。“自我而作，何必师古”之下，明堂转化成向心构图、居中的殿堂形式，功能上转化为供人起居的堂室，同时由帝王走向民间，逐渐衰落。至此，王贵祥先生明确指出:“唐代回廊院式的建筑空间格局，在很大程度上，是从明堂之平面五方位的空间组群方式上演化而来的。”[2]

汉代陶罐所表现的明堂式建筑，已初步呈现建筑群空间布局

图6–2–5　汉代陶罐图

（资料来源：王贵祥．东西方的建筑空间：传统中国与中世纪西方建筑的文化阐释 [M]. 天津：百花文艺出版社，2006：106）

[1] 根据“王贵祥．东西方的建筑空间：传统中国与中世纪西方建筑的文化阐释 [M]. 天津：百花文艺出版社，2006，4: 182-214”资料归纳而成。

[2] 王贵祥．东西方的建筑空间：传统中国与中世纪西方建筑的文化阐释 [M]. 天津：百花文艺出版社，2006，4: 214.

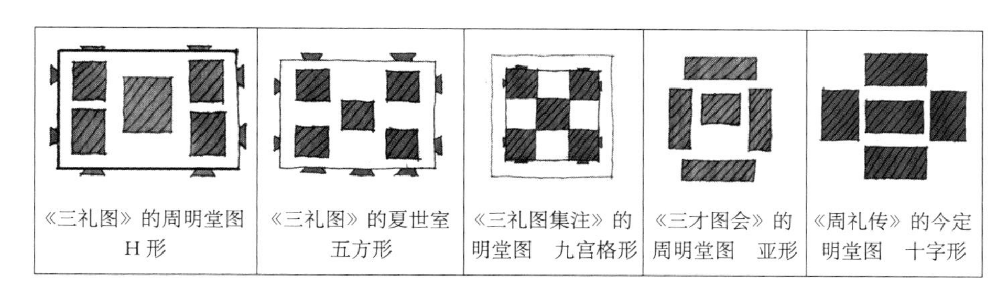

图6-2-6　明堂五室向心构图的形态类型分析
（资料来源：根据“文渊阁四库全书电子版－原文及全文检索版[M/CD].上海：上海人民出版社迪志文化出版有限公司，1999”明堂图资料改绘）

其二，无论其形式如何演变，明堂在各时期体现的“月令”、“季令”居等内容，揭示其本质是根植于农耕文化的汉儒族群以建筑（群）空间处理以及相应的生活起居方式，使自己与宇宙、与“交通人神”的皇帝等因素达到某种契合的精神场所，是其对自然规律的原始崇拜与顺从。这正是柳宗元欲在柳州顺利执政所缺乏的文化背景。东亭“明堂化”的驿亭布局，存在现实需要：一是其执政中存在教化“百越文身地”子民的需要。当时的粤西民众在文化上尚且处于“异服殊音不可亲”、“鹅毛御腊缝山罽，鸡骨占年拜水神”[1]的状况，文化的蒙昧使郡县生齿凋零、生产难续、生活水平低下。柳宗元曾施予刑罚，来避免民众盲信鬼神所致的大量人口亡失，但收效甚微。转而从教育（重建文宣王庙）、宗教（重建大云寺）等方面进行文化形式上的宣扬，积极提供文化建筑的物质场所，是其采取的主要途径。柳宗元在《柳州文宣王新修庙碑》中申述“仲尼之道，与王化远迩。惟柳州古为南夷，椎髻卉裳，攻劫斗暴，虽唐、虞之仁不能柔，秦、汉之勇不能威。”寄修孔庙使其子民明儒道，“然后知唐之德大以遐”，则是他为推行“王化”的具体举措。另一方面，对于规模宏大、城市布局完整的王城和通都巨邑，体现完整的帝国封建等级制度的建筑空间序列往往需要城市街坊、官署类、宫殿类等完备的建筑种类来构成。当时柳州这样缺少财力、民力和相应文化机制的边州远郡，馆驿已然是很重要的建筑类型，采取明堂这一宣扬天子之“通神灵、感天地”,“接万灵”的形式,以传播“谨顺天时”的文化目的，有零陵三亭珠玉在前，其再承续“辅时及物”的做法，符合柳宗元的施政特点和初衷。

第三，唐代柳州为壮族、瑶族等民族的传统聚居地，至清初仍“夷多民少”、“纯乎夷”，汉人绝少。太阳崇拜正是占人口绝大多数的壮族民众的崇拜之一,壮族的文化象征——铜鼓,其中心的饰纹“太阳纹”(图 6-2-7)，

[1]　（唐）柳宗元．柳州峒氓//柳宗元全集（卷四十二）·古今诗．上海：上海古籍出版社，1997，10：362.

图6-2-7 壮族铜鼓面的向心太阳纹
（资料来源：雷翔.广西民居[M].南宁：广西民族出版社，2005，4：59）

与明堂向心形式的太阳崇拜，为当时的柳州官民找到文化交流与融合的共同渠道。

（四）柳州东亭与周围景观的相互交融——“当邑居之剧”

十几年贬居生活中的柳宗元多游山咏景，对景观营建颇具心得。在场地设计上，东亭体现了柳宗元利用滨水环境改造“弃地”的审美取向，揭示作为中室的“亭”拥有较高的体量，当是整个城邑中较高的地标式建筑，登高远眺“而忘乎人间”。

文中“峭为杠梁”的大意为利用濒水基地原有的陡峭岩石做连接堂亭各体量之间或堂亭与水岸的石桥。[1]“杠梁”的释义参见《尔雅注疏》卷四：“‘堤谓之梁’，注：即桥也，或曰‘石绝水者为梁’，见《诗傳》。‘石杠谓之徛’，注：‘聚石水中，以为步渡也’；孟子曰‘岁十一月徒杠成’，或曰‘今之石桥音意’，又曰‘十二月舆梁成’”。[2]“峭为杠梁”大意为利用濒水基地原有的陡峭岩石做连接堂亭（中室）与水岸的石桥。

中室“凭空拒江，江化为湖”，因借水岸近景，以缩小江河本身的巨大尺度，对近景取舍后形成化大为小的尺度。江对岸的远山“众山横环”，显示为“嶛阔”、“瀴”水盈切、水绝远淼的大尺度效果，形成巨大而旷邈的远景。这两种尺度或并置，或通过调整视野交替出现于中室的取景范围之中，远近大小的对比显露了作者超凡的气度和想象力——“九曲回肠”的柳江此刻不过是阔湾平湖！这等乐观豁达的审美情怀，流露出柳宗元的雄健文风与崇尚自然的建筑美学倾向。

（五）柳州东亭对地域气候的协调及多功能混合特点

柳宗元世为北人，抵柳后身体健康严重受损。“阴室以违温风焉，阳室以违凄风焉”的功能布局，正是柳宗元不服柳州水土所自发而成的迫切要求。因而五室的建筑空间与生态环境密切交融。作为可以宴请朝聘官员、封闭空间实体的唐“亭”，其每一室皆具备确切功用。除中室外的每一室都是直接面对相应的方向开口：朝室直接面向东面，使该方向开口的门窗

[1] （晋）郭璞注，（宋）邢昺疏.尔雅注疏（卷四）[M/CD]// 四库全书 [M/CD].（文渊阁四库全书电子版 - 原文及全文检索版）.上海：上海人民出版社迪志文化出版有限公司，1999：201 光盘.

[2] （晋）郭璞注，（宋）邢昺疏.尔雅注疏（卷四）[M/CD]// 四库全书 [M/CD].（文渊阁四库全书电子版 - 原文及全文检索版）.上海：上海人民出版社迪志文化出版有限公司，1999：201 光盘.

洞可以接受朝阳直射；阴室直接向北面开口，以取得干燥凉爽的北风；夕室和阳室也是同样地只向相应方向完全开放，与室名不同的其他方向皆处在檐影或高墙之下。至柳氏所在的中唐，明堂已处在《旧唐书・礼仪志》所云“时既沿革，莫或相遵，自我作古，用适于事”的逐渐式微阶段，诸建筑实例不再拘于古制五室的布局，五方位已经抽象成符号化。像东亭五室中，从传置、东馆的“宇”下隔出来的朝室、夕室，在“北墉”前面的阳室，在传置东宇之北的阴室，其位置、朝向等形式布置上已大大突破旧制，只保留了向心居中的“堂亭”构图；然内容上却严格体现“动必顺时，教不违物”的明堂宗旨,并“用适于事”地与地域气候相协调。可见在中晚唐明堂式微的背景下，东亭的“明堂式”构图或是其最后一抹晚霞。

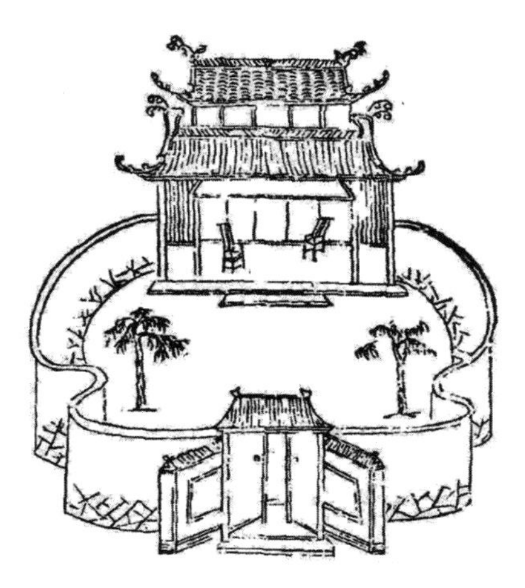

图6-2-8　古代“馆”的形象
（资料来源：王圻．三才图会（宫室卷）（中册）[M]. 上海：上海古籍出版社，1988：993）

另一方面，该馆驿也是柳氏闲暇中的日常休憩处所。韩愈悼柳氏所撰《柳州罗池庙碑》文曰:（子厚）“尝与其部将魏忠、谢宁、欧阳翼饮酒驿亭。”依唐制三十里一驿，柳江半岛近治三十里唯东亭最近，风景优胜，该文中的“驿亭”很大可能为“东亭”的中室。

东亭五室担当的公共空间功能有：一是结合“明堂”化的布局形式来满足“政治教化”；二是满足地方官员闲暇时分“餐饮休闲”的要求。这两点是东亭有别于其他馆驿的功能特点。由此确定东亭五室的“明堂式”构图，最可能在于其表现的文化象征价值。

（六）柳州东亭的平面布局及堂亭形态意象分析

唐代具体的馆驿建筑布局鲜迹于图，比照敦煌壁画的唐代驿亭、馆驿形象以及明以前文献，可见其建筑形象（图6-2-8 ～图 6-2-10)，一般具有高墙和院落。东亭需扩建的东西两块旧场地相去甚远，

图6-2-9　明以前“邸驿”的形象
（资料来源：王圻．三才图会（宫室卷）（中册）[M]. 上海：上海古籍出版社，1988：996）

图6-2-10 敦煌壁画，法华经变部分85窟南顶古代馆驿形象（原图绘于晚唐）
（资料来源：奚树祥．中国古代的旅馆建筑 [J]. 建筑学报，1982（01）：72）

如此推究五室的布局，与亚形明堂相去甚远，也很难实现“五方型”、“九宫格”型在东南西北四个方向等距的要求，因而可能更偏向“H 型”布局的周明堂，东汉出土的陶亭亦有这样的亭群布局（图 6-2-11）。东馆旁应存在墙之类的“墉”，“阳室”即建于东馆附近的“北墉下”。除中室外的每一室尺度以《三礼图》之（周人明堂）“凡室二筵”为参照。结合前人对馆驿建筑的研究成果，本书尝试复原唐柳州东亭的建筑平面布局（图 6-2-12），中部为五室的位置。

图6-2-11 东汉陶亭所表现的亭群形象
（资料来源：高鈞明，覃力．中国古亭 [M]. 北京中国建筑工业出版社，1994：26）

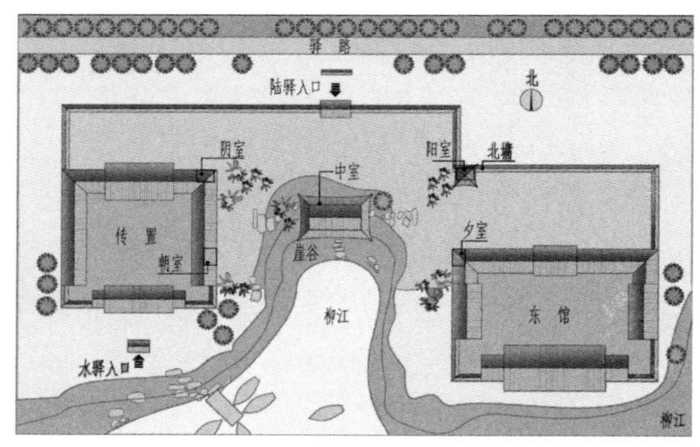

图6-2-12 柳州东亭五室平面布局分析图
（资料来源：作者自绘）

作为有具体建筑功能的唐“亭”，其封闭的空间形态与开敞式景亭大相径庭。由东汉驿亭发展而成的绍兴兰亭，东晋时声名最盛。文献里出现的流觞亭（兰亭建筑群中的主亭），类似于今园林里“堂”的形象，为三开间、歇山顶，建筑带有底座的封闭体量。因此推究，柳州东亭里中室的形态，亦可能为“三开间、歇山顶”之“堂”的意象（图 6-2-13*b*、*c*），结合其“上下徊翔，前出两翼”来判断，或为带翼角的单檐歇山顶，配有高峻底座（图 6-2-13*a*），形成“当邑居之剧”的效果。朝、夕、北三室受向心构图所限，隐于已有建筑之“宇”底；阳室建于“北墉”下，或为体量稍小、四角攒尖顶的有墙实体。“东亭记”所述的“堂亭”，“堂”即意指中室所显示的建筑类型，但名之以“亭”；而阳室作为五室中第二个显性的体量，或亦为四角攒尖顶、封闭的“亭”。

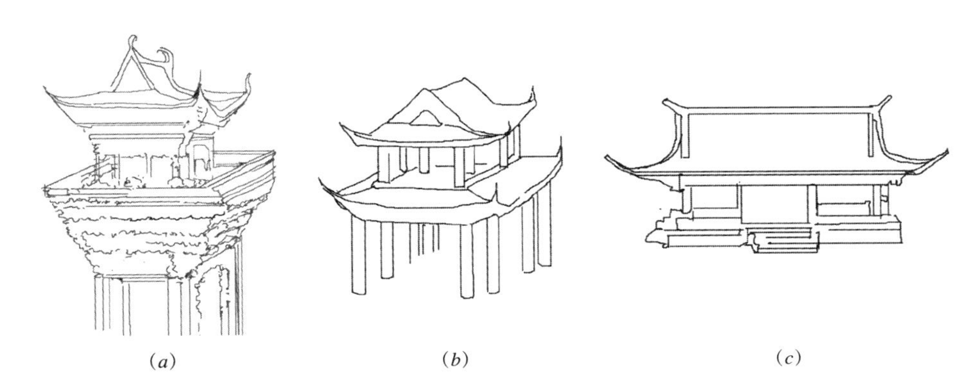

图6-2-13　敦煌壁画里的亭与兰亭形象分析图

[资料来源：(*a*) 图根据“高鉁明，覃力. 中国古亭 [M]. 北京：中国建筑工业出版社，1994：21”图改绘；(*b*) 图根据“何重义，曾昭奋. 兰亭胜迹 [J]. 古建园林技术，1984 (02)：40”图改绘；(*c*) 图根据“任桂全，沈定庵. 故城绍兴 [M]. 杭州：浙江人民出版社，1984”图改绘]

为宣传教育(教化)而设的明堂、辟雍、学校等均属“礼制建筑”之列。[1]总体而言，柳州东亭是一组包括传置、驿亭（五室）以及东馆在内的馆驿建筑群，同时还具有“明堂化”的礼制文化传播、餐饮休闲功能。该实例显示中原文化在南徼边郡的开疆拓土阶段应运而生，实现了柳宗元这位政治思想家在少数民族地区推行“王化”的政治抱负；地处粤西腹地重要的南北官道旁侧，使其具有比较频繁的使用率和较重要的政治地位；同时东亭也是柳宗元对汉儒文化的忠诚之作，体现了其充分、有效地利用原有建筑及景观的设计能力。

四、民国柳州乐群社：城市新轴线的空间核心

柳州乐群社社址原为柳庆公路总局和柳州汽车站的办公小洋楼，原占地 600 平方米，主体部分高两层，碉楼部分高四层（图 6-2-14、图 6-2-15），东西长 22.6 米，南北长 22.7 米，整幢建筑平面呈等臂“L”形。1927 年 5

[1]　李允鉌. 华夏意匠 [M]. 天津：天津大学出版社，2005：100.

月为适应已建成的桂中腹地公路网带来的繁忙运输业务，伍廷飏聘请德国工程技术人员设计修筑新的汽车总站，从上海请来营造厂承建，使用进口的“红毛泥”（水泥）建造，选址在鱼峰山脚，即现乐群社址。

图6-2-14　柳州乐群社今貌

小楼为砖混结构，新中国成立后曾有维修；建筑形式上，碉楼部分为典型的西方折中式建筑风格，碉楼女儿墙部分有巴洛克形式常用的曲线山墙，上刻深浮雕山花。碉楼一层部分为主入口，两个主入口大门的两旁各矗一根简化了的罗马柱式。二层以上的每层窗户的窗套形式皆不相同，在体量与形式上形成整幢建筑的竖向构图焦点。小楼主体部分（二层高度的体量）的立面为古典主义的“横三竖五”构图，呈横向舒展，与前述竖向碉楼形成水平与垂直构图的对比，但建筑结构与立面门窗的开设已融合并体现现代主义的简洁意象：由于结构技术的限制，3—5 米的柱距与 1 米左右的窗跨虽未达到典型现代主义的“横向长窗”的水平，但立面尺度控制与装饰要素选择上，是恰到好处的（图 6-2-16）。

图6-2-15　民国时期的柳州乐群社

（资料来源：2007 年 2 月柳州乐群社展板图片）

图6-2-16　柳州乐群社西南面

（资料来源：柳州市政府网连机网页 http://www.liuzhou.gov.cn/mllz/lswhmc/200911/t20091117_336927.htm）

小洋楼于 1928 年 10 月建成，其新颖、开创性的建筑形象迅速成为当时重要的城市景观。柳州汽车站由候车（站务）建筑和站前广场（图 6-2-17）、站后停车场、车库等几部分组成（图 6-2-18）。在民国时期柳州延伸的这一段城市空间轴线中，柳州汽车站有聚集民众的巨大作用，其选址上依托鱼峰山的地标作用，同时又处于新马路鱼峰路的南端，并具有供人流集散的站前广场，柳州汽车站在城市形象上几乎成为柳州的“南大门”。1935年后它因具有重要的公共建筑形象及城市公共空间的功能，被新桂系改为桂系军政官员、省级驻柳企业及筹办省直属新机构官员的住宿和联络处所——柳州乐群分社。1935年9月，柳州乐群分社成立，乐群社内各种设施在当时堪称一流。

立鱼峰为背景的柳州汽车总站（乐群社）前的广场

图6-2-17　1928年柳州汽车总站及其广场

这座洋楼据1935年新增的功能进行部分改造：“一楼设中、西餐厅，阅览室，乒乓球室，桌球室，舞厅等。二楼为会议室、旅社部，为高级军政官员住所。”改造后的乐群社拥有单间、套房在内的客房共40间，套间内设有洗手间。不久，在楼后空地增设网球场，并扩建停车场，面积增至3300余平方米。之后还在柳江畔设游泳场，其公开活动常有乒乓球、桌球、网球、舞会等。柳州地方官员也时常参与到乐群社中，“入社时，每人每次交银元4毫”。抗战后，乐群社亦接待来往的军政要员、知名人士如陈立夫、茅以升等，并组织社员进行游泳、网球等项目的比赛，向外发动群众开展献金运动，慰问抗日将士。柳州乐群社成为新桂系当局及柳州上流人士的高级俱乐部和重要的公共活动中心。1942年，中国旅行社接管广西乐群总社，柳州乐群社的社会活动亦告停止，仅作旅游食宿的用途。

图6-2-18　1928年柳州汽车总站全景

（资料来源：沈培光，黄粲兮.伍廷飏传[M].北京：大众文艺出版社，2007，6：4-53

第三节　柳州外来建筑与土著建筑的文化融合

一、宋代柳州灵泉寺：融合土著民居空间文化

2006年8月，一座建筑基址及其大量瓦当、滴水、板瓦、筒瓦、青砖、

花砖等建筑构、配件在马鞍山西麓被发现。经广西文物考古研究所和柳州博物馆鉴定为宋代灵泉寺遗址，这是目前广西所发现的第一个唐宋时期建筑遗址[1]。这次考古挖掘在距今灵泉寺东南 80 米处的区域进行，发掘面积约 500 平方米。经过发掘清理，揭露地下遗址约 300 平方米，清理出灵泉寺 3 期建筑遗迹：一期约为唐代（即唐代的大云寺），二期约为北宋末期至南宋中期，三期约为明代中期。

唐代遗迹主要为柱洞，由于受到后期建筑的影响，通过清理发掘，发现唐代柱洞 5 个，分布在建筑基址的中部。柱洞形制为圆形、直壁和弧状底。根据柱洞分布状况可推测，唐代灵泉寺应为面阔 3 间、进深 2 间的建筑规模。文化遗物中有瓦当约 10 件，均饰莲子纹，具有明显唐代中晚期的时代特征。

宋代建筑遗迹主要有大面积的铺砖地面、柱洞、火塘、天井和排水沟等（表 6-3-1）。其围墙墙基处于遗址西南角，由铺砖地面向西延伸，残长 2.7 米，宽 0.7 米，厚 0.4 米。由于该墙基连接灵泉寺遗址地面，推测其可能为灵泉寺遗址的围墙。宋代遗物有建筑构件、瓷器、钱币、铜镜等。出土的建筑构件有瓦当、滴水、板瓦、筒瓦等。其中以瓦当和滴水为主，瓦当种类约有十种之多，有莲花纹、莲花“卍”字纹、菊花纹、莲子纹等，其中以莲花“卍”字纹最多，该种瓦当制作规整、纹饰精美，是佛教建筑最明显、用意最深刻的构件之一。滴水多残缺，主要纹饰有草叶纹和缠枝纹两种，制作规整，造型精美。

宋代灵泉寺在唐大云寺的基础上得到繁荣发展，表明佛教的传播已渐具成效，从另一方面也说明马平县佛教的受众基础越来越广泛，这或得益于夷族对佛教的皈依，抑或得益于汉族人口在该区域的增加。汉夷两者之间存在文化交融的现象，还可以从宋代灵泉寺建筑使用空间内出现土著民居独有的“火塘”得到例证：早期干栏式建筑的居室中，没有专门的厨房和火灶，而是在厅堂的一侧设置火塘，四周各用一块石板镶入楼板中，中间以泥填充，上置一个三脚铁架。火塘是一家炊煮用火之处，全家的生活起居中心，同时将它作为灶神的栖身处加以崇拜，在土著民居中占据重要地位。宋代灵泉寺考古遗址的平面空间表明它是典型的中原文化直方大殿形式，但在行为空间中已经反映出存在与僮瑶等土著民族日常行为模式相吻合的“火塘”。

[1] 熊昭明，程州等．广西柳州发现灵泉寺建筑遗址 [N]. 中国文物报，2007 年 7 月 13 日第 002 版新闻．

宋代柳州灵泉寺建筑的考古遗存分析 表6-3-1

指标＼位置	铺砖地面	天井	柱洞	排水沟	火塘
形状	南北走向的长方形	长方形	均为圆口、直壁、平底，底部有砖块或瓦片	长方形	2个：1号火塘平面形状近椭圆形，直壁、平底；2号火塘较小，形制为圆口、直壁、平底
位置	—	于遗址铺砖地面的北部	分布在天井右侧，共12个	位于铺砖地面的北部西侧	火塘2个，分布在铺砖地面南部
尺寸(米)	8.2×20.6，近170平方米	3.9（长）×2.14（宽）×0.3（深）	—	4.2（残长）×0.2（宽）×0.3（深）	1号火塘底部及四壁有厚约0.06米的烧土层；2号火塘底部和四壁有厚约0.03米的烧土层
材质做法	青砖错缝铺砌，地面东侧用卷草纹花砖砌边	天井边缘用青砖围砌	—	两侧砌长方形花砖上饰“回”纹，图案均朝向水沟内侧。沟内填灰黄黏土，填土底似火烧	1号火塘内填充灰黑色黏土，包含大量瓦砾、砖块等，结构疏松；2号火塘内部填充物质同1号火塘
以考古遗存推测	根据柱洞的柱网可推测天井右侧的建筑为面阔3间、进深3间；同时推测在天井的左侧也应该存在同样的建筑布局				
	根据上述遗存推测，宋代灵泉寺是以天井为中心左右对称的建筑，面阔7间，进深3间				

资料来源：根据“熊昭明，程州等．广西柳州发现灵泉寺建筑遗址[N]．中国文物报，2007年7月13日第002版新闻”整理制表。

二、清代马平客家民居：融合土著民居装饰题材

客家民系五次历史迁徙形成了粤、闽、赣三省附近的客家核心聚居区和次聚居区。马平县留存的客家民居被地方称为“宗祠”，这些民居有总祠、分祠（支祠、家祠）之分。在空间划分上，有专门作为祭祀用的建筑（群），也有将祭祀空间与居住空间组合在一组建筑（群）里这两种情况。而清代马平县的留存宗祠中，相当大部分为后种情况。现存的马平客家民居在规模与形式上都比原迁地的小、简化。

从隆盛庄和凉水屯刘家大院分析，这些客家民居基本保留了原迁地在

建筑空间布局、功能分区等方面的建筑特点，局部显示了适应马平的地域情况和文化。如为适应人文对立的社会背景，早期客家民居大多设置了碉楼（参见附图 18）；建材方面，墙体材料无法从广东大量运来石材和砖块，采用了土砖或夯筑土墙，局部装饰图案如挑檐、山墙台阶等细部的铜钱装饰受土著民居的审美影响。土著民族民居文化崇拜门神（兼财神），具有招财和守财的保护含义，因此壮族等流行在门槛的枕石上雕刻铜钱和宝葫芦图形。可见马平的客家民居同时也受到土著文化的影响。

（一）龙（隆）胜（盛）庄（又名：九厅十八井、曾家大院、老围拢）

乾隆年间（一说嘉庆四年，1799 年），广东嘉应州（今广东梅县）迁入柳江定居的客家人曾勋、曾光麟在马平县附郭西南（今柳州市柳江县进德三千村隆盛屯）建造了一座占地约 20 亩、房共 120 间的大院（图 6-3-1）。该大院为一规模宏大的庄园建筑群，设有多个大厅、十多个天井，当地人称之“九厅十八井”，又名隆胜（盛）庄。2000 年 7 月，龙胜九厅十八井被确定为广西区重点文物保护单位。

(*a*) (*b*) (*c*) (*d*)

图6-3-1　清代马平县三千村九厅十八井形式的龙（隆）胜（盛）庄
（*a*）从庄园前水塘以西南方向望曾家大院；（*b*）曾家大院与水塘间的晒坪；（*c*）庄园内碉楼；（*d*）庄园的隐蔽入口

庄主为土垢屯曾氏祠堂的支脉。清代富甲一方的曾氏家族以广东兴宁老家庄园为蓝本，重金从广东运来建筑材料，兴建新宅。庄园大门前的人工莲池有三亩宽。庄园坐西北面东南，正面院墙两个转角的形式为方形，背部院墙两个转角的形式为圆形。院墙内的四角皆设碉楼，四周墙高五六米，庄墙距地面三米多高。庄内有一圈跑马楼，大门全用大石条砌成，不怕火攻炮轰，形成一道牢固的防御工事。庄内设厅堂、居室、跑马楼、花圃、货仓、谷仓、碾房、雇工及庄丁宿舍。庄内建筑的屋檐、梁袱等配件雕刻绘塑各种花鸟图案，精美壮观（图 6-3-2）。庄园建成后曾经历战火，又因年久失修等原因使部分房屋毁圮，但其围墙、碉楼、天井基本完好，柱墩尚存，整个庄园格局清晰可见。

图6-3-2　清代龙（隆）胜（盛）庄部分建筑细部

（*a*）庄园入口；（*b*）铜钱浮雕山墙；（*c*）双铜钱雕花挑檐木；（*d*）侧墙趟栊门样式的入口；（*e*）铜钱镂花镬耳山墙；（*f*）庄园晒坪正门入口的挑檐；（*g*）柱础

咸丰八年（1858 年）九月，庄主曾氏以大批粮食通过天地会首领谢亚八接济大成军。在大成军将领李文茂等人退离柳州后，庄主被人告至清政府，以:“接济贼粮，纠约艇匪上窜”名招致清按察使蒋益澧派兵围攻隆胜庄。庄民、天地会党与清军昼夜激战，据守 20 多天后庄内弹药尽绝，被清军破墙进庄，隆胜庄遭受严重破坏。

（二）柳南区竹鹅村凉水屯刘家大院（刘氏家祠）

凉（良）水屯刘氏家祠又称琼园，为清代迁自广东兴宁的刘氏客家人在光绪三十二年至三十四年（1906—1908 年）所建，是一座以祠堂为中心的合院式民居。园主刘华琼，为喇（拉）堡镇基隆村刘氏始迁祖弼一公后代。

2005 年该院被立为柳州市文物保护单位，保护范围以大院为中心的周边 30 米范围内。建筑坐东北朝西南，为三堂两横形制，进深以两边侧房计有 11 个开间（图 6-3-3），背面院墙两端各设一座碉楼，楼高 4 层，可以从侧厢最后一个房间进入碉楼。大院占地面积逾1400平方米，中厅供奉祖宗牌位，屋架为抬梁式，以木柱分隔明、次间。中厅的前檐呈卷棚轩式，檐板木饰雕花精美（图6-3-4、图6-3-5）；上、下厅各以墙体分隔明、次间。中厅与上、下厅之间各设木屏风分隔。建筑材料为砖、木、泥等混合，为泥砖夯土兼木屋架的混合结构。院墙、分隔墙以石灰、河沙掺糖油混合夯筑，青砖铺地，上为小青瓦屋面。

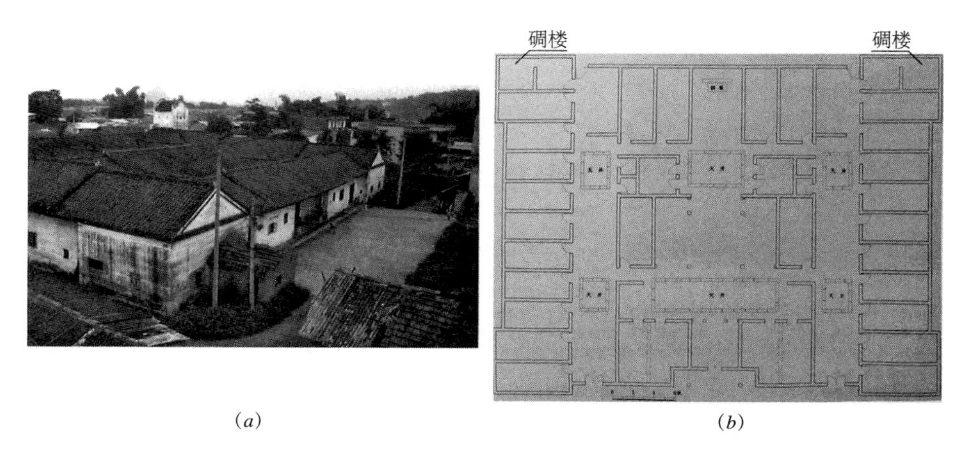

(a) (b)

图6-3-3　清代马平县凉水屯刘家大院

（a）凉水屯刘家大院；（b）凉水屯刘家大院平面图

（资料来源：柳州市地方志编纂委员会办公室．柳州宗祠[M]．南宁：广西人民出版社，2007，12：41）

(a) (b) (c) (d) (e)

图6-3-4　凉水屯刘家大院建筑的细部装饰

（a）刘家大院通往正厅的台阶刻有铜钱浮雕图案；（b）刘家大院中厅的台阶；（c）刘家大院正门柱础；（d）刘家大院正厅柱础；（e）刘家大院厅堂雕花挑檐木

(a)　(b)　(c)　(d)　(e)　(f)

图6-3-5　凉水屯刘家大院建筑内部空间

(a) 刘家大院内厅堂望向大门；(b) 厅堂东侧厢房；(c) 侧房通厅堂的横道；(d) 刘家大院门厅望向内厅堂；(e) 趟栊门形式的大门；(f) 侧轴线内的纵道

第四节　中原及外来地域建筑文化的发展

一、马平的衙署、学宫（书院）：传承中原建筑文化

清康雍两朝曾在柳州大规模兴建一批衙署、军署、军仓，它们大多以中原文化的院落式布局建造，基本为大屋顶的形式。清代马平城内的官署建筑基本沿明代或前朝相关建筑的遗址，如柳州府署，沿用的是明洪武六年（1373 年）建造、明成化九年（1473 年）重修的旧建筑，该官署在康、雍两朝屡修。右江道署沿用（柳州）分司旧址，雍正十年（1732 年）重修堂室书厅。前述的衙署及学宫建筑现已不存，从史料所载图像了解，明清以来的官署建筑坐北朝南，严格遵照中原文化的轴线序列布局建筑群的院落空间。

（一）明清时期的柳州衙署建筑

清代广西军门提督署：主要以中轴线来组织建筑院落，中轴线由南向北安排的建筑有照壁、头门、仪门、大堂、二堂、三堂、楼房（五开间、重檐歇山顶）；中轴线两侧并没有形成侧轴线的建筑院落，主要安排习武场地，在场地上安排零星房厅，其中：东侧场地为东射圃，内设财神厅、南库、东箭厅及东书房、卡房；西侧场地为西箭道，内设材官厅、西箭道厅、卡房（图6-4-1*e*）。

清代柳州府署：整体布局由左、中、右三条轴线组织（图6-4-1*d*），其中中轴线由南向北安排的建筑有照壁、头门、仪门、大堂、二堂、三堂、楼房（五开间、重檐歇山顶）；东轴线由南向北安排的建筑序列为土地祠（官厅列其西侧）、仪门、大堂、二堂、内房；西轴线由南向北安排的建筑序列为：箭亭（卷棚顶）、大花厅（重檐歇山顶）、书房。清代右江道署的建筑形制基本大体与清柳州府署同（图6-4-1*b*），但在“照壁”与“头门”之间增设“泮池”；清马平县署的建筑形制基本与清柳州府署同，在中轴线上少了“三堂”这个序列，位于轴线最北端的也不是“楼房”，而是“内房”（单檐歇山顶），或因其礼制等级较低的原因。

前述各衙署位于轴线上的门、厅、堂大多为三开间、单檐歇山顶，其中广西提督署、右江道署、柳州府署三座建筑中轴线北端的“楼房”皆为重檐歇山顶（柳州府署、广西提督署的“楼房”皆为五开间的重檐歇山顶，为最高等级的地方建筑）。这些院内的书房呈卷棚顶，卡房等旁侧用房为硬山顶。

（二）明清柳州学宫

清代柳州城内曾设的学宫书院有马平县学宫、柳州府学宫、罗池书院，明代还设同仁书院（至清已不存）。

清乾隆柳州府学宫，西轴线序列为照壁、泮池、头门、大成殿、崇圣祠，西轴线的西侧设侧厅，为训导署、教谕署；中轴线序列为官厅、明伦堂；东轴线序列为照壁、万寿宫、朝房、大殿（图6-4-1*c*）。

清乾隆马平县学宫，中轴线序列为照壁、泮池、仪门、大成殿、崇圣祠，中轴线西侧设侧厅，为训导署和教谕署；中轴线东侧设明伦堂（图6-4-2*a*）。

前述两学宫的大成殿为三开间的重檐歇山顶，柳州府学宫的明伦堂为三开间歇山顶，马平县学宫的明伦堂为三开间的重檐歇山顶。

（三）柳州城内书院的建设

唐代至元代，马平城内先后设县学、义学、社学，如宋代设驾鹤书院，明洪武四年（1371年）设县学，明代设同仁书院于马平城东南，明嘉靖间设龙城书院于城北较场附近，当地学人还开设王氏书馆教授儒学（即前文所述的王氏山房）。明清以来的书院建设还有罗池书院、柳江书院、柳侯书院等。

柳江书院：清康熙五十三年（1714年）都督张朝午捐资创建柳江书院于城东门外，后被辟为兵营。光绪十七年（1891年）柳州府建成藏书楼，

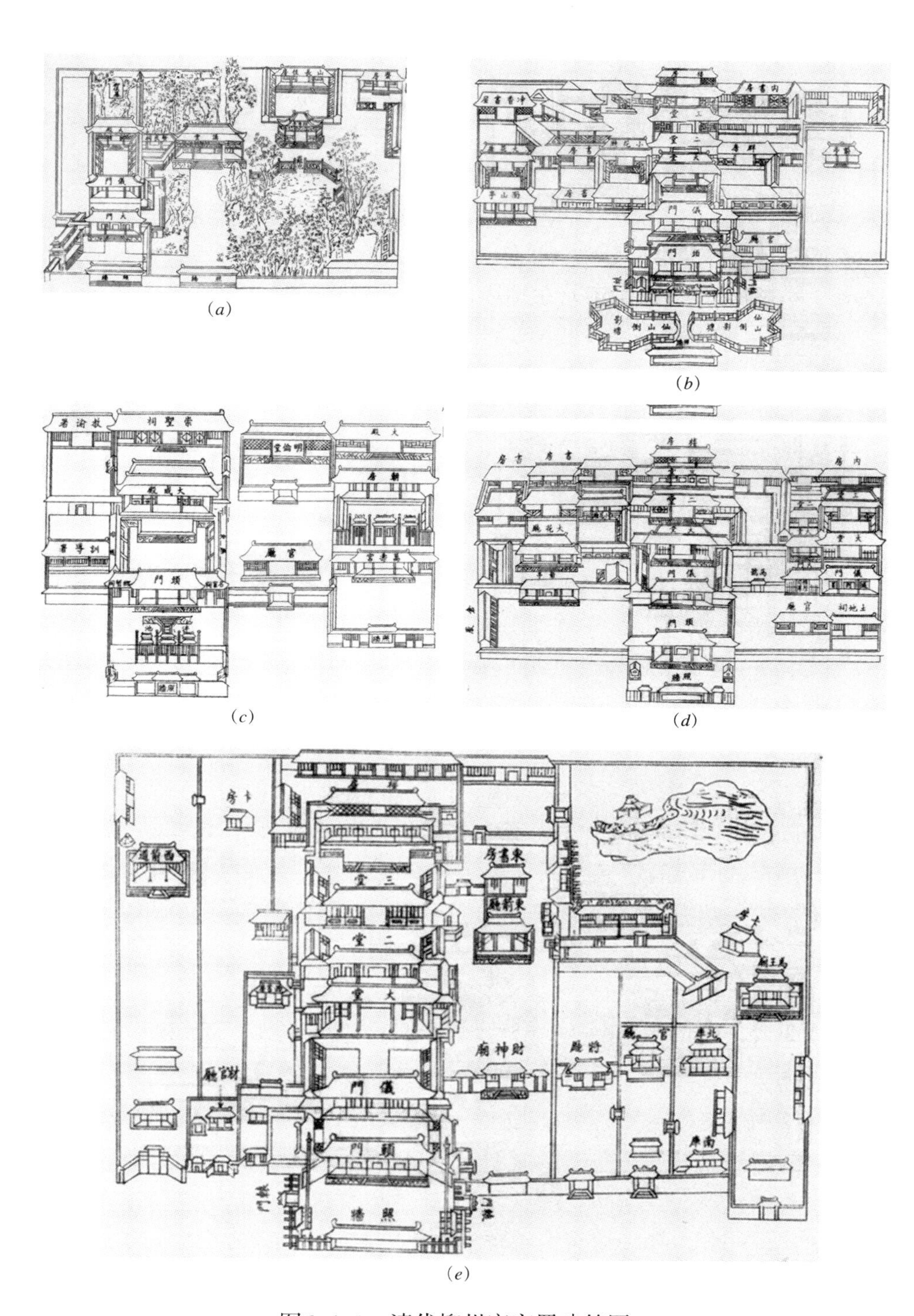

图6-4-1　清代柳州府官署建筑图

（a）清代柳州罗池书院图；（b）清代右江道署图；（c）清代柳州府学宫图；
（d）清代柳州府署图；（e）清代广西提督军门署图
（资料来源：（清）王锦撰．柳州府志[Z]. 清乾隆二十九年版重印本（共四册）. 柳州：柳州市博物馆翻印本，1980：卷之首，第4-13页）

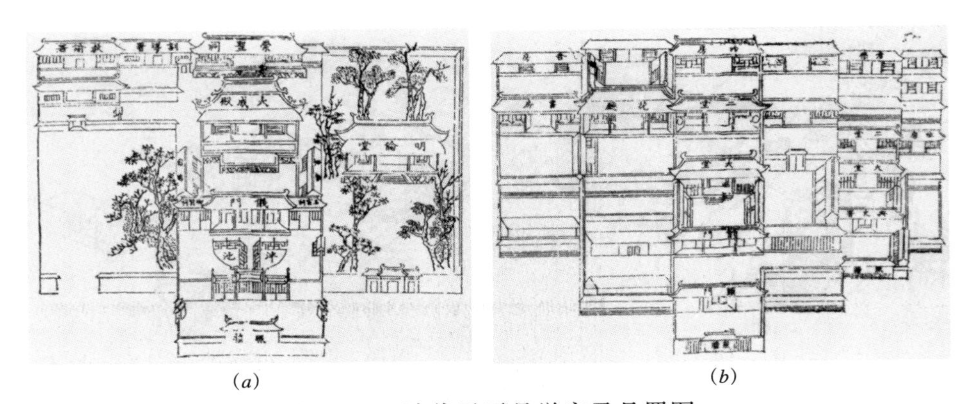

(*a*)　　(*b*)

图6-4-2　清代马平县学宫及县署图

（*a*）清代马平县学宫图；（*b*）清代马平县署图

（资料来源：（清）舒启修，吴光升篡．马平县志[Z]．乾隆二十九年原修，光绪二十一年重刊本之影印本．台北：成文出版社有限公司印行，1970：24-27）

位于柳江书院内，清同治初年，柳江书院迁往龙角街（今龙城路），藏书楼随迁。光绪三十三年（1907年），书院改为马邑两等小学堂。今已无存。

柳侯书院：乾隆初年，广西右江道周人骥在柳侯祠内考核学生，择其优异者肄业其中。乾隆十年（1745年），广西右江道杨廷璋命柳州知府成贵在罗池北建讲堂，在罗池东南隅建斋房。让学生除在此学习外，还在里面饮食，虽然规模仅限于罗池周围，但学习的风气已渐蔚成。乾隆二十七年（1762年），广西右江道王锦率柳州府官员捐资筹资扩建课堂七间，斋房二十间，厨房、耳房各一间，复修课堂及柑香亭，并补齐了缺漏的桌椅及各种器具，使教学活动得到正常进行。曾肄业于书院的柳州举人王嗣曾有《柳侯书院》诗描述学生读书其中的情形。

二、清代马平的会馆建筑：外来地域文化

明清柳州有六所会馆：粤东会馆、湖广会馆、江西会馆、福建会馆、庐陵会馆与广东会馆（又称潮梅会馆）。外籍会馆促使了柳州地方建筑风格的多样化，这些会馆的建筑造型、装修风格均体现了其原乡的地域特点。马平县时有谚语称："粤东会馆赛石头，湖广会馆赛柱头，江西会馆赛墙头，福建会馆赛码头。"可见清代会馆建筑将当地文化多元化局面推向新的高潮。

粤东会馆，由广东同乡中的官员、举人、秀才、富商发起，在东门外建造，占地十余亩。建筑用材以石板居多，镬耳山墙，会馆大堂及两廊屋脊檐口俱镶嵌佛山陶瓷的人物花鸟，风格和结构形式与佛山祖庙差不多。[1]

[1]　谢贤修．柳州古迹轶闻摭逸[Z]// 政协柳州市城中区委员会编．城中文史（第四辑）[Z]．柳州：柳州文史资料内部刊物，1989：71-94.

图6-4-3 民国江西会馆被轰炸后所遗的马头墙

（资料来源：柳州乐群市图片 2007 年 2 月展板）

湖广会馆(三楚会馆)原在北门外，康熙时建新馆于府学宫之左。占地约五亩，中原建筑风格，厅堂为五开间，中轴线有五个空间序列：大门、仪门、大堂、中堂、三堂。

福建会馆，轴线院落的空间序列有大门、仪门、正堂、内堂。在大门、大堂的屋脊上俱有巨形的双龙戏珠，有飞檐角。大堂、正堂皆是大型叠梁式结构，后堂塑天后像，两侧排列八仙女。正堂两旁有东西厢房，清水砖墙，门窗为雕花隔扇。

江西会馆，保留了典型的江西建筑风格——马头墙（图 6-4-3）。会馆内设四座堂宇，大堂为三开间，其左侧设花厅，右侧为三层高木构亭阁建筑——观音阁。

第五节 建筑类型的新发展及其多元建筑风格

前述若干章节的阐述揭示，柳州城市文化及其民众具有多元化、易吸收新事物的人文特点，民国柳州城内建筑类型的发展，也充分体现了这个特征。

一、现代建筑在公共建筑、官邸等方面的建设

近代城市亟须新兴工业产业的厂房、研究所、医院等现代公建，现代建筑形式在前述类型功能中被广泛采用，如一般的公建和厂房基本采用现代建筑风格，以砖木或钢筋混凝土结构为主要承重方案。进而引发其在柳州城商绅、军阀府邸的应用。相关的建筑实例有：

柳江图书馆：1928 年落成，按照当时广西省图书馆标准修建。馆址设在今公园路幼儿园一带，图书馆总面积达 600 平方米，现代建筑风格的三层砖木结构，为面向社会开放的新兴公共图书馆。图书馆落成曾被桂军军校及其第七军占用，后向民众开放借阅书报，1944 年沦陷时被日寇烧毁。

柳江公医院：柳州历史上的第一家西医医院，于 1926 年 3 月落成。占地约 1000 平方米，医院由一座两层小楼（砖木结构）、若干平房组成。两层小楼内设药房、诊室及医生、护士的宿舍，平房的功能分别为病房、手术室、门诊室、伙房和太平间、护士教室及护理员和职员宿舍。柳江公医

图6-5-1　1935年的柳州公医院

（资料来源：沈培光，黄粲兮．伍廷飏传[M]．北京：大众文艺出版社，2007，6：62）

院选址在原马平城外天妃庙（天后宫）内，医院的建造必须拆除天妃庙及妈祖像，这曾引发闽南籍马平商绅、民众的强烈反对，经闽南籍士绅高景纯等的平息终于建成（图 6-5-1）。

新柳江酒楼：民国 7 年（1918 年）建造，柳州最早的钢筋混凝土建筑，楼高 4 层，内设旅舍、戏院、茶楼、赌场，位于沙街（今柳江路）中段。

覃连芳宅：柳州柳江路 156 号（现柳江大桥北端西侧），为国民革命军第七军二十四师师长覃连芳的邸宅，现代建筑风格。该宅第为 5 层钢筋混凝土结构，坐北朝南，于民国 21 年（1932 年）秋动工，次年四五月建成，占地面积 142.59 平方米，建筑面积 606.68 平方米，高约 20 米，旁有作为附属建筑的平房 26.3 平方米。该宅一楼为厨厕，二楼为四房一厅，三楼为五房，四楼为两房一厅，五楼为一房及一晒台。其立面窗户统一设为带弧形窗眉的方形，外墙厚为三七墙，外墙为米黄色砂浆抹灰的饰面做法（图 6-5-2*a*）。

(*a*)

(*b*)

图6-5-2　民国柳州城权贵的宅邸形式

（*a*）位于柳江路上的覃连芳宅（现代建筑风格）；

（*b*）位于中山东路上的廖磊公馆（西方折中建筑风格）

（资料来源：柳州市地方志编纂委员会．柳州市志（第一卷）[Z]．南宁：广西人民出版社，1998，8：541，540）

二、西洋建筑在官署、府邸、宗教领域的建设

光绪三十二年（1906 年），美国宣道会牧师陈法言在城内景行路（后在庆云路）购地建立福音堂，该福音堂为哥特式的西方教堂建筑。民国柳州城内采用的西方建筑风格，主要以西方折衷式、集仿式为主，是权贵府邸、办公楼、重要公共建筑竞相采用的形式，如前述的柳州乐群社（柳州汽车总站）。相关的建筑实例还有：

廖磊公馆：位于现柳州市中山东路 36 号，一说建于 1922 年，廖磊为国民党第七军军长、安徽省主席。该府邸由主楼和大门、围墙、前院、后花园组成。主楼为三层砖混结构楼房，建筑面积约 1000 平方米（图 6-5-2*b*），有厅堂及房 11 间，筒瓦屋面。其主梁、阳台、天面及三层楼地面为砖木结构，由于结构技术限制，门窗跨度大多 1.5 米以内，少数达 2 米左右。与前述柳州乐群社相比，廖公馆的西方装饰元素较少，如入口部分的二层窗户采用西方的弧形窗拱过梁，以混凝土花瓶状栏杆作为女儿墙及阳台栏杆。部分屋顶为当地普遍的硬山搁檩做法，局部为现代建筑的平屋顶，形成中西合璧的建筑风貌（图 6-5-3）。

图6–5–3　民国时期柳州廖磊公馆

（资料来源：柳州市文化局）

三、南洋建筑（骑楼）在商业街的建设

柳南新区规划及民国 17 年（1928 年）大火前后，柳江南北两岸的很多街道（马路）两旁的建筑以及路宽得到重新整饬和拓展，使城市面貌焕然一新（图 6-5-4）。骑楼商铺的街道空间中，人车分道，既可乘凉

躲雨又能促进商业社会交往，对明清以来只有几尺宽、逼仄狭窄、自由搭建、弯曲蜿蜒的旧城老街而言是突破性的进步。部分沿街建筑呈现南洋风格，如柳南鱼峰路、沿河大马路的沿街骑楼（由伍廷飏等规划而成），柳北沙街、小南路和庆云路（现为中山路）皆建造其适应炎热气候的沿街骑楼（由商绅自建，或由民国 17 年火灾后的街道改造章程指导下改造）。

(a)

(b)

(c)

图6-5-4　民国时期柳州城内骑楼

（a）沙街的部分骑楼；（b）中山路的骑楼街；（c）中山路的骑楼

（资料来源：a、c 图来源：柳州市地方志编纂委员会．柳州市志（第一卷）[Z]. 南宁：广西人民出版社，1998，8：405，543；b 图来源：柳州市城市建设志 [Z]. 北京：中国建筑工业出版社，1996：241）

第六节　柳州城市建筑材料应用的发展

一、灾害促使清代至民国建材使用的变化

（一）清代马平城火灾促使城市建材的变化

唐代至清乾隆初年，柳域内擅出竹木，缺砖石，马平县普通民居的建材普遍用茅草或竹木结构，只有官衙府邸方有条件采用更为坚固的砖石材料。至乾隆中期，由于人口民房渐密，火灾隐患屡屡酿发损失，城内军民逐渐使用砖瓦建房。据乾隆二年（1737 年）广西提督谭行义《请借给兵丁改建瓦房疏》载："柳州府为粤西要地，驻扎援剿重兵，城内兵多民少，边方习俗，兵丁多住草房。"由于"竹篱茅檐，人烟稠密，易遭火患，每一不慎，势必延烧数十余家"，且"草竹枯干"，一旦发生火灾，"势若燎原，速难措手"[1]，就连附近的瓦房也难以幸免。经谭行义奏准："将营运生息银二万余两内，领四千两，借给兵修建瓦房，每间九两，三年扣还。

[1]（清）谭行义．请借给兵丁改建瓦房疏 [Z]// 王锦修，吴光升纂，刘汉中，罗方贵，陈铁生标点．柳州府志・艺文（卷三十五）[Z]. 北京：京华出版社，2003，12：563.

嗣于十五年（1750 年），提臣豆斌，以城外兵房并未议及，复奏请将前次归还四千两内利银一千三百八十两零，借给城外兵，限五年内易盖瓦房，归款在案。”[1]

（二）民国时期柳州城火灾加速防火建材的使用

据民国广西省政府统计处对广西各县农民住宅的一项调查资料显示，马平县的农民中，住瓦屋的约占总数的 90% 以上，住茅屋的约占 12.54%[2]。民国 17 年（1928 年）大火后对易燃建材控制使用，民居中以砖、石作为建筑材料的渐渐增多，在城内经济条件较好的阶层还以砖混、钢筋混凝土结构建造房屋。前文所阐述的大多数公共建筑也基本为砖混或钢筋混凝土结构。

二、适应洪水淹没范围的建材使用策略

民国时期共有三次较大水灾，具体情况如表 6-6-1 所示。马平城一直未有主动的防洪措施来减少水灾对城市的损失，民国时期柳州的城市建筑在建材使用上形成了与受灾范围相适应的分布，因而沿江两岸近水建筑一般采用木材搭建成棚屋形式，以期退水后能迅速补救重建。这些沿江建筑采用木柱、木壁板、木皮等搭建（屋顶采用木皮），面街一边作为店铺，面江的立面采取木柱吊脚楼的形式。原城墙南墙脚（小南门至东门）外至柳江水岸一带的街道经常遭受洪灾的涨水之患，每年七八月雨季开始，河水泛滥，沙街等沿岸街道和码头无一例外受水浸之虞。1931 年特大洪水中，沙街及东门外一带房屋水没屋顶，但水退后又迅速搭建营业。这些木棚屋沿江密密排列，成为柳州城一段特别的景观。总体而言，该时期柳州城市建筑按材料使用的特点，基本呈现两个层次的变化：沿江建筑主要以木材搭建的棚屋为主，它们分布在柳江沿河两岸常受洪灾淹没的码头商业区，如沙街一带的店铺（图 6-6-1 范围 3），这些吊脚楼的临江木建筑保留了传统半干栏式的某些特点（图 6-6-2、图 6-6-3）；因民国 17 年（1928 年）大火整饬过的马路沿街店铺、新区拓展的马路两旁商铺、部分小资产者的店宅等，一般以砖木结构为主，如鱼峰路、沿河马路两旁的骑楼街建筑（图 6-6-1 范围 2）以及附录部分附图 21 所示；东半城内权贵商绅的高院大宅、城内新兴的公共建筑，则主要以中原建筑风格、西洋建筑形式出现，大多采用砖石、混凝土结构或“砖木 + 混凝土”结构（图 6-6-1 范围 1），如柳州乐群社。

[1]　大清高宗纯皇帝实录・卷七百三十五 [Z]. 台湾：华文书局影印本，1970：10-11.
[2]　广西统计局 . 广西年鉴（第二回）[Z]. 广西省政府，1935：297.

民国时期马平县的重大洪灾一览表 表6-6-1

时间	洪水水位（米）	浸泡范围及损失
民国 13 年（1924 年）	90.49	城中柳新东、西街，四码头（中山中路）一带水深二三米，城外雅儒桥被淹，沿江板壁房屋，全被大水冲。洪水淹至柳南谷埠街北帝庙门槛脚；灵泉寺、马鞍山脚、龙泉山脚、鸡喇皆被水浸
民国 20 年（1931 年）	缺	沙街及东门外一带房屋被水没顶，城内亦有入水；沿江房屋被淹没，城区淹毙 6 人，损坏房屋 564 间；二、六、七区绝收稻田 1155 亩
民国 38 年（1949 年）	89.31	柳州高中、龙城中学（原粤东会馆一带）低洼处一片汪洋，球场篮框离水仅丈许；临江楼房、平房被洪水淹没，塌房不可计数

资料来源：根据“柳州市城市建设志编纂委员会编．柳州市城市建设志[Z]. 北京：中国建筑工业出版社，1996：230”、“傅学说．亲历柳州两次大水灾[Z]// 政协柳州市柳北区委员会编．柳北文史[Z]. 柳州：柳州市文史资料内部刊物：1996 年（第 13 辑）：183-184”、“士弓．从档案查证 1931 年柳州特大洪水[Z]// 政协柳州市柳北区委员会编．柳州文史资料（第四辑）[Z]. 柳州：柳州文史资料内部刊物，1989：74-76”、“刘明文．近百年来的柳州大水[Z]// 政协柳州市城中区委员会编．城中文史（第三辑）[Z]. 柳州地方志内部刊物，1988：36-39”资料整理制表。

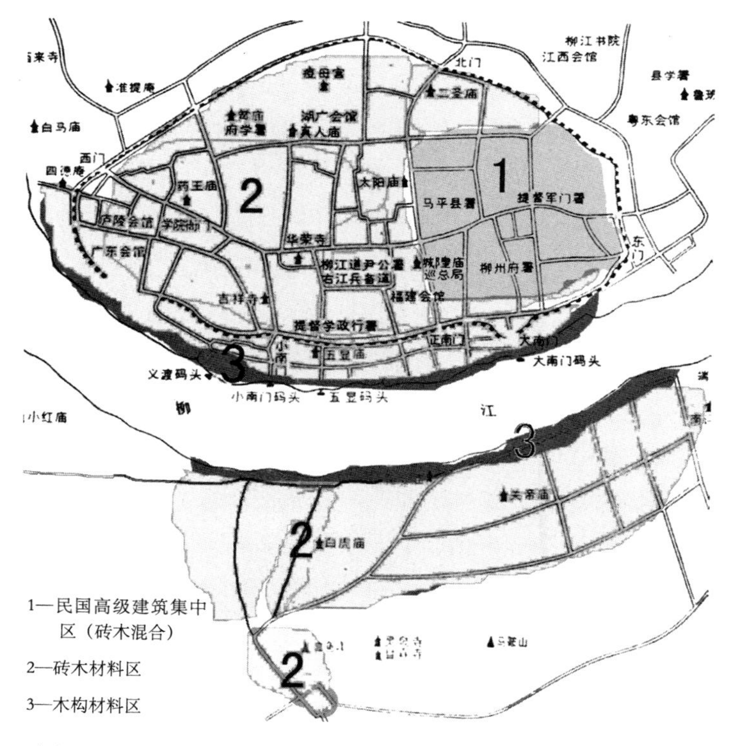

图6-6-1　民国时期适应水灾淹没区的不同建材使用范围
（资料来源：由“《柳州军事志》柳州市古代城郭图”改绘）

图6-6-2　民国时期柳州城柳江北岸的沿江吊脚楼

（资料来源：2007 年 2 月柳州乐群社展板图片）

图6-6-3　民国时期柳江 · 浮桥 · 柳州城

（资料来源：柳州市地方志编纂委员会办公室．飞虎队柳州旧影集 [M].
昆明：云南民族出版社，2005，7：158）

在城市空间转型的同时，某些用地一直保留了明清以来的肌理（图6-6-4）。如东城在明清以来就是权贵的大型府邸和宅院，民国时期仍延续了同样的格局。截至新中国成立前，东城中山东路一段，先后进驻了清代提督衙门、马平县衙门、三官厅（副将、参将、游击三官议事之所）、新桂系廖磊的“廖公馆”、广东督军陈炳焜宅、清末民初广州卫戍司令高景纯的“少将第”等。这部分用地的竖向标高一向高于马平城的一般洪痕。择高爽基地来建设房屋，是被动防御洪灾的手段之一，东城因此成为该城用地肌理最具有延续性的地段，即与西城商住混用的小地块肌理不同，为宽宅大院的大地块（图 6-6-4）。民国时期权贵们受到西洋建筑的影响，在本地工匠技术有限的情况下，大多聘请广州、上海等地的营建公司或国外公司建造自己的宅院，因此东城的大部分新式机构、宅邸皆呈西洋、中西合璧的风格。

图6-6-4　民国时期柳州全景图（从柳南鱼峰山北望）

（资料来源：2007 年 2 月柳州乐群社展板图片）

结　语

一、造城经验（历史实证方面）

（一）唐代至民国柳州城市发展的历史阶段及其特点（结表 1）

唐—民国柳州城市的发展，可概括为：唐宋吸收中原文化阶段；明代至清初的“城—堡”发展阶段；清中叶后的“桂中商埠”发展阶段；民国至新中国成立后的“西南交通枢纽”阶段。

柳州城市发展的历史阶段及其特点一览表　　　　**结表1**

<table>
<tr><th>时期
发展项目</th><th>唐宋</th><th>元明至清初</th><th>清中叶至民初</th><th>民国</th></tr>
<tr><td>城市人文形态的发展</td><td>文化开发与传播（即中原文化在粤西地区的扩散）</td><td>文化移植、隔离与入侵</td><td>多种外来文化相互融合与演替，晚清形成汉族为主体、多民族共生的社会结构</td><td>邑民与军士身份混合的人文特点，由商绅与军职阶层主导地方社会</td></tr>
<tr><td rowspan="2">城市物质形态的发展</td><td rowspan="2">兴建土城墙以防虎虫，主要兴筑中原文化建筑（文庙、寺院、县学、亭馆、馆驿）</td><td>明末前大量建设军事城堡和设置军事机构</td><td rowspan="2">沿江商业街市兴起，手工作坊增多，墟市规模与数量增加，商业区由江边向城内蔓延，服务行业兴旺，形成“桂中商埠”，为江北的单核空间</td><td rowspan="2">中外战争促进西南交通枢纽的形成，从南北两方向拓展城市用地，近代工商业、金融业、建筑业兴起，形成“江北＋江南”的城市双核结构</td></tr>
<tr><td>明末清初“城堡”→“城＋市”转变</td></tr>
<tr><td>城郭关系的演变发展</td><td>城与郭隔江相望</td><td>封闭城堡，与附郭形成“城—郭”对立</td><td>附郭经济向城堡突破，促进城内用地功能分化，城郭逐渐融合</td><td>打破封闭城墙，形成开放城市形态，军事因素促进跨江疏散的空间发展，附郭演变成城市</td></tr>
<tr><td>城市职能及产业的发展</td><td>政治</td><td>政治、军事</td><td>政治、军事、小手工业、经纪业、旅馆业、区域贸易</td><td>政治、军事、近代工商业、金融、交通、旅馆业、建筑业</td></tr>
<tr><td>城市经济的发展</td><td>农业的发展</td><td colspan="2">区域贸易、农副经济、手工业的发展</td><td>近代工商业的发展</td></tr>
<tr><td>城市发展阶段划分</td><td>形成期</td><td>发展期</td><td>成熟期</td><td>近代发展与破坏期</td></tr>
</table>

资料来源：根据本书研究结果整理制表。

（二）唐代至民国柳州城市发展的历史规律及其驱动力

柳州为古代岭南粤西重镇，中央王朝对该区域的政治、军事、民族政策与策略，是决定该发展趋势的首要因素，它们的作用力通过形成广西“桂柳邕梧”（军事与经济）城市体系对柳州形成外部驱动：柳州在四城鼎立不断形成或消长的格局中后来居上，即清代大发展，民国赶超其他三城。在前述发展大趋势下，影响柳州城市发展与形态演进的内在要素和驱动力错综复杂。最主要的内在要素有自然地理要素、科学技术（交通技术、城市防洪技术、营建技术）。驱动力有以下三项：民族矛盾；军事战略地位升降；社会文化变迁（民族结构与文化变迁、商绅与军职阶层主导地方自治、政军精英主导地方建设）。

（1）自然地理要素是影响唐代至民国时期柳州城市性质与规模的长期、根本的潜在要素

自然地理要素通过地理位置、气候特征、自然资源这三方面，在宏观上与“桂柳邕”和“梧—桂柳邕”体系形成“资源、人文、空间禀赋—城市体系功能组合”的正向矛盾运动机制；中观、微观上影响柳州的自然灾害、人文区位、文化技术开发进程、经济区位、军事战略地位、城址选择与城市形态特征。

（2）科学技术是促进柳州城市性质与规模、城市形态发展的直接要素

影响柳州城市发展的科学技术因素主要包含：交通技术、城市防洪、预防火灾等灾害因素以及营建技术等因素。

（3）柳州军事战略地位的升降，形成柳州城市职能、规模、形态特征的直接驱动力

柳州独特的地理位置，在中外历史战争中所具备的战略地位，使柳州成为广西乃至华南、西南地区的兵家必争之地。不同性质的战争促使柳州或发展、或遭受破坏：产生战争的原因与柳州城市关系越密切，军事战争对其城市发展就越具破坏性。

（4）民族矛盾是影响唐代至清代柳州城市职能、城市形态发展的重要历史驱动力

民族矛盾的激化与缓和、外来移民人口规模以及移民类别的消长使柳州城市职能发展形成三个阶段——唐宋的中原文化传播与发展期、明至清初的军事职能形成与发展期、清中叶后“桂中商埠”的经济职能形成与发展期。

（5）社会文化是影响柳州城市形态发展方向的内部驱动力

影响柳州城市形态发展方向的社会文化因素有：政军、文化精英的历史推动，商绅阶层与会馆组织的直接推动，外来文化的长期影响。尤其是晚清以来的城市商绅、军阀与军职阶层及其社会结构特征是影响柳州城市

产业、城市形态近代转型的内部驱动力。

（三）不同尺度“城—堡”建筑形式的运用，是人文对立背景下柳州开城立地、形态拓展与演进的重要手段

明代至民国时期柳州对“城—堡”建筑形式的运用皆有不同尺度的建设与发展，每一个历史阶段的运用都是在人文对立背景下，必须在进行相当规模的用地拓展或形态演进要求中产生，具体参见结表2。

“城—堡”建筑形式在柳州城市形态演进中的历史运用　　结表2

城堡运用 / 历史时期	城堡形式	规模与尺度	历史作用
明洪武至明万历	马平县“城—堡”体系	一城二十五堡，城市尺度	开城立地
清乾隆至光绪	附郭客家民居：曾氏隆胜庄、凉水屯刘家大院等	十数个占地几百至几千平方米的私人庄院，建筑群尺度	马平县西南附郭与城市逐渐融合
民国蒋桂战争后	沙塘“乡村建设”活动中各村的城堡	占地几千平方米的垦民院落，建筑群尺度	新建12个村落，城市用地向北拓展

资料来源：根据本书研究结果整理制表。

（四）图解柳州城市形态演进的综合作用机制

柳州城市形态的动态发展表现为固守柳江北（点状）—沿柳江两岸及铁路、公路交输线延伸（线状）—向柳江南岸平原地区指状延伸（放射状）的过程；以图解方式从宏观、中观、微观三层次描述其综合作用机制，比文字论述更为直观。如结图1图解揭示，唐代至民国时期柳州城市形态的演进，主要体现为：以舌形凸岸的山水环境为依托，“民”进“夷”退，不断向南、西南方向拓展，形成中原文化为主导、多元文化并存的“山城水”形态特征。

二、理论研究经验

（1）在中央王朝边疆军政重点频繁变动的区域，古代区域城市体系通过不同功能组合、空间布局，以体系内部的区域交通与区域经济为作用方式，影响体系内个体城市的用地格局与城市职能发展，成为体系内城市个案发展的外在动力。

（2）明清时期的马平城是不完全的“子城—罗城”形态，它根据城址环境、经济条件等对子城制度采取了变通，形成一定程度的因地制宜，即：明初以环城绕流的柳江形成罗城范围以容纳寺庙、民居街坊和学校；

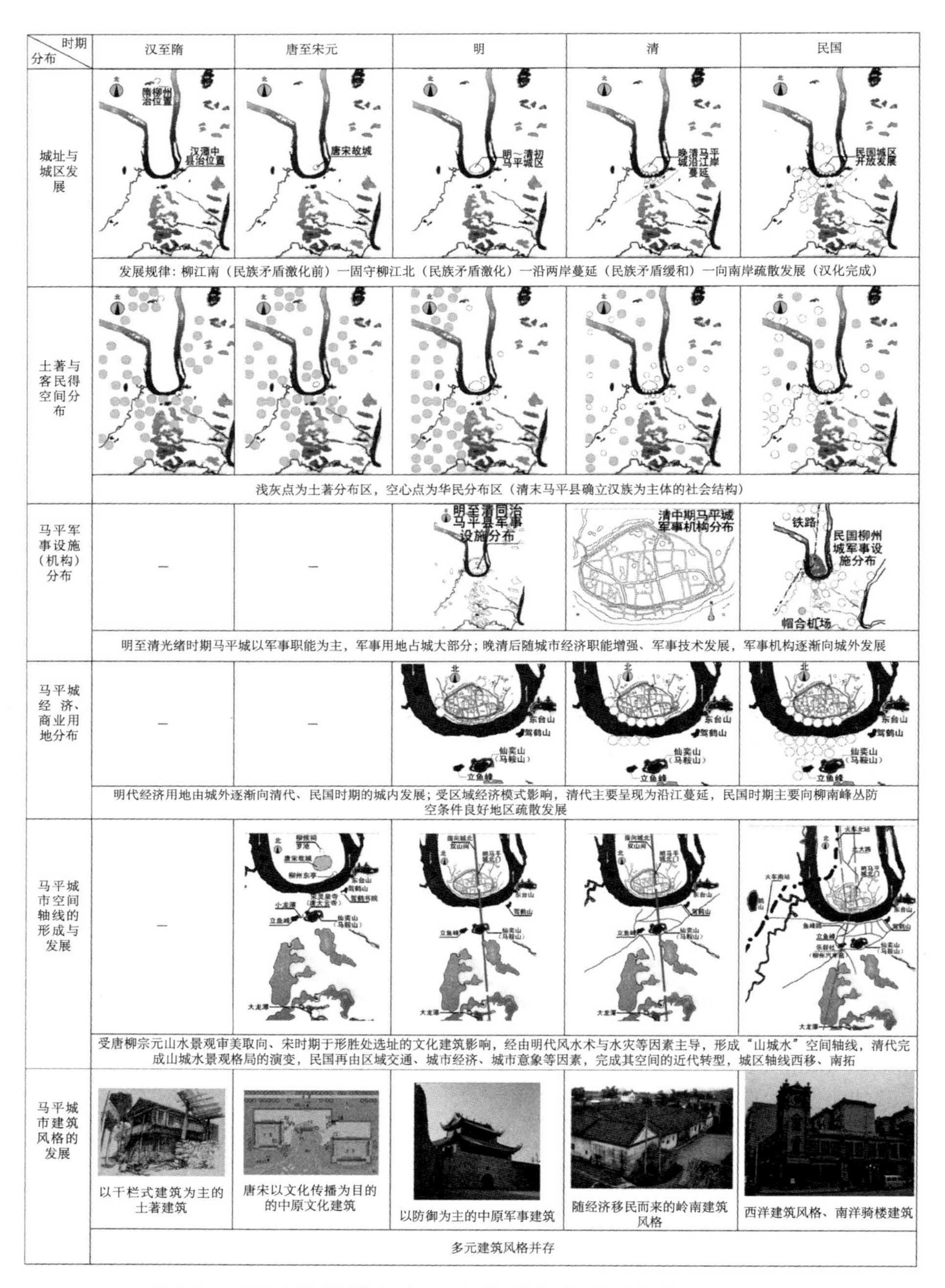

结图1　图示柳州城市发展及其形态演进（唐代至民国）

（资料来源：根据本课题研究归纳总结制表。其中干栏式建筑图引自雷翔《广西民居》）

民族矛盾进一步激化后，罗城才完成最后的砌筑，柳江是一定程度上的“外城墙”。明清王朝对西南（滇黔）边疆军事控制力的转移与深入，是影响柳州（甚至桂林）“子城—罗城”形态建设的宏观因素，可见西南边疆城市的“子城—罗城”形态的兴建与消解进程，滞后于中原城市的发展。明代“子城－罗城”构城形态，在粤西地方军事形势加剧时期仍为重要的军事防御手段。

（3）经济条件和地处流域上游的丘陵河谷因素，促成城市的被动式防洪策略，使城市防洪成为古代地方城市空间形态无法呈现典型布局的因素之一。地处西江水系上游的柳州城，由于洪水起降形成骤间的巨大高差（暴涨暴落），较少采用主动式的防洪措施（如防洪堤，史料上首次出现防洪堤的防灾建议，见于 1946 年的“邱氏方案”），主要采用被动式的城市规划防洪策略（如凸岸造城、微调城址、以“导蓄适”为主疏导洪患），以疏导入城洪水为主。时至今日城墙不存，洪水依旧。在防洪技术高度发展的今天，柳州城市需尽快转换防洪观念，对主动式的城市防洪建设给予足够重视。

（4）军镇（城—堡）城市早期的经济功能发生在城墙以外、附郭（野战堡垒区）之中（结图 2、结图 3），商业因素突破城墙与城门的障碍向城内发展，是军堡适应城市经济发展的现象之一。

（5）民族矛盾是影响古代西南边疆城市发展进程的重要历史因素。古代粤西少数民族边疆城市的城郭关系，在民族矛盾存在期呈现这样的状态：政治军事上受“城”统治，经济上与“城”对立。直至民族矛盾缓和之后，才形成城乡一体的经济融合格局。因此应考虑区域民族关系对城市发展及其形态的影响。对古代民族城市发展的研究，应结合“城”、“郭”两方面的关系来讨论。

（6）粤西少数民族建筑与中原建筑、岭南建筑文化，通过建筑空间布局，改造功能空间形式，改进建筑构造，借鉴装饰题材、建材等形成相互交流与影响。

三、课题的突破点及后续研究

（一）课题的突破点

（1）对广西城市历史发展未能出现城市首位度现象进行探索性研究，为广西区域城市体系研究奠定基础。指出明清“桂柳邕”军事城市体系与近代“梧—桂柳邕”经济城市体系对柳州城市性质及城市用地发展存在的促进机制，有利于揭开广西城市发展历史的一般规律。

（2）民族文化对立与融合背景下，探索西南边疆城市的发展历程，指出民族矛盾对城市发展及其形态演进的历史进程存在正反两方面的作用机制。

（3）探讨古代岭（西）南地方城市进入成熟阶段的形态特征，指出粤西“墟市 + 城池”（结图 2）转化为“城 + 市”（结图 3），是附郭与城厢经济向军事城堡突破与发展的历史过程，是军事城堡演化为成熟城市的形态特征之一。

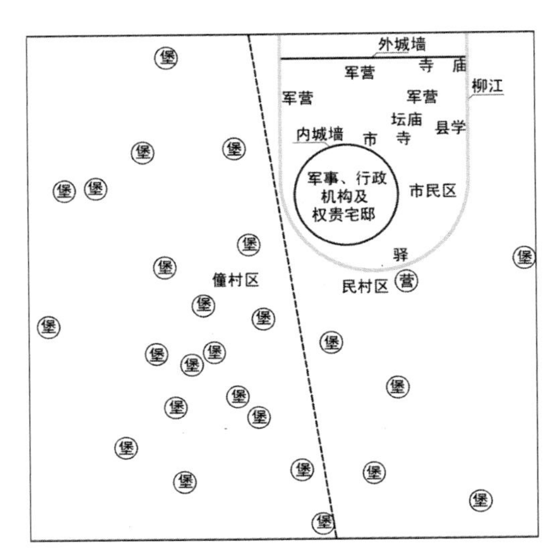

结图2　明嘉靖后马平“城—堡”及其空间形态分布简图

（资料来源：作者自绘）

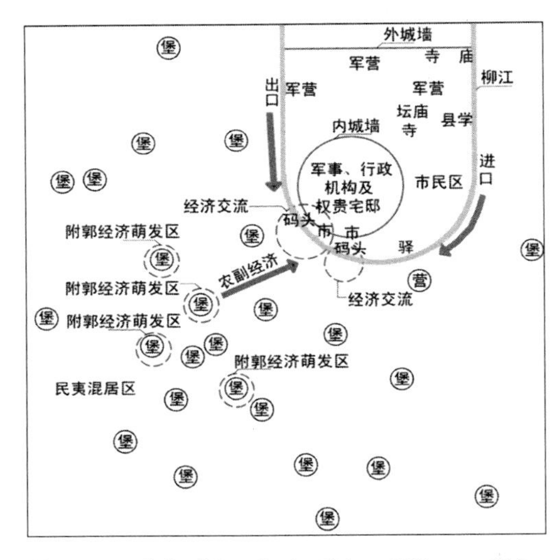

结图3　明末清初马平“城—堡”→“城+市”的突破与发展分析

（资料来源：作者自绘）

（4）相对地方学界的部分研究成果，本书提出三个观点以供进一步讨论：①城市防洪对柳州城市形态影响巨大。因洪灾因素，明清马平城城墙范围与唐故城城墙或存在形态相交的关系。明代城址也因城市防洪因素在唐宋故城基础上进行微调（本书第四章第三节）。明清马平城内用地及建材应用因此形成适应洪水淹没范围的使用策略和东西格局（本书第四章第三节、第六章第六节）。②柳州山水建城观在唐代由柳宗元发轫，经宋明清民国等朝文化、军政精英传承发展（地方文史与考古界观点），但在明代还受到堪舆术的强烈影响（本书第四章第六节），明代城址因此以U形柳江、马鞍山、“城北双山”等作为风水学与环境心理学上的营建参照，形成“山城水”的城市空间格局与景观风貌。③民国时期伍廷飏柳州沙塘的建设，客观上受到黄绍竑、孙中山“三民主义”及当时席卷全国的“乡村建设”思潮的强烈影响，或为新桂系第一个“乡村建设”的实践探索（本书第五章第六节）。但其财政来源与运行制度上深受李宗仁、白崇禧为首的“军事第一”的新桂系军事集团的资助（本书第三章第三节与第五章第六节），这使得伍氏沙塘实践的最终目的和社会效果呈现出一定的复杂性。在实现新桂系军事利益的同时，柳州沙塘建设也是一个成绩卓著的社会探索，其实践成果在民国诸多类似的活动中具备一定的成功经验。彰显其社会改革经验的同时，或应批判性地接受其军事因素带来的正反面效果。

（5）不同尺度“城堡”形式的运用是西南边疆城市开城立地的重要手

段之一。

（二）可能进行的后续研究

（1）可与其他边疆城市进行比较研究，如广西四大城市中，桂林、南宁的城市发展研究早已经展开，柳州的城市研究为梧州等历史城市发展提供可比较的案例；柳州城市史研究为整个广西城市历史发展的规律总结，提供案例基础。

（2）为唐以前柳州的历史城址与城市格局研究，提供技术基础与规律参考，并可以结合文史资料与考古发掘领域进一步确定马平唐代故城的范围。

（3）在柳州传统城市空间的景观发展与保护方面，如何延续其“山城水”历史空间脉络与景观格局，或可继续深入探讨。

（4）由于文献资料匮乏，课题对马平城内部微观层次的居民街坊空间形态还缺乏进一步研究，随着考古挖掘以及文史资料的进一步丰富，这方面也将成为课题的后续研究之一。

（5）宋代柳州灵泉寺、明代马平城楼、清代马平客家民居等建筑层面的历史发展，在柳州多元的历史文化背景下，推进了历史建筑文化的交流与演化，这些微观层次的项目尚待进一步挖掘与研究，也将有利于历史城市格局的保护与更新，是本课题有待延伸的研究子项。

（6）少数民族地区建立中原城市几乎可看作是一个边疆地区开发、民族文化融合、转化与演替的过程。课题以中原文化进入柳江流域作为柳州城市发展研究的支点，只是讨论少数民族城市发展的一种思路。如果将研究支点转移到土著民族聚落对柳江流域城市的推动与发展，或许需将研究的历史时段提到秦汉以前的壮族社会，这不失为一个后续的研究方向。

图　录

（资料来源：根据清光绪《广西舆地全图》之“柳州府马平县图”改绘。柳州市地方志编纂委员会 . 柳州历史地图集 [Z]. 南宁：广西美术出版社，2006，10：64）
图 3-3-2　清光绪《广西舆地全图》柳州府马平县图
（资料来源：柳州市地方志编纂委员会 . 柳州历史地图集 [Z]. 南宁：广西美术出版社，2006，10：64）
图 3-3-3　商贩与城乡商品流通形成的商贩链条
（资料来源：钟文典 . 广西近代圩镇研究 [M]. 桂林：广西师范大学出版社，1998：79）
图 3-3-4　粤商入桂商务动态链条简图
（资料来源：黄滨 . 近代粤港客商与广西城镇经济发育——广东、香港对广西市场辐射的历史探源 [M]. 北京：中国社会科学出版社，2005，3：23-25）
图 3-3-5　清末粤商引发的广西城镇行业系统动态简图
（资料来源：黄滨 . 近代粤港客商与广西城镇经济发育——广东、香港对广西市场辐射的历史探源 [M]. 北京：中国社会科学出版社，2005，3：23-25）
图 3-3-6　民国时期柳州在“四城鼎立”中后来居上的内在动力分析
（资料来源：作者自绘）
图 3-3-7　民国时期马平（柳州）县（市）人口数量变化示意图
（资料来源：广西统计局 . 广西年鉴 [第三回][Z]. 民国广西省政府，1943：181；宋栻 . 民国时期柳州人口起伏概况 [Z]// 柳州市地方志办公室 . 柳州古今 [Z]. 柳州：柳州市文史资料内部刊物，1992 年第 3 辑 [总第 11 辑]：8-9）
图 3-3-8　民国时期柳江上的“泉胜酒吧”船
（资料来源：柳州市地方志编纂委员会办公室 . 飞虎队柳州旧影集 [M]. 昆明：云南民族出版社，2005，7：156）
图 3-3-9　柳州城旅馆业的发展阶段分布示意图
（资料来源：根据柳州文史资料与历史地图分析绘制）
图 3-4-1　民国时期柳州城对外交通枢纽的分布示意图
（资料来源：根据柳州清末及民国历史资料与地图分析绘制）
图 3-4-2　1933 年马平县全图所示的区域公路
（资料来源：柳州市地方志 . 柳州历史地图集 [Z]. 南宁：广西美术出版社，2006，10：74）
图 3-4-3　抗日战争时期通向柳州机场的铁路运输专线
（资料来源：柳州市地方志编纂委员会办公室 . 飞虎队柳州旧影集 [M]. 昆明：云南民族出版社，2005，7：40）
图 3-4-4　民国时期柳州机场的区位及其设施分布
（资料来源：根据“柳州旧机场各文物点所在地理位置图”改绘，柳州市文

1991，4：69）

图 4-3-5　明清马平城内“三川”的分布示意图

（资料来源：根据“柳州城郭图”改绘。柳州市地方志编纂委员会 . 柳州市军事志 [M]. 柳州：柳州市地方志编纂委员会，1990：插图页 1）

图 4-3-6　清代马平城内洪水淹没范围示意图

（资料来源：根据“柳州市解放前城区图 [Z]// 柳州市城市建设志编纂委员会 . 柳州市城市建设志 [Z]. 北京：中国建筑工业出版社，1996：36”改绘）

图 4-4-1　明代山西大同城图

（资料来源：董鉴泓 . 中国城市建设史 [M]. 北京：中国建筑工业出版社，1989，7：115）

图 4-4-2　明初马平城以十字街为轴的空间格局分析

（资料来源：根据“明代柳州城区图”改绘。柳州市城市建设志编纂委员会 . 柳州历史地图集 [Z]. 南宁：广西美术出版社，2006，10：178-179）

图 4-4-3　清初马平城内不同建筑类型的分布示意图

（资料来源：根据“清代前期柳州城区图 [Z]// 柳州市城市建设志编纂委员会 . 柳州历史地图集 [Z]. 南宁：广西美术出版社，2006，10：180-181”改绘）

图 4-5-1　明清马平城城门的空间分布及经济区的发展分析

（资料来源：根据“明代柳州城区图”改绘。柳州市城市建设志编纂委员会 . 柳州历史地图集 [Z]. 南宁：广西美术出版社，2006，10：178-179）

图 4-5-2　清初马平城内行业分布与江岸关系示意图

（资料来源：根据“清代前期柳州城区图”以及 1935 年“柳州城市图”改绘。柳州市城市建设志编纂委员会 . 柳州历史地图集 [Z]. 南宁：广西美术出版社，2006，10：180-181，118）

图 4-6-1　现代地图反映的柳江北岸及其山水形势

（资料来源：根据“柳州市区图”改绘。广西第二测绘院 . 柳州市区图 [Z]. 湖南地图出版社出版，2004 年 6 月第一版）

图 4-6-2　唐柳州治所马平城附近的山体景观

（资料来源：柳州市地方志编纂委员会 . 柳州市志（第一卷）[Z]. 南宁：广西人民出版社，1998，8：101-103）

图 4-6-3　明《殿粤要纂》之“马平县图”中所呈现的负山抱水形势

（资料来源：（明）杨芳，詹景凤纂修 . 殿粤要纂 [DB/OL].“高等学校中英文图书数字化国际合作计划”网站：www.cadal.zju.edu.cn/book/02037703，第 83/148-84/148 页）

图 4-6-4　以清文献马平县图经进行的堪舆形势分析

（资料来源：根据清光绪《广西舆地全图》之柳州府马平县图所标注的山体进行分析，其中蟠龙山根据现代地图补充标注，盘龙在原图标有名称，

西人民出版社，1998：插图页）
图 5-5-4　柳州近代城市空间轴线分析图——新中国成立前城市轴线的西移与南拓
（资料来源：根据“曾绿庄 . 柳州市区图 [Z]. 大中报社，1949 年 11 月修订”等地图改绘）
图 5-6-1　柳州沙塘垦殖试办区的位置及其设施（电话通信线路）布置
（资料来源：柳州市地方志编纂 . 柳州历史地图集 [Z]. 南宁：广西美术出版社，2006，10：78）
图 5-6-2　柳州沙塘试办区城堡建筑的平面想象复原图
（资料来源：根据《伍廷飏传》及柳州地方文史专家考察沙塘农垦区的照片分析绘制）
图 5-6-3　柳州沙塘试办区城堡建筑的平面想象复原图
（资料来源：根据《伍廷飏传》及柳州地方文史专家考察沙塘农垦区的照片分析绘制）
图 5-6-4　柳州沙塘试办区城堡内村舍中的天井
（资料来源：柳州地方文史专家 [沈培光、陈铁生、戴义开等] 考察沙塘农垦区的照片资料）
图 5-6-5　柳州城市用地新中国成立前后的不同范围示意图
（资料来源：根据《柳州市土壤分布图》绘制。柳州市地方志编纂委员会 . 柳州市志（第一卷）[Z]. 南宁：广西人民出版社，1998，8：插图页）
图 5-7-1　中华人民共和国成立前后柳州开放城市空间的分布
（资料来源：根据“柳州市人民政府 . 柳州市街图 [Z]. 国华书局华风书店，一九五〇年十二月初版”等地图改绘）
图 5-7-2　20 世纪 50 年代的鱼峰路
（资料来源：沈培光，黄粲兮 . 伍廷飏传 [M]. 北京：大众文艺出版社，2007，6：5）
图 5-8-1　“草案”中都市防洪、引水渠及发电厂的构思示意图
（资料来源：根据《1946 年柳州市分区设计图》及“大柳州‘计划经济’实验市建设计划草案”文本说明绘制）
图 5-8-2　1946 年《大柳州“计划经济”实验市建设计划草案》设计图
（资料来源：柳州市图书馆地方文献部藏图）
图 5-8-3　“大柳州计划草案”中的用地控制性规划示意图
（资料来源：根据邱致中《1946 年柳州市分区设计图》改绘）
图 6-1-1　桂中、桂西北地区壮侗瑶苗民族的民居平面图
（资料来源：雷翔 . 广西民居 [M]. 南宁：广西民族出版社，2005，4：129，146，130，132）

图 6-1-2 干栏式与半干栏式建筑特点
(资料来源：雷翔 . 广西民居 [M]. 南宁：广西民族出版社，2005，4：120，148，133，137)
图 6-2-1 唐宋明时期马平城的部分建筑分布示意图
(资料来源：作者自绘)
图 6-2-2 清代重建的柳侯祠
(资料来源：柳州市文化局)
图 6-2-3 唐代柳州东亭“建设场地—环境”关系分析图
(资料来源：根据“柳州市区图”改绘。广西第二测绘院 . 柳州市区图 [Z]. 湖南地图出版社，2004，6)
图 6-2-4 东汉明堂复原立面想象图
(资料来源：王贵祥 . 东西方的建筑空间：传统中国与中世纪西方建筑的文化阐释 [M]. 天津：百花文艺出版社，2006：201)
图 6-2-5 汉代陶罐图
(资料来源：王贵祥 . 东西方的建筑空间：传统中国与中世纪西方建筑的文化阐释 [M]. 天津：百花文艺出版社，2006：106)
图 6-2-6 明堂五室向心构图的形态类型分析
(资料来源：根据“文渊阁四库全书电子版 - 原文及全文检索版 [M/CD]. 上海：上海人民出版社迪志文化出版有限公司，1999”明堂图资料改绘)
图 6-2-7 壮族铜鼓面的向心太阳纹
(资料来源：雷翔 . 广西民居 [M]. 南宁：广西民族出版社，2005，4：59)
图 6-2-8 古代“馆”的形象
(资料来源：王圻 . 三才图会（宫室卷）（中册）[M]. 上海：上海古籍出版社，1988：993)
图 6-2-9 明以前“邸驿”的形象
(资料来源：王圻 . 三才图会（宫室卷）（中册）[M]. 上海：上海古籍出版社，1988：996)
图 6-2-10 敦煌壁画，法华经变部分 85 窟南顶古代馆驿形象（原图绘于晚唐）
(资料来源：奚树祥 . 中国古代的旅馆建筑 [J]. 建筑学报，1982（01）：72)
图 6-2-11 东汉陶亭所表现的亭群形象
(资料来源：高鉁明，覃力 . 中国古亭 [M]. 北京中国建筑工业出版社，1994：26)
图 6-2-12 柳州东亭五室平面布局分析图
(资料来源：作者自绘)
图 6-2-13 敦煌壁画里的亭与兰亭形象分析图

[资料来源:（*a*）图根据“高鈞明，覃力．中国古亭 [M]. 北京：中国建筑工业出版社，1994: 21”图改绘;（*b*）图根据“何重义，曾昭奋．兰亭胜迹 [J]. 古建园林技术，1984（02）: 40”图改绘;（*c*）图根据“任桂金，沈定庵．故城绍兴 [M]. 杭州：浙江人民出版社，1984”图改绘]

图 6-2-14　柳州乐群社今貌

图 6-2-15　民国时期的柳州乐群社

（资料来源：2007 年 2 月柳州乐群社展板图片）

图 6-2-16　柳州乐群社西南面

（资料来源：柳州市政府网连机网页 http://www.liuzhou.gov.cn/mllz/lswhmc/200911/t20091117_336927.htm）

图 6-2-17　1928 年柳州汽车总站及其广场

图 6-2-18　1928 年柳州汽车总站全景

（资料来源：沈培光，黄粲兮．伍廷飏传 [M]. 北京：大众文艺出版社，2007，6：4-53）

图 6-3-1　清代马平县三千村九厅十八井形式的龙（隆）胜（盛）庄

图 6-3-2　清代龙（隆）胜（盛）庄部分建筑细部

图 6-3-3　清代马平县凉水屯刘家大院

（资料来源：柳州市地方志编纂委员会办公室．柳州宗祠 [M]. 南宁：广西人民出版社，2007，12：41）

图 6-3-4　凉水屯刘家大院建筑的细部装饰

图 6-3-5　凉水屯刘家大院建筑内部空间

图 6-4-1　清代柳州府官署建筑图

（资料来源：（清）王锦 撰．柳州府志 [Z]. 清乾隆二十九年版重印本（共四册）．柳州：柳州市博物馆翻印本，1980：卷之首，第 4-13 页）

图 6-4-2　清代马平县学宫及县署图

（资料来源：（清）舒启修，吴光升纂．马平县志 [Z]. 乾隆二十九年原修，光绪二十一年重刊本之影印本．台北：成文出版社有限公司印行，1970：24-27）

图 6-4-3　民国江西会馆被轰炸后所遗的马头墙

（资料来源：柳州乐群市图片 2007 年 2 月展板）

图 6-5-1　1935 年的柳州公医院

（资料来源：沈培光，黄粲兮．伍廷飏传 [M]. 北京：大众文艺出版社，2007，6：62）

图 6-5-2　民国柳州城权贵的宅邸形式

（资料来源：柳州市地方志编纂委员会．柳州市志（第一卷）[Z]. 南宁：广西人民出版社，1998，8：541，540）

图 6-5-3　民国时期柳州廖磊公馆
（资料来源：柳州市文化局）
图 6-5-4　民国时期柳州城内骑楼
（资料来源：*a*、*c* 图来源：柳州市地方志编纂委员会 . 柳州市志（第一卷）[Z]. 南宁：广西人民出版社，1998，8：405，543；*b* 图来源：柳州市城市建设志 [Z]. 北京：中国建筑工业出版社，1996：241）
图 6-6-1　民国时期适应水灾淹没区的不同建材使用范围
（资料来源：由“《柳州军事志》柳州市古代城郭图”改绘）
图 6-6-2　民国时期柳州城柳江北岸的沿江吊脚楼
（资料来源：2007 年 2 月柳州乐群社展板图片）
图 6-6-3　民国时期柳江・浮桥・柳州城
（资料来源：柳州市地方志编纂委员会办公室 . 飞虎队柳州旧影集 [M]. 昆明：云南民族出版社，2005，7：158）
图 6-6-4　民国时期柳州全景图（从柳南鱼峰山北望）
（资料来源：2007 年 2 月柳州乐群社展板图片）
结图 -1　图示柳州城市发展及其形态演进（唐代至民国）
（资料来源：根据本课题研究归纳总结制表。其中干栏式建筑图引自雷翔《广西民居》）
结图 2　明嘉靖后马平“城—堡”及其空间形态分布简图
（资料来源：作者自绘）
结图 3　明末清初马平“城—堡”→“城 + 市”的突破与发展分析
（资料来源：作者自绘）
附图 1　唐代岭南西道的南北陆路 [取自“唐代广州之内陆交通图（局部）”并标识]
（资料来源：曾一民 . 唐代广州之内陆交通 [M]. 台中：国彰出版社，1987，4：附图 5）
附图 2　相思埭的水系
（资料来源：（日）卢崎哲彦 . 唐代古桂柳运河“相思埭”水系的实地勘访与新编地方志的记载校正 [J]. 莫道才译，廖国一校 . 广西地方志，2000（4）：50）
附图 3　柳州、相思埭及灵渠在“广西诸江图”中的位置
（资料来源：根据“广西诸江图”标识，“广西诸江图”来源：黄成助 . 广西通志辑要 [Z]. 台北市：成文出版社，1967，12:2）
附图 4　明万历《殿粤要纂》里的“马平县图”
（资料来源：（明）杨芳，詹景凤纂修 . 殿粤要纂 [DB/OL].“高等学校中英文图书数字化国际合作计划”网站：www.cadal.zju.edu.cn/book/02037703，第 83/148 页）

附图 5　清同治《广西全省地舆图说》之柳州府马平县图
（资料来源：柳州市城市建设志编纂委员会 . 柳州历史地图集 [Z]. 南宁：广西美术出版社，2006，10：50）
附图 6　柳州市街图（1950 年）
（资料来源：柳州市图书馆地方文献部藏图）
附图 7　民国 38 年（1949 年）柳州市区图
（资料来源：柳州市图书馆地方文献部藏图）
附图 8　民国初期柳州城区图中的城中公共建筑
（资料来源：柳州市城市建设志编纂委员会 . 柳州历史地图集 [Z]. 南宁：广西美术出版社，2006，10：184-185[局部]）
附图 9　抗战期间柳州城中部的公共建筑
（资料来源：柳州市城市建设志编纂委员会 . 柳州历史地图集 [Z]. 南宁：广西美术出版社，2006，10：185-187[局部]）
附图 10　1945 年夏日军撤退柳州城所焚烧的城区范围示意图
（资料来源：彭德 . 柳州市被日寇焚烧图说 [Z]// 政协柳州市柳北区委员会 . 柳州文史资料（第五辑）[Z]. 柳州：柳州文史资料内部刊物，1990：141-144 附图）
附图 11　柳州市土壤分布图
（资料来源：柳州市地方志编纂委员会 . 柳州市志（第一卷）[Z] 南宁：广西人民出版社，1998，8：彩图页）
附图 12　传统马平县西南隅的柳州平原——百朋根林
（资料来源：柳州市文化局）
附图 13　传统马平县西南隅的柳州平原——成团
（资料来源：柳州市文化局）
附图 14　伍廷飏在 1926 年（新桂系主政期间）广西设省机构中的地位
（资料来源：李季 . 广西近代城市规划历史研究——以南宁、柳州、梧州、北海为中心 [D]. 武汉：武汉理工大学硕士学位论文，2009，5：17）
附图 15　抗战时期领取救济的柳州难民
（资料来源：http://dzh.mop.com/topic/readSub_5833423_12_0.html）
附图 16　民国时期柑香亭
（资料来源：2007 年 2 月柳州乐群社展板图片）
附图 17　民国时期柳侯公园 音乐亭
（资料来源：2007 年 2 月柳州乐群社展板图片）
附图 18　清代马平县客家宗祠照片
（资料来源：柳州市地方志编纂委员会办公室 . 柳州宗祠 [M]. 南宁：广西人民出版社，2007，12：29-42）

附图 19　民国时期罗池路上残存的清代岭南建筑风格的民居
（资料来源：柳州乐群社 2007 年 2 月展板图片）
附图 20　抗战时期的庆云路（今中山中路）
（资料来源：柳州乐群社 2007 年 2 月展板资料图片）
附图 21　民国时期柳州城（城西北望向南半城）
（资料来源：柳州市地方志编纂委员会办公室 . 飞虎队柳州旧影集 [M]. 昆明：云南民族出版社，2005，7：174）

表 录

参考文献

一、古籍文献与民国图书类

[1]（汉）司马迁．史记 [Z].（中华书局点校本 · 全十册）．北京：中华书局，1959.

[2]（东汉）班固．汉书 [Z].（中华书局点校本 · 全十一册）．北京:中华书局，1962.

[3]（晋）郭璞注，(宋）邢昺疏．尔雅注疏 [M/CD]// 四库全书 [M/CD].（文渊阁四库全书电子版 - 原文及全文检索版）．上海：上海人民出版社迪志文化出版有限公司，1999.

[4]（晋）刘昫等编．旧唐书 [M/CD]// 四库全书 [M/CD].（文渊阁四库全书电子版 - 原文及全文检索版）．上海：上海人民出版社迪志文化出版有限公司，1999.

[5]（宋）李焘．续资治通鉴长编（卷六六）[M]. 北京：中华书局，1979.

[6]（南朝）范晔．后汉书 [Z]. 北京：中华书局，1965.

[7]（唐）魏征等撰．《隋书》[Z].（中华书局点校本 · 全六册）．北京：中华书局，1973.

[8]（唐）李延寿．北史 [M/CD]. 文渊阁四库全书电子版 - 原文及全文检索版．上海：上海人民出版社迪志文化出版有限公司，1999.

[9]（后蜀）赵崇祚．花间集（卷一）[Z]. 李一氓校．台北：学生书局，1971.

[10]（唐）柳宗元．柳宗元全集 [M]. 上海：上海古籍出版社，1997.

[11]（南宋）王应麟．玉海 [M/CD]// 四库全书 [M/CD].（文渊阁四库全书电子版 - 原文及全文检索版）．上海：上海人民出版社迪志文化出版有限公司，1999.

[12]（宋）欧阳修，宋祁．新唐书 [Z].（中华书局点校本，全二十册）．北京：中华书局，1975.

[13]（宋）李昉等．太平御览 [M]. 北京：中华书局，1960.

[14]（南宋）文天祥．文山集（卷十七）[M/CD]. 文渊阁四库全书电子版 - 原文及全文检索版．上海：上海人民出版社迪志文化出版有限公司，1999.

[15]（元）脱脱等．宋史 [Z].（中华书局点校本 · 全四十册）．北京：中华书局，1977.

[16]（明）解缙，姚广孝．永乐大典 [M].（中华书局影印本 · 精装十册）．北

京：中华书局，1986.
[17]（明）宋濂 . 元史 [M].（中华书局点校本 · 全十五册）. 北京：中华书局，1976.
[18]（明）王圻 . 三才图会 [M]. 上海：上海古籍出版社，1988.
[19]（明）中国社会科学院中国边疆史地研究中心 . 应槚原纂，刘尧诲重纂 . 苍梧总督军门志 [M]. 北京：全国图书文献缩微复印中心出版，1991.
[20]（明）张岳 . 小山类稿 // 明洪武至崇祯 [M/CD]// 四库全书 [M/CD].（文渊阁四库全书电子版 - 原文及全文检索版）. 上海：上海人民出版社迪志文化出版有限公司，1999.
[21]（明）徐宏祖 . 徐霞客游记 · 西南游日记（卷三下）[M/CD]// 四库全书 [M/CD].（文渊阁四库全书电子版 - 原文及全文检索版）. 上海：上海人民出版社迪志文化出版有限公司，1999.
[22]（明）陆应阳 . 广舆记 [M]. 济南：齐鲁书社，1997.
[23]（明）邝露 . 赤雅 [Z]. 上海：商务印书馆，1936.
[24]（明）王士性 . 广志绎 [M]. 北京：中华书局，1997.
[25]（宋）范成大 . 桂海虞衡志 // 范成大笔记六种 [M]. 孔凡礼点校 . 北京：中华书局，2002.
[26]（宋）周去非 . 岭外代答 [M]. 上海：上海远东出版社，1996.
[27]（宋）欧阳忞 . 舆地广记 [M]. 李勇先，王小红校注 . 成都：四川大学出版社，2003.
[28] 赵尔巽，柯劭忞等 . 清史稿 [Z]. 北京：中华书局，1977.
[29]（明）李东阳等 . 大明会典 [Z].（明万历重修影印本，共四册）// 续修四库全书 [Z]. 上海：上海古籍出版社，2003.
[30]（明）明廷官修 . 明实录 [Z]. 国立北平图书馆红格钞本微捲影印本 . 傅斯年等校 . 北京：中国国家图书馆藏书 .
[31]（明）徐宏祖 . 徐霞客游记 [M].（共两册 · 增订本）. 褚绍唐，吴应寿整理 . 上海：上海古籍出版社，1987.
[32]（清）陈梦雷等 . 古今图书集成 [M/CD]. 全文检索系统单机电子版 - 台湾故宫版 . 台北：台北故宫博物院底本图片，2004.
[33]（清）张廷玉等撰 . 明史 [Z].（中华书局点校本 · 全二十八册）. 北京：中华书局，1974.
[34]（清）曹寅，彭定求等 . 全唐诗 [Z]. 康熙四十六年（1707 年）扬州诗局刻本 .
[35]（清）金鉷 . 广西通志 [M/CD]// 四库全书 [M/CD].（文渊阁四库全书电子版 - 原文及全文检索版）. 上海：上海人民出版社迪志文化出版有限公司，1999.
[36]（清）谢启昆 . 广西通志 [Z]// 续修四库全书（北京中华书局影印版）[Z].

上海：上海古籍出版社，2002.
[37] （清）舒启修，吴光升纂．马平县志 [Z]. 光绪二十一年重刊本之影印本．台北：成文出版社有限公司印行，1970.
[38] （清）舒启．柳州县志 [Z]. 柳州：柳州图书馆地方志部本．
[39] （清）舒启修，吴光升纂．柳州县志 [Z]. 清乾隆二十九年修民国 21 年铅字重印之影印本，1961.
[40] （清）王锦．柳州府志 [Z]. 清乾隆二十九年版重印本（共四册）．柳州：柳州市博物馆翻印本，1980.
[41] 广西壮族自治区通志馆等．《清实录》广西资料辑录（第一册）[Z]. 南宁：广西人民出版社，1988.
[42] （清）胡虔等．临桂县志 [Z]. 光绪三十年（1904 年）版．嘉庆七年修光绪六年补刊本．台北：成文出版社，1966.
[43] （清）王锦修，吴光升纂，柳州府志 [Z]. 刘汉中等标点．北京：京华出版社，2003.

[44] 清廷官修．大清高宗纯皇帝实录 [Z]. 台湾：华文书局影印本，1970.
[45] （清）吴九龄．梧州府志 [M]. 同治十二年刊．台北：成文出版社，1961.
[46] （清）汪森．粤西诗（文）载 [M/CD]// 四库全书 [M/CD].（文渊阁四库全书电子版 - 原文及全文检索版）．上海：上海人民出版社迪志文化出版有限公司，1999 年．
[47] （清）顾祖禹．读史方舆纪要（十二）[M]. 施和金，贺次君点校．北京：中华书局，2005.
[48] （民国）广西建设特刊 [Z]. 民国广西建设厅内部刊印，1932.
[49] （民国）广西统计局．广西年鉴（第一至三回）[Z]. 广西省政府，1933（第一回）、1935（第二回）、1943（第三回）．
[50] （民国）广西省统计室．广西建设 [Z]. 广西省政府：1947 年第二卷第一、二期合刊．
[51] （民国）白崇禧．三民主义在广西的检讨 [M]. 桂林：广西日报社，1937.
[52] （民国）李宗仁等．广西之建设 [M]. 桂林：广西建设研究会，1939.
[53] 柳州市志地方志办公室历年编纂．民国柳州文献集成（第二集）[Z]. 北京：京华出版社，2006.
[54] 柳州市志地方志办公室．民国柳州纪闻 [Z]. 香港：香港新世纪国际金融文化出版社，2001.
[55] 柳州市城市建设志编纂委员会．柳州历史地图集 [Z]. 南宁：广西美术出版社，2006.
[56] （民国）新广西旬报 [J].1928，2（10）.
[57] （民国）广西官报（第 33 期）[N].1908.

[58]（民国）韩德章，千家驹，吴半农．广西省经济概况一册 [M]. 上海：商务印书馆，1936.
[59]（民国）李宗仁等．广西建设 [Z]. 广西建设研究会编，1939.
[60]（民国）大公报（天津版）[N].1935.
[61]（民国）邱致中．大柳州“计划经济”实验市建设计划草案 [Z]. 广西省政府文件（现国家图书馆藏），1946.
[62] 孙中山．建国方略 [M]. 张岱年主编．沈阳：辽宁人民出版社，1994.
[63]（民国）姚亮，陆琦．广西建设重要文献 [M]. 桂林；广西省训练团，1947.
[64]（民国）董传策．古今游记丛钞 · 第八册（卷之三十五 广西省）[Z]. 第 3 版．中华书局，1936.
[65]（民国）广西省政府十年建设编纂委员会．桂政纪实（上册 · 第二编）[Z]. 广西省政府，1944.
[66] 柳州市地方志编纂委员会办公室．飞虎队柳州旧影集 [M]. 昆明：云南民族出版社，2005.
[67] 郁林苏宗经原辑本 // 广西通志辑要 [Z]. 台北：成文出版社，1967.
[68] 广西壮族自治区民族研究所．《明实录》广西史料摘录 [Z]. 南宁：广西人民出版社，1990.
[69] 赵国宜，尹勋．茶陵州志（卷 14）武备志 // 中国地方志汇刊（第 38 册）[Z]. 北京：中国书店，1991.

二、当代国内图书类

[1] 谭其骧．中国历史地图集 [M/CD]. 光盘版．北京：中国地图出版社，1998.
[2] 董鉴泓．中国城市建设史 [M]. 北京：中国建筑工业出版社，1989.
[3] 陈桥驿．中国历史名城 [M]. 第二版．北京：中国青年出版社，1987.
[4] 顾朝林．中国城镇体系——历史 · 现状 · 展望 [M]. 北京：商务出版社，1992.
[5] 王建国．现代城市设计理论和方法 [M]. 南京：东南大学出版社，2001.
[6] 黄现璠．广西僮族简史（初稿）[M]. 南宁：广西人民出版社，1957.
[7] 黄现璠．壮族通史 [M]. 南宁：广西民族出版社，1988.
[8] 吴汝康．巨猿下颌骨和牙齿化石 [M]. 北京：科学出版社，1962.
[9] 张声震．壮族通史 [M]. 北京：民族出版社，1997.
[10] 覃乃昌．广西世居民族 [M]. 南宁：广西民族出版社，2004.
[11] 王会昌．中国文化地理 [M]. 武汉：华中师范大学出版社，1992.
[12] 何一民．中国城市史纲 [M]. 成都：四川大学出版社，1994 .

[13] 刘文．柳州古城文化 [M]. 北京：作家出版社，2005.
[14] 吴庆洲．中国军事建筑艺术 [M]. 武汉：湖北教育出版社，2006.
[15] 吴庆洲．建筑哲理、意匠与文化 [M]. 北京：中国建筑工业出版社，2005.
[16] 吴庆洲．中国古代城市防洪研究 [M]. 北京：中国建筑工业出版社，1995.
[17] 钟文典．广西通史（第一卷）[M]. 南宁：广西人民出版社，1999.
[18] 张若龄等．广西公路史（第一册）· 古代道路、近代公路 [M]. 北京：人民交通出版社，1991
[19] 戴义开．柳州历史文化纵横谈 [M]. 南宁：广西教育出版社，1993.
[20] 章士钊．柳文指要 · 体要之部 · 记（卷二九 上册）[M]. 北京：中华书局，1971.
[21] 曹家齐．宋代交通管理制度研究 [M]. 开封：河南大学出版社，2002.
[22] 高鈞明，覃力．中国古亭 [M]. 北京：中国建筑工业出版社，1994.
[23] 李国豪．建苑拾英——中国古代土木建筑科技史料选编（第一章 考工典 馆驿部）[M]. 上海：同济大学出版社，1990（第 786 册）.
[24] 王贵祥．东西方的建筑空间：传统中国与中世纪西方建筑的文化阐释 [M]. 天津：百花文艺出版社，2006.
[25] 侯景新．中国西部大开发鉴论 [M]. 贵州人民出版社，2001.
[26] 方铁．西南通史 [M]. 郑州：中州古籍出版社，2003.
[27] 苏建灵．明清时期壮族历史研究 [M]. 南宁：广西民族出版社，1993.
[28] 吴小凤．明清广西商品经济史研究 [M]. 北京：民族出版社，2005.
[29] 沈培光，黄粲兮．伍廷飏传 [M]. 北京：大众文艺出版社：2007.
[30] 钟文典．广西客家 [M]. 桂林：广西师范大学出版社，2005.
[31] 中国社科院近代史所．孙中山全集（第 3 册）[M]. 北京：中华书局，1984.
[32] 郑家度．广西金融史稿（上册）[M]. 南宁：广西民族出版社，1984.
[33] 郑家度．广西金融史稿（上）[M]. 南宁：广西民族出版社，1984.
[34] 广西通志馆．广西各市县历代水旱灾害纪实 [M]. 南宁：广西人民出版社，1995.
[35] 莫济杰，陈福霖．新桂系史（第一卷）[M]. 南宁：广西人民出版社，1991.
[36] 梁漱溟．梁漱溟全集（第 5 卷）[M]. 济南：山东人民出版社，2005.
[37] 宋恩荣．晏阳初全集（第 1 卷）[M]. 长沙：湖南教育出版社，1989.
[38] 谭肇毅．桂系史探研 [M]. 北京：中国文史出版社，2005.
[39] 黄滨．近代粤港客商与广西城镇经济发育——广东、香港对广西市场

辐射的历史探源 [M]. 北京：中国社会科学出版社，2005.
[40] 胡绍华 . 中国南方民族史研究 [M]. 北京：民族出版社，2003.
[41]《广西航运史》编审委员会 . 广西航运史 [M]. 北京：人民交通出版社，1991.
[42] 谈琪 . 壮族土司制度 [M]. 南宁：广西人民出版社，1995.
[43] 毛兴兰等 . 柳州金融志（第二章 金融机构）[M]. 南宁：广西人民出版社，1990.
[44] 于开金 . 柳州历史文化大观 [M]. 桂林：漓江出版社，1998 .
[45] 雷翔 . 广西民居 [M]. 南宁：广西民族出版社，2005.
[46] 李允鉌 . 华夏意匠 [M]. 天津：天津大学出版社，2005.
[47] 谭绍鹏 . 古代诗人咏广西 [M]. 南宁：广西人民出版社，1989.

三、防洪规划、柳州地方政府、文史部门研究类

[1] 水利部珠委设计院南宁分院 . 广西柳州市防洪工程规划报告：南宁：水利部珠委设计院南宁分院，1989.
[2] 广西壮族自治区地方志编纂委员会 . 广西通志（金融志）[Z]. 南宁：广西人民出版社，1994.
[3] 柳州市人民政府 . 调查研究（第二期 工商调查专辑）[Z]. 柳州：柳州市文史资料，1950.
[4] 柳州市地方志编纂委员会 . 柳州市军事志 [M]. 柳州：柳州市地方志编纂委员会，1990.
[5] 柳州市地方志编纂委员会 . 柳州市志（第三卷）[M]. 南宁：广西人民出版社，2000.
[6] 柳州市地方志编纂委员会办公室 . 柳州宗祠 [M]. 南宁：广西人民出版社，2007. 钟文典 . 广西近代圩镇研究 [M]. 桂林：广西师范大学出版社，1998.
[7] 柳江县志编纂委员会 . 柳江县志 [Z]. 南宁：广西人民出版社，1991.
[8] 柳州地区志编纂委员会 . 柳州地区志 [M]. 南宁：广西人民出版社，2000.
[9] 政协柳州市城中区委员会 . 城中文史（各期）[Z]. 柳州：柳州内部刊物 .
[10] 政协柳州市委员会 . 柳州文史资料选辑（各期）[Z]. 柳州：柳州内部刊物 .
[11] 政协柳州市柳北区委员会 . 柳州文史资料（各期）[Z]. 柳州：柳州市内部刊物 .
[12] 柳州市地方志办公室主办 . 柳州古今（各期）[Z]. 柳州：柳州市内部刊物 .
[13] 政协柳州市柳北区委员会 . 柳北文史（各期）[Z]. 柳州：柳州市内部刊物 .
[14] 政协柳州市柳南区委员会文史资料编委会 . 柳南文史资料（各期）[Z]. 柳州市内部刊物 .

[15] 政协柳州市鱼峰区委员会 . 鱼峰文史(各期)[Z]. 柳州：柳州市内部刊物 .
[16] 政协柳江县文史资料委员会 . 柳江文史资料（各期）[Z]. 柳州：中共柳江县委宣传部 .

四、外文及译著类

[1] 马克思恩格斯全集（第 3 卷）[M]. 北京：人民出版社，1972.
[2] 列宁全集（第 19 卷）[M]. 北京：人民出版社，1972.
[3] 柴尔德 . 城市革命 [A]. 陈星灿译 . 当代国外考古学理论与方法 [C]. 西安：三秦出版社，1991.
[4] 哈里 · S.J. 詹森 . 关于城市史学定义的思考 [J]. 城市史，1996，23（12）.（Harry S.J. Jansen. Wrestling with the Angle: On Problems of Definition in Urban Historiography[J].Urban History，1996，23：278-290）
[5] Theodore Hershberg. The New Urban History，Toward an Interdisciplinary History of the City[J].Journal of Urban History，1978，5（1）.
[6] Steven L. Olsen. Yankee City and the New Urban History [J]. Journal of Urban History，1980，Vol.6（3）.
[7] 吉伯特 · 罗兹曼（Gilbert Rozman）.Urban Networks in Ching China and Toku gawa Japan. Princeton Univ. Press，1973.
[8]（日）谷口房男 . 明代广西的土巡检司 [J]. 王克荣译 . 学术论坛，1985 年 11 期 .
[9] 林达 · 约翰逊主编 . 帝国晚期的江南城市 [C]. 成一农译 . 上海：上海人民出版社，2005.
[10] 罗威廉(William Rowe). 汉口：一个中国城市的商业和社会(1795-1889)[M]. 鲁西奇等译 . 北京：中国人民大学出版社，2005.
[11]（澳）安东妮 · 芬纳尼（AntoniaFinnane）. 话说扬州，1550-1850[M]. 李霞译 . 北京：中华书局，2007.
[12] 柯杰诣（James H. Carter）《国际城市的民族主义：创建中国的哈尔滨，1916—1932》（Nationalism in an International City:Creating a Chinese Harbin，1913—1932)，1998 年耶鲁大学博士论文 .
[13] 皮珀 · 雷 · 高贝兹（Piper Rae Gaubaz）《长城以外：中国边疆城市形态及其演变》（Beyond the Great WAL: Urban Form and transformation on the Chinese Frontiers)，斯坦福：斯坦福大学出版社，1996.
[14] 罗伯特 · 佩林斯《日本帝国主义在中国东北的个案研究：大连历史回顾，1905—1932 年 》（A case Study of Japanese Imperialism in Northeast China: A Review of the History of Dalian，1905—1932)，《东亚论坛》第 3 期，1994.

[15] 布莱恩 · 拜里 . 城市系统中的城市和系统 . 地方科学协会论文集，1964，13：147-163（Brian Berry. Cities and Systems within Systems of Cities[A]..Regional Science Association Papers，1964，13：147-163.

[16] G. 斯蒂尔特 . 西方城市史的理论研究 [J]. 冷毅，王□译 . 史学理论研究，2003，3：107-11.

[17] 保罗 · 惠特利 . 作为象征的城市：一个就职演说（Paul Wheatley.City as Symbol:An Inaugural Lecture[M].London:H.K.Lewis，1967）.

[18] 保罗 · 惠特利 . 四个城区的中心：中国古代城市起源和特点初探（Paul Wheatley. The Pivot of the Four Quarters :A Preliminary Enquiry into the Origins and Character of the Ancient Chinese City[M].Chicago:Aldine，1971）.

[19] 亚瑟 · 怀特 . 中国城市的宇宙学因素 [A].G. 威廉 · 施坚雅 编 . 晚期封建社会的中国城市 [C].Arthur Wright. The Cosmology of the Chinese City[A].G. William Skinner，ed.，The City in Late Imperial China[C].Stanford: Stanford University Press，1977）.

[20] [A]. 施坚雅主编 . 中华帝国晚期的城市 [C] 叶光庭等译 . 北京：中华书局，2000.

[21]（美）施坚雅 . 中国封建社会晚期城市研究 [C]. 王旭等译 . 长春：吉林教育出版社，1991.

[22]（美）格兰姆 · 贝克 . 一个美国人看旧中国 [M]. 朱启明，赵叔翼译 . 北京：三联书店，1987.

五、学位论文类

[1] 侯宣杰 . 西南边疆城市发展的区域研究——以清代广西城市为中心 [D]. 成都：四川大学，2007.

[2] 武进 . 中国城市形态：类型、特征及其演变规律的研究 [D]. 南京：南京大学，1988.

[3] 杨乃良 . 民国时期新桂系的广西经济建设研究（1925—1949）[D]. 武汉：华中师范大学，2001.

[4] 林哲 . 明代王府形制与桂林靖江王府研究 [D]. 广州：华南理工大学，2005.

[5] 张森 . 梁漱溟、晏阳初乡村建设理论与实践之比较 [D]. 西安：西北大学，2008.

[6] 王绚 . 传统堡寨聚落研究 [D]. 天津：天津大学，2004.

[7] 胡俊 . 中国城市：模式与演进 [D]. 南京：南京大学，1993.

[8] 武进 . 中国城市形态：类型、特征及其演变规律的研究 [D]. 南京：南京

大学，1988.
[9] 傅娟 . 近代岳阳城市转型和空间转型研究 [D]. 广州：华南理工大学，2007.
[10] 谷云黎 . 南宁城市建设历史研究 [D]. 广州：华南理工大学，2009.
[11] 刘剀 . 晚清汉口城市发展与空间形态研究 [D]. 广州：华南理工大学，2007.
[12] 邱衍庆 . 明清佛山城市发展与空间形态研究 [D]. 广州：华南理工大学，2005.
[13] 李季 . 广西近代城市规划历史研究——以南宁、柳州、梧州、北海为中心 [D]. 武汉：武汉理工大学，2009.

六、期刊、新闻报纸类

主要的参考期刊有:《广西社会科学》、《历史研究》、《世界历史》、《规划师》、《天津社会科学》、《近代史研究》、《城市史研究》、《城市规划》、《城市规划学刊》、《史学理论研究》、《中国边疆史地研究》、《广东社会科学》、《广西民族研究》、《中国史研究》、《民族历史与文化研究》、《建筑师》、《清史研究》

其他的参考期刊有:《华南理工大学学报》、《中南民族学院学报（哲学社会科学版）》、《四川文物》、《中国农史》、《北京大学学报》、《思想战线》、《民族研究》、《湖北民族学院学报（哲学社会科学版）》、《百色学院学报》、《清华大学学报（哲学社会科学版）》、《四川大学学报（哲学社会科学版）》、《上海师范大学学报（社会科学版）》

报纸材料有:

人民日报 1989 年 12 月 24 日版文章《中国第一位景观建筑家——柳宗元》，

熊昭明，程州等 . 广西柳州发现灵泉寺建筑遗址 [N]. 中国文物报，2007 年 7 月 13 日第 002 版新闻 .

七、论文集与讲座类

论文集:
[1] 城市史研究（第 1-18 辑）[C]. 天津：天津社会科学院出版社，2000.
[2] 南京大学外国学者留学生研修部，江南经济史研究室 . 论张謇——张謇国际学术研讨会论文集 [C]. 南京：江苏人民出版社，1993.
[3] 刘敦祯 . 刘敦祯文集（三）[C]. 中国建筑工业出版社，1987.
[4] 雷沛鸿 . 雷沛鸿文选 [C]. 桂林：广西师范大学出版社，1998.
[5] 田银生 . 城市发展史讲义（以中国为主线的对比学习，2001 版）[Z]. 广州：华南理工大学，2001.

[6] 马先醒 . 中国古代城市论集 [C]. 台湾：简牍学会刊行，1980.
[7] 包遵彭 . 明史论丛 [C]. 台北：台湾学生书局，1968.
[8] 蔡自新 . 柳宗元国际学术研讨会论文集（中国 · 永州）[A]. 珠海：珠海出版社，2003.
讲座：
1. 唐凌 . 风雨沧桑相思埭 [Z]. 桂林：广西省立艺术馆，“唐凌：风雨沧桑相思埭”讲座，2008 年 1 月 5 日。
2. 夏铸久教授于 2007 年元月 19 日下午在华南理工大学 27 号楼所作讲座“关于意大利波隆尼亚城市保护专案的介绍”。

八、网络文献、电子数据库

[1] 成崇德 . 清代滇桂开发 [EB/OL]. 中华文史网：www.historychina.net，2007 年 7 月 31 日 .
[2]（明）杨芳，詹景凤纂修 . 殿粤要纂（共四册）[DB/OL].“高等学校中英文图书数字化国际合作计划”网站：www.cadal.zju.edu.cn/book/02037703 ～ 02037706.
[3]（清）金鉷 . 广西通志（共一百二十八卷）// 钦定四库全书 [DB/OL].“高等学校中英文图书数字化国际合作计划”网站：www.cadal.zju.edu.cn/book/06042693 ～ 06042762.
[4]（明）徐弘祖 . 徐霞客游记 · 西南游日记（卷三 上、下）// 钦定四库全书 [DB/OL].“高等学校中英文图书数字化国际合作计划”网站：www.cadal.zju.edu.cn/book/06044610 ～ 06044611.
[5]（清）汪森 . 粤西文载 // 钦定四库全书 [DB/OL].“高等学校中英文图书数字化国际合作计划”网站：www.cadal.zju.edu.cn/book/06068946.
[6]（清）汪森 . 后骖鸾录 // 粤西丛载（卷三～卷四）// 钦定四库全书 [DB/OL].“高等学校中英文图书数字化国际合作计划”网站：www.cadal.zju.edu.cn/book/06068956，第 122/148-123/148 页 .
[7]（明）林富，黄佐 纂修 . 广西通志（共二十九册）// 钦定四库全书 [DB/OL].“高等学校中英文图书数字化国际合作计划”网站：www.cadal.zju.edu.cn/book/02037674 ～ 02037702.

九、档案卷宗

[1] 中国第二历史档案馆，全宗号三四，案卷号 608，第 13 页 [Z].
[2] 中国第二历史档案馆，全宗号二三六，案卷号 238[Z].

附 录

清代马平城内遗存的祠堂（民居） **附表1**

宅院名称	原迁地（时代）/ 民居类别 / 形制 / 占地 / 房间数	位置
李氏宗祠	西鹅乡老房村、流山李家寨 / 客家民居 / 坐北朝南的两堂式，有向西券拱侧门	今斜阳路细柳巷
谢氏宗祠	郊区进德镇三千村三千屯谢家	柳江半岛
龙氏宗祠	郊区成团镇两合村，源自江西吉安的龙氏家族坐东朝西，三开间三进，硬山顶 /492 平方米	今罗池路东一巷（东门城楼北面原磨盘街40号）
张家祠堂	明代旧建，清初尚存，今毁	柳江半岛
莫家祠堂	清建，坐北朝南，规模较大，门前有照壁和举人桅杆石，今毁	曙光东路罗池医院一带
周家祠堂A	咸丰间设为平靖王府，抗战后为金门影院，新中国成立后为红星影院	旧城大南门一带
周家祠堂B	坐西朝东，前立圆门式门楼，三开间三进两院，硬山顶，神主堂供奉孔子，民国改设为私塾，今毁	今罗池路一带
钟家祠堂	清代建，民国尚存，具厅堂	今城中区映山街一带
董家祠堂	清建，坐西朝东，镬耳山墙，龙凤花鸟及戏剧人物的脊饰。民国时改设警察机构，今毁	斜阳路一带
刘家祠堂A	清建，今毁	清马平城内蚂拐塘
刘家祠堂B	喇堡黄岭村、成团镇渡村和进德镇沙子村刘家 / 客家民居 / 三堂式	今柳州青云路一带
柯家祠堂	三进两井合院式，民国时开马路拆除	今解放北路中交大厦一带

以下清代所建宗祠现今不存

曾家祠堂：今青云菜市；谢家祠堂：城中区映山街；冯家祠堂：旧鸣凤街；胡家祠堂：旧皇荡巷；朱家祠堂：府学街；韦家祠堂：旧景行街；林家祠堂：旧莲花桥一带；蒙家祠堂：雅儒路

资料来源：根据“柳州市地方志编纂委员会办公室．柳州宗祠[M]．南宁：广西人民出版社，2007，12：29-33”资料整理制表。

清代马平县近郭遗存的祠堂（民居） 附表2

宅院名称	原迁地（时代）/民居（屋主）类别/形制/占地	位置
朱氏宗祠	迁自今武宣县，祖籍广东/客家人/五开间三进两井（三堂式）	柳北区石碑坪镇泗角村
罗氏宗祠	清代迁自广东嘉应州，约光绪年建/客家民居/（二堂式）两进一井，加边厢面阔九间，3个天井，6个大小厅/占地961.59平方米	柳北区沙塘镇沙塘村木茂屯
蓝氏宗祠	迁自福建，清建/汉族/单进三开间	城中区静蓝村蓝家屯
吴氏祠堂	清嘉庆六年（1801年）迁自兴宁，1911年建/客家民居/坐南朝北，（二堂式）两进一井三开间，配禾坪，一座3层楼高碉楼/588.56平方米	柳南区西鹅长龙村长龙屯
吴家祠堂	迁自福建漳州/三开间两进一井，悬山顶，为合院的一部分，镬耳山墙	柳南区西鹅村中高沙屯
吴家宗祠	迁自兴宁，约乾隆四十年（1776年）/客家民居/三开间三进两井（三堂式），悬山顶/占地1661.76平方米	门头村水车屯
潘氏祠堂	乾隆中迁自兴宁，光绪三十二年（1906年）始建、民国竣工/客家民居/（二堂式）两进一井，加边厢面阔11间，正立面两旁各立一碉楼/804.80平方米	柳南区帽合村所好屯
刘氏家祠	乾隆中迁自兴宁，光绪三十二年（1906年）建/客家民居/坐东北朝西南，三堂两横式，硬山顶/占地1400多平方米	柳南区竹鹅村凉水屯
何氏宗祠	清嘉庆年建/客家民居/三开间三进两井（三堂式），悬山顶，配碉楼	柳南区山头村四角楼
练氏宗祠	清乾隆迁自广东,清光绪年建/客家民居/三开间(二堂式）两进一井	柳南文笔村下龙汶屯
覃氏宗祠	建于清代/壮族人家，汉化/三开间两进一井，不在祠堂上灯	柳南文笔村下龙汶屯
曾氏宗祠	建于清代/客家民居/三开间两进一井，悬山顶	柳南文笔村水浪屯

资料来源：根据“柳州市地方志编纂委员会办公室．柳州宗祠[M]．南宁：广西人民出版社，2007，12：33-44”资料整理制表。

元代柳州路爆发的地方起事一览表 附表3

时间	起事人物	事由／起事结果	出处
至元二十五年（1288年）十一月	柳州民黄德清	不堪官府压迫／起义失败后被杀害，乡民以谋叛论死者二百余人	《元史·世祖纪》
元贞元年（1295年）六月	昭、贺、藤、邕、全、柳等民聚众起义	“以军民官备御不严，抚字不至，皆则而降之”	《元史·成宗纪》
延祐三年（1316年）六月	宾、融、柳等瑶僮民起义	被镇压	《元史·仁宗纪》
至治三年（1323年）正月	靖江、邕、柳诸郡为“寇”	“命湖广行省督兵捕之”	《元史·英宗纪》
泰定二年（公元1325年）六～十一月	“辛巳，柳州瑶为‘寇’”	戍兵讨斩之	《元史·泰定帝纪》
	“辛丑，柳州马平瑶为‘寇’”	“湖广行省督所属追捕之”	
	瑶民潘见率众攻打柳州解救潘宝	瑶首领潘宝被广西道宣慰使捕获／被镇压	
元惠宗至元年间（1336～1340年）	瑶民三千余众	占据北三都／被千户王世英镇压	《元史·惠宗纪》、《广西都元帅章公平（瑶）记》
	柳州李全甫子侄称王	俘元“万户”花刺不花，杀“千户”，烧仓库、劫乡村／“擒一百二十六人，斩首三十二级”	
元惠宗至正九年（1349年）正月	垣、靖、柳、桂等壮瑶起事	各路瑶壮先后“悉降”	《元史·达识帖陆迩传》

明代柳州府爆发的地方战争一览表 附表4

时间	涉事主体	事由／起事结果	出处
洪武三年（1370年）	柳州、宾州少数民族	农民聚义攻打融县／被柳州卫总督苏铨率兵镇压	《明史·土司传》
洪武十九年（1386年）	柳州、融县的壮、瑶、苗族起义	被韩观“讨平”	《明史·韩观传》
建文四年（1402年）	柳州等地少数民族起义	聚众反对官兵／李宗辅持敕往赦其罪“谕令复业，如执迷不悟，调兵剿除”	《粤西丛载》
永乐元年（1403年）十一月	—	韩观与葛森等“讨平”柳州诸县“山贼”，“击斩”一千一百八十余人，为首五十多人全被斩杀	《明史·韩观传》

续表

时间	涉事主体	事由 / 起事结果	出处
永乐三年（1405 年）	浔、桂、柳三府壮、瑶民起义	为首的黄田等人“已抚复叛”，同年二月明廷遣兵部尚书谕当地叛民黄田等人各复原业 / 遣总兵韩观等人“追剿”,“若怙恶不悛，调军荡除”	《明史・土司传》
永乐五年（1407 年）	马平县五都梁公竦率众起义	韩观指挥湖广、广东、贵州三都司兵进行镇压，柳州府大部分州县民被“斩首万余级，俘一万三千余人”	《明史・韩观传》
永乐七年（1409 年）	柳州道村寨僮民韦布党等聚众起义，被镇压后，韦父等相继起义	都指挥周谊率兵镇压，韦布党被“枭其首于寨” / 韦布党父等的起义遭“柳州等卫官军捕斩之”	《明史・土司传》
永乐十九年（1421 年）～洪熙元年(1425 年)	宜山韦万皇会马平三、五都韦朝传、韦朝列等率众攻柳州	杀死御使诸仆，夺其印信。至洪熙元年（1425 年）被顾兴祖镇压	《明史・土司传》、《明史・仁宗纪》、《粤西丛载》
宣德四年(1429 年)	柳、浔及雒容等地壮瑶民族聚义起事	被指挥王纶“破之”，总兵山云将柳、浔二州参加起义者二千四百八十八人“枭首境上”	《明史・山云传》、《明史・土司传》
景泰元年（1450 年）	马平人民围柳州城七天	柳州大饥荒 / 柳州参将孙骐及知府陈骏先给骗众人解散，后乘其不备派兵追杀，死伤无数	《粤西丛载》
成化九年（1473 年）	柳、浔的壮瑶民族反抗官兵	被参将杨度“俘斩九百人”	《明史・宪宗纪》
弘治间（1488 ～ 1505 年）	周鉴复率众攻打柳州	庆远韦七、韦万妙聚众起义余波引发周鉴复攻打柳州 / 柳州知府刘琏领兵抵御，刘琏被俘及“剖腹实草焚其尸”	《柳州府志》、《粤西丛载》
正德二年（1507 年）	柳庆间壮族韦朝宣率众数万反明	陈金调两广官兵及两江兵数万镇压，战斗百日，俘斩义军 7000 余，“马平一至六都十八里地，经七八十年”，始复明王朝版图	《明史》
嘉靖二年（1523 年）	马平县周克亮聚众万余人反	柳州饥荒 / 总督都御史张岭进“剿”，久之乃平	《粤西丛载》
嘉靖二十四年（1545 年）	马平五都韦金田聚壮瑶民抵抗官兵	都御史张岳等领汉、土兵七万镇压，战火焚死韦金田等，余众破俘斩四千余人。马平县三都、四都皆为编户	《柳州府志・艺文》、《粤西丛载・紫玉集》
万历间（1585 ～ 1620 年）	马平壮民韦王朋率众反	不满官府建营堡、屯其地 / 总督军门刘尧诲带兵镇压，杀死六百六十二人，俘四百三十二人	《万历武功录》

清代柳州府马平县地方战争一览表 附表 5

时间	涉事人物	事由 / 经过 / 结果	出处
顺治四年（1647 年）	罗城俍兵首领覃鸣珂	攻击右江道龙之明 / 焚掠柳州城	—
顺治八年（1651 年）	明降清将孔有德	孔遣官兵进克梧州、柳州二府，围柳州城 / 士卒昼夜防守，外援尽绝，城破	《世祖实录》卷 59，第 12 页
顺治十二～十三年（1655~1656 年）	抗清罗城土官	1656 年被清温如珍率军反攻入柳州城，附近各都僮民同遭杀戮	《柳州千年刀兵录》
康熙十三年（1674 年）	吴三桂反清，其部将缑成德、覃鸣龙跟随	缑成德、覃鸣龙围柳州城 / 驻柳广西提督马雄，由西门渡江伏于马鹿山大败二人	
咸丰二年（1852 年）	象州李志信等数百人（五月）；融县吴老四等千余人（六月）	李率众攻马平四都 / 败于地方团练（五月）；吴等伏于要隘，合围来援的马平县长李杰等 / 灭李杰等（六月）	
咸丰四～五年（1854 ～ 1855 年）	1854 年白彪等八千余人；1855 年天地会义军李文茂等	白彪等扰袭柳州；天地会义军谋攻柳州 / 被清军击退	
咸丰六～八年（1856 ～ 1858 年）	大成军李文茂等	义军 1856 年于柳州城外云头岭、红庙一带激战；1857 年围城，清军粮尽援绝，游击等弃城而逃，李文茂占柳；1858 年义军据柳攻桂，马平城轮流被义、清军占，后被义军复得。一都各村民被清军“清剿”，死者二千余人	
咸丰九～十一年（1859 ～ 1861 年）	清军刘长佑等，大成军李文茂等	1859 ～ 1860 年刘长佑率清军夺回柳州，随后大成军截清军粮道，围城两月，无果，两败俱伤；1860 ～ 1861 年先后由南北两路欲收复柳州城，终败	
光绪二十三年（1897 年）	马平三都石门村以刘三经为首的数千人	农民起义 / 攻占喇（拉）堡墟	
光绪三十年（1904 年）	清游勇首领陆亚发	陆亚发发动兵变，攻下马平县署、柳州兵备道、镇台署，占领柳州城，后往四十八弄“占山为王”。清军回城后滥杀百姓以报复	
宣统三年（1911 年）	同盟会员率民众	驱逐柳州知府、马平知县及总兵、道台等清官吏，宣布柳州独立	

资料来源：根据“韦晓萍．柳州千年刀兵录 [Z]// 政协柳州市柳北区委员会．柳州文史资料 [第四辑][Z]. 柳州：柳州文史资料内部刊物，1989：54”资料整理制表。《柳州千年刀兵录》由柳州地方文史专家韦晓萍根据《清史稿》、《清实录》、《平桂纪略》、《股匪总录》、《柳州府志》、《清史大事年表》、《清朝史话》等资料辑录而成。

中华人民共和国成立前马平县域重要战争一览表　　**附表6**

时间	涉事主体	事由 / 结果	出处
清宣统三年（1911年）十一月	同盟会率领马平县民众	驱逐清朝官吏，宣布柳州独立	《清史稿》《清实录》
民国2年(1913年)九月	柳州护国军，旧桂系	护国军讨伐复辟的袁世凯，被广西都督陆荣廷部下陈炳坤击溃于柳州四方塘	《柳州千年刀兵录》
民国14年（1925年）5月	唐继尧的滇军入侵柳州，展开滇桂大战	民国军阀混战，滇桂双方涉战4万人以上，于柳州沙埔决战，为滇桂战争转折点	《伍廷飏传》第22～23页
民国18年（1929年）	蒋介石部，新桂系部	蒋桂不和，拥蒋的湘军6月攻柳，渡过柳江，在柳南激战，一批近代城市建设成果被毁	《伍廷飏传》第164～165页
民国27年（1938年）7月	日军	日军18架飞机轰炸柳州窑埠、水南门、北门一带，市民被炸死400余人，伤者无数	《柳州千年刀兵录》
民国33年（1944年）11月	日军、美国爆破队	美国爆破队撤离柳州时实行了焦土政策："我听说柳州几乎全市都被美国人烧毁了"	《一个美国人看旧中国》1987年中译本，第556页
民国34年（1945年）6月	日军	日军撤离柳州，纵火烧毁南北两岸房屋2/3，死伤近4万人，损失财物无算	1948年度《广西年鉴》

资料来源：根据"韦晓萍．柳州千年刀兵录[Z]// 政协柳州市柳北区委员会．柳州文史资料（第四辑）[Z]. 柳州：柳州文史资料内部刊物，1989：65–66"、"（美）格兰姆·贝克．一个美国人看旧中国[M]. 朱启明，赵叔翼译．北京：三联书店，1987，11：556"、"沈培光，黄粲兮．伍廷飏传[M]. 北京：大众文艺出版社：2007，6"以及《清史稿》、《清实录》、《广西年鉴》等整理制表。

附文 1

《明太祖实录（卷四三）》记载有设立南宁、柳州卫的军事目的：

"洪武三年（1370 年）三月辛亥置南宁、柳州二卫，时广西行省臣言便宜三事。其一曰：广西地接交趾、云南，其所治皆溪洞苗蛮，性狠戾而叛服不常。近南宁盗谭布刑、宾州盗黄郎观等肆掠其民，已遣兵讨之。然府卫之兵远在靖江数百里外，卒有警急，难相为援。乞于南宁、柳州立卫镇之。庶几苗獠有所惮而不敢窃发于其间，其民有所恃以安其生而无奔窜失业之患。其二曰：庆远，故府也，今为南丹军民安抚司，虽统地十有七州，然其地皆深山广野，其民多安抚同知莫天护之族。天护素庸弱不能御众，而宗族强者动肆跋扈，至于杀河池县丞盖让，与诸蛮相煽为乱。此岂可姑息以贻祸将来？乞罢安抚司而复设庆远府，置军卫以守其地。庶几其民知有府之治而不敢自恣，诸蛮知有兵之重而不敢为乱。此久安之道也。其三曰：广海之俗犷戾，动相仇杀。……乞令广西边境郡县长官辑民兵之壮丁者置衣甲器械，籍之于有司，有警用于捕贼，无事则俾之务农。如此，非惟郡县无养兵之费，而民实赖之以安也。"奏至，诏俱从之。随设南宁、柳州二卫，益兵守御；改庆远安抚司为庆远府，命莫天护赴京。

来源：（明）明廷官修．明太祖实录（卷五〇）[M]. 北京：国立北平图书馆红格钞本，第 981-983 页．

附文 2

《柳州东亭记》

作者：柳宗元

出州南谯门，左行二十六步，有弃地在道南。南值江，西际垂杨传置，东曰东馆。其内草木猥奥，有崖谷，倾亚缺圮。豕得以为囿，蛇得以为薮，人莫能居。

至是始命披剃蠲疏，树以竹箭松柽桂桧柏杉。易为堂亭，峭为杠梁。下上徊翔，前出两翼。凭空拒江，江化为湖。众山横环，嶛阔瀴湾。当邑居之剧，而忘乎人间，斯亦奇矣。乃取馆之北宇，右辟之以为夕室；取传置之东宇，左辟之以为朝室；又北辟之以为阴室；作屋于北墉下以为阳室；作斯亭于中以为中室。朝室以夕居之，夕室以朝居之，中室日中而居之，阴室以违温风焉，阳室以违凄风焉。若无寒暑也，则朝夕复其号。

既成，作石于中室，书以告后之人，庶勿坏。元和十二年九月某日，柳宗元记。

来源：（唐）柳宗元．柳宗元全集・记（卷二十九）[M]. 上海：上海古籍出版社，1997，10：239-240.

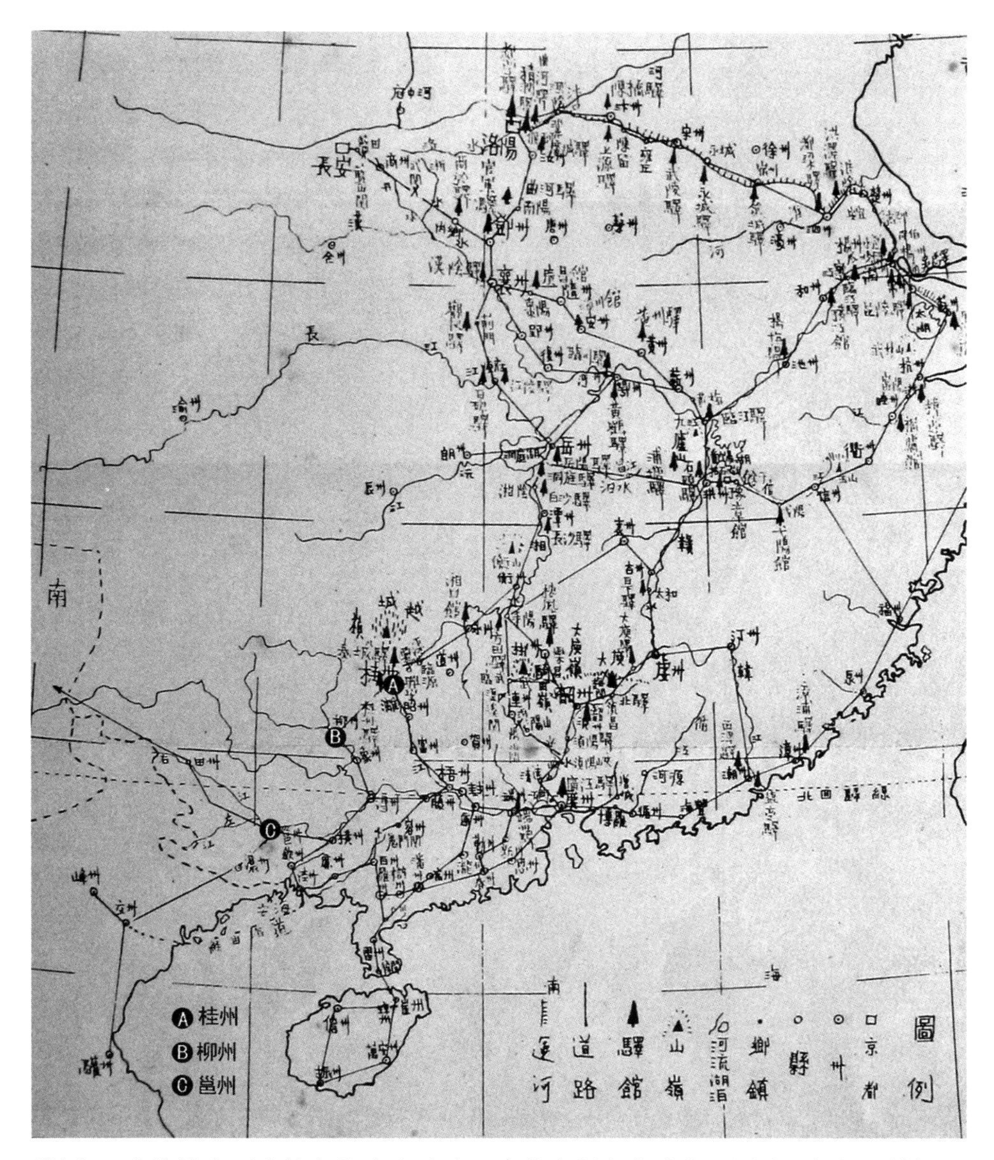

附图1　唐代岭南西道的南北陆路[取自“唐代广州之内陆交通图（局部）”并标识]

（资料来源：曾一民．唐代广州之内陆交通 [M]. 台中：国彰出版社，1987，4：附图 5）

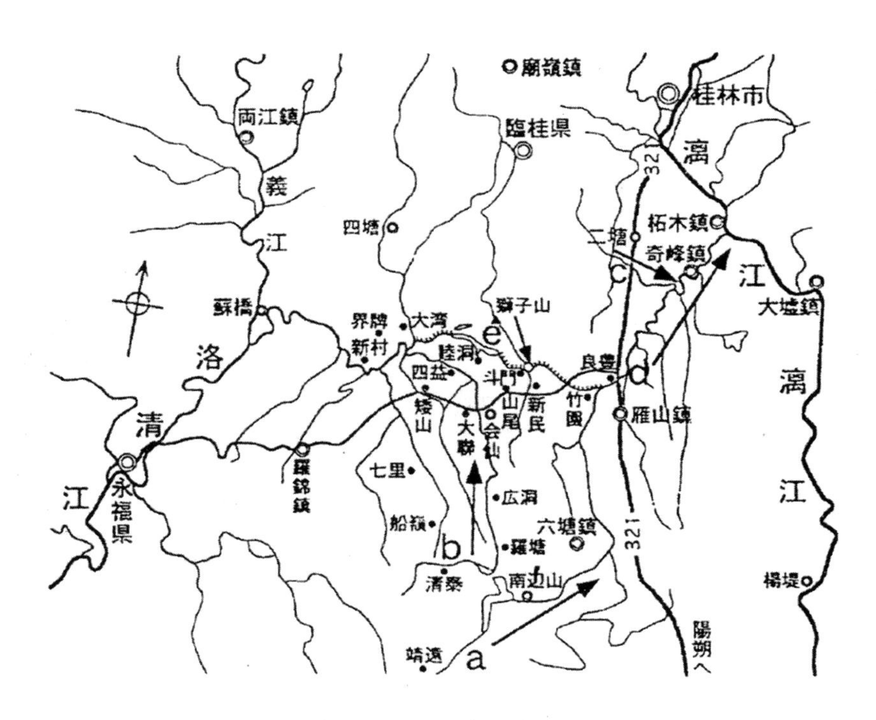

附图2　相思埭的水系

（资料来源：（日）卢崎哲彦．唐代古桂柳运河“相思埭”水系的实地勘访与新编地方志的记载校正［J］．莫道才译，廖国一校．广西地方志，2000（4）：50）

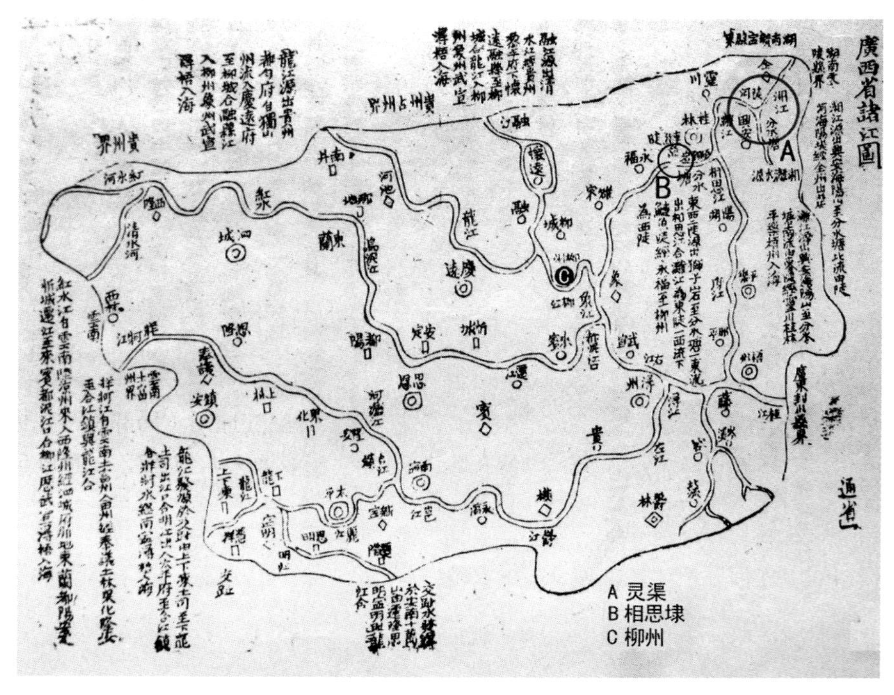

附图3　柳州、相思埭及灵渠在“广西诸江图”中的位置

（资料来源：根据“广西诸江图”标识，“广西诸江图”来源：黄成助．广西通志辑要［Z］．台北市：成文出版社，1967，12:2）

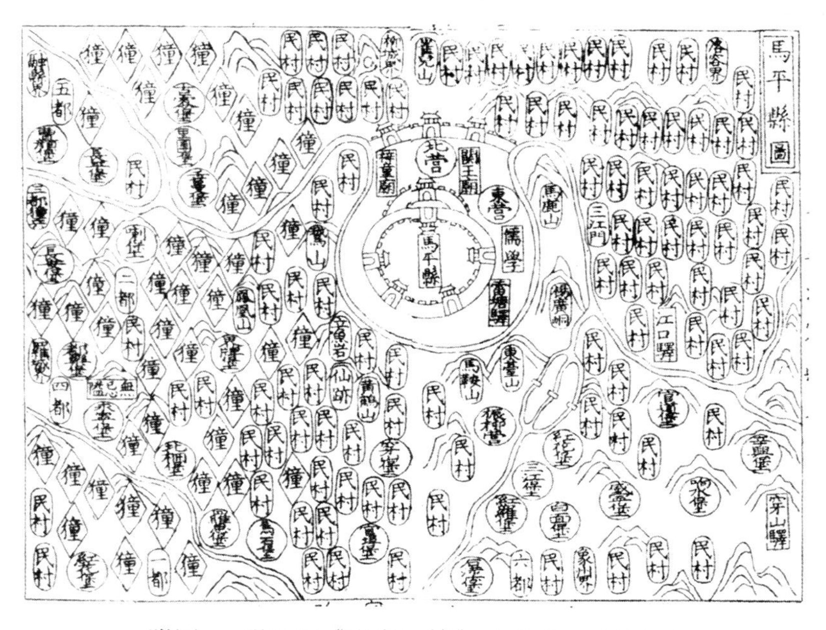

附图4　明万历《殿粤要纂》里的“马平县图”

（资料来源：（明）杨芳，詹景凤纂修．殿粤要纂[DB/OL].“高等学校中英文图书数字化国际合作计划”网站：www.cadal.zju.edu.cn/book/02037703，第83/148页）

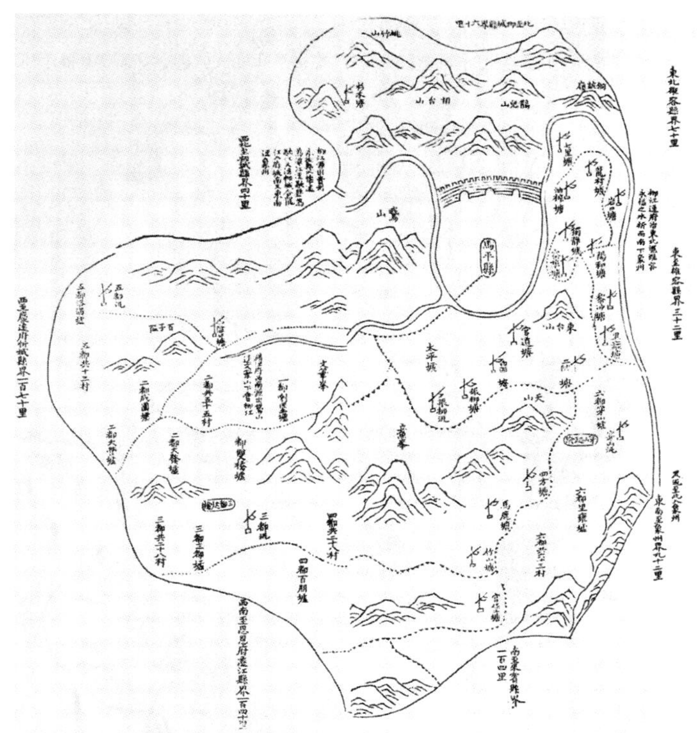

附图5　清同治《广西全省地舆图说》之柳州府马平县图

（资料来源：柳州市城市建设志编纂委员会．柳州历史地图集[Z].南宁：广西美术出版社，2006，10：50）

附图6　柳州市街图（1950年）

（资料来源：柳州市图书馆地方文献部藏图）

附图7 民国38年（1949年）柳州市区图

（资料来源：柳州市图书馆地方文献部藏图）

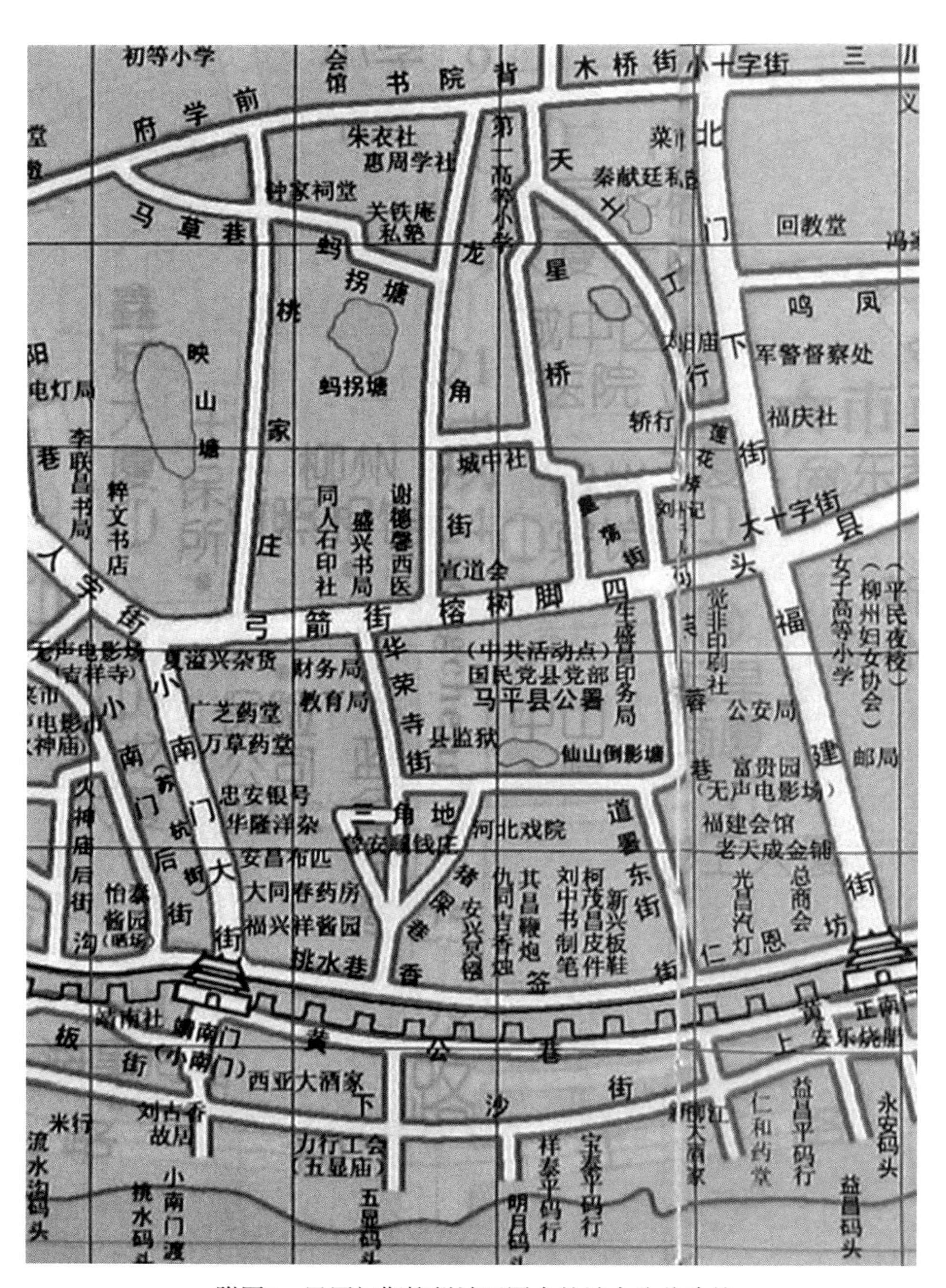

附图8　民国初期柳州城区图中的城中公共建筑

（资料来源：柳州市城市建设志编纂委员会.柳州历史地图集[Z].南宁：广西美术出版社，2006，10：184-185[局部]）

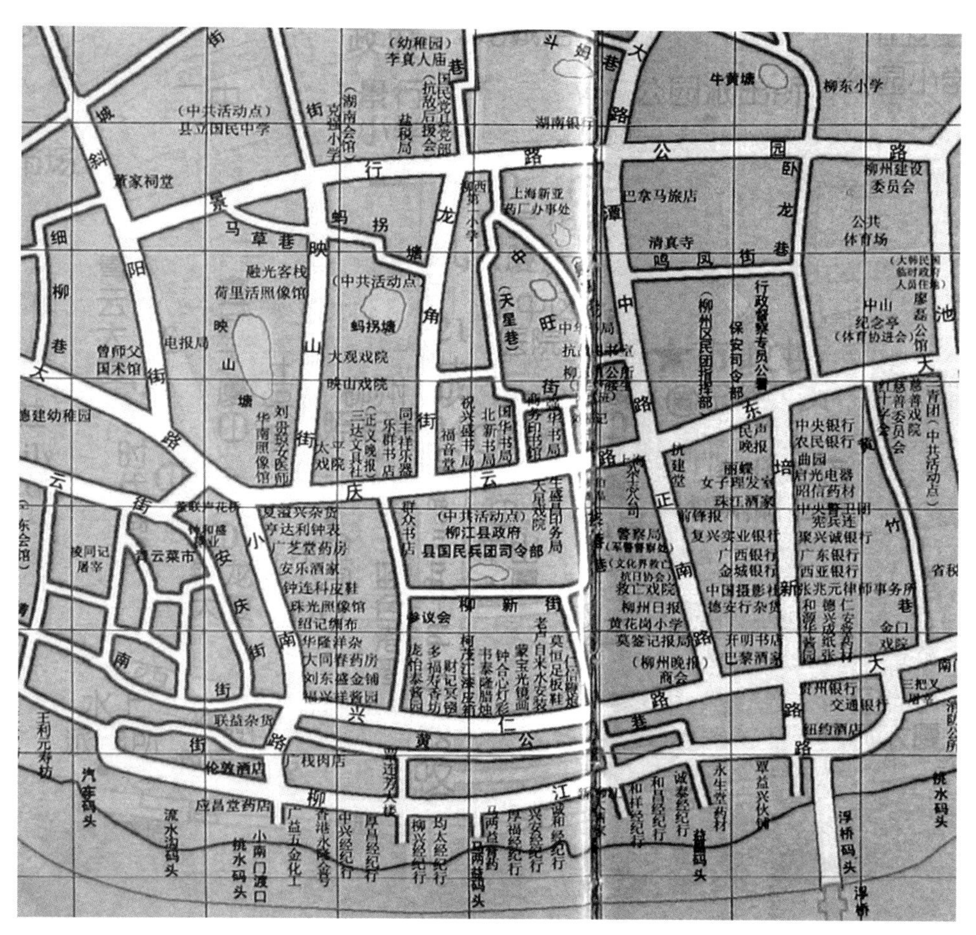

附图9　抗战期间柳州城中部的公共建筑

（资料来源：柳州市城市建设志编纂委员会 . 柳州历史地图集 [Z]. 南宁：广西美术出版社，2006，10：185-187[局部]）

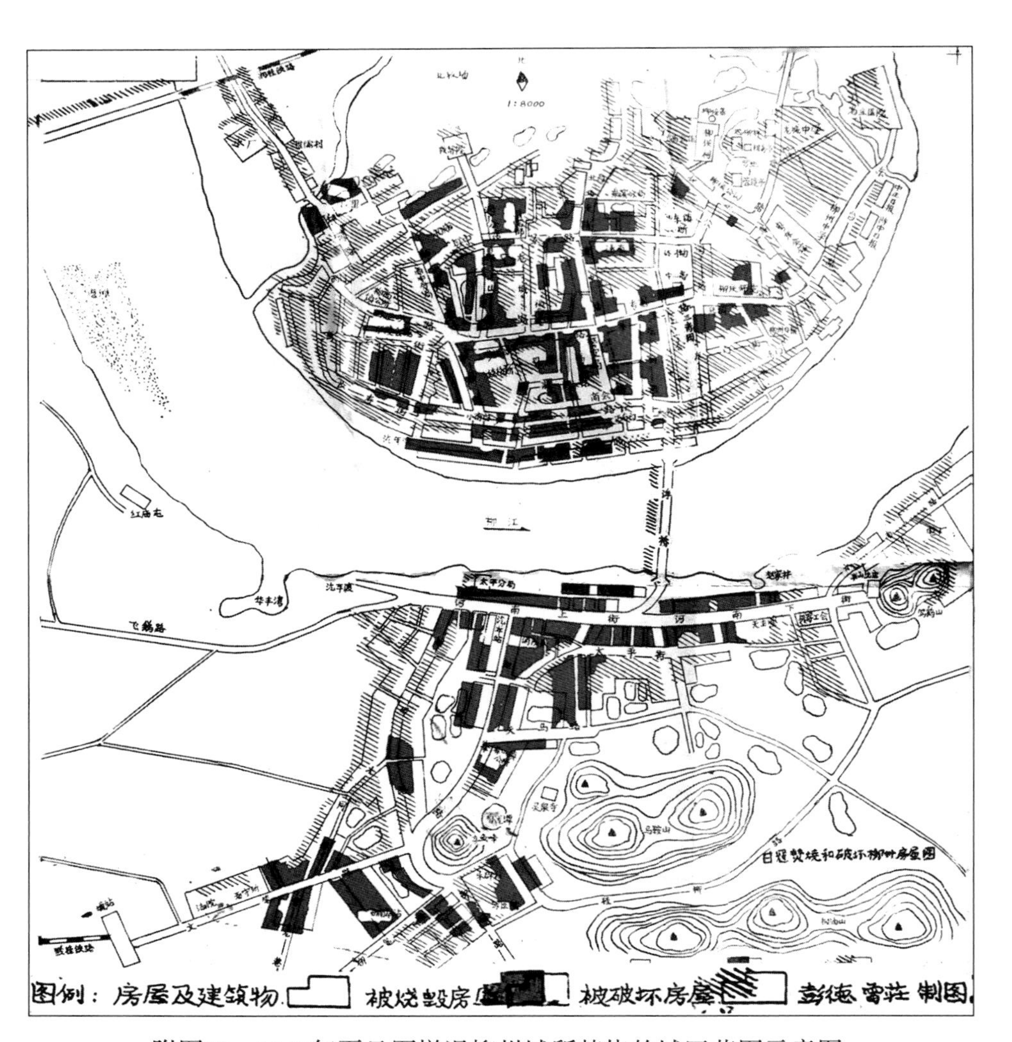

附图10　1945年夏日军撤退柳州城所焚烧的城区范围示意图

（资料来源：彭德．柳州市被日寇焚烧图说 [Z]// 政协柳州市柳北区委员会．柳州文史资料（第五辑）[Z]. 柳州：柳州文史资料内部刊物，1990：141-144 附图）

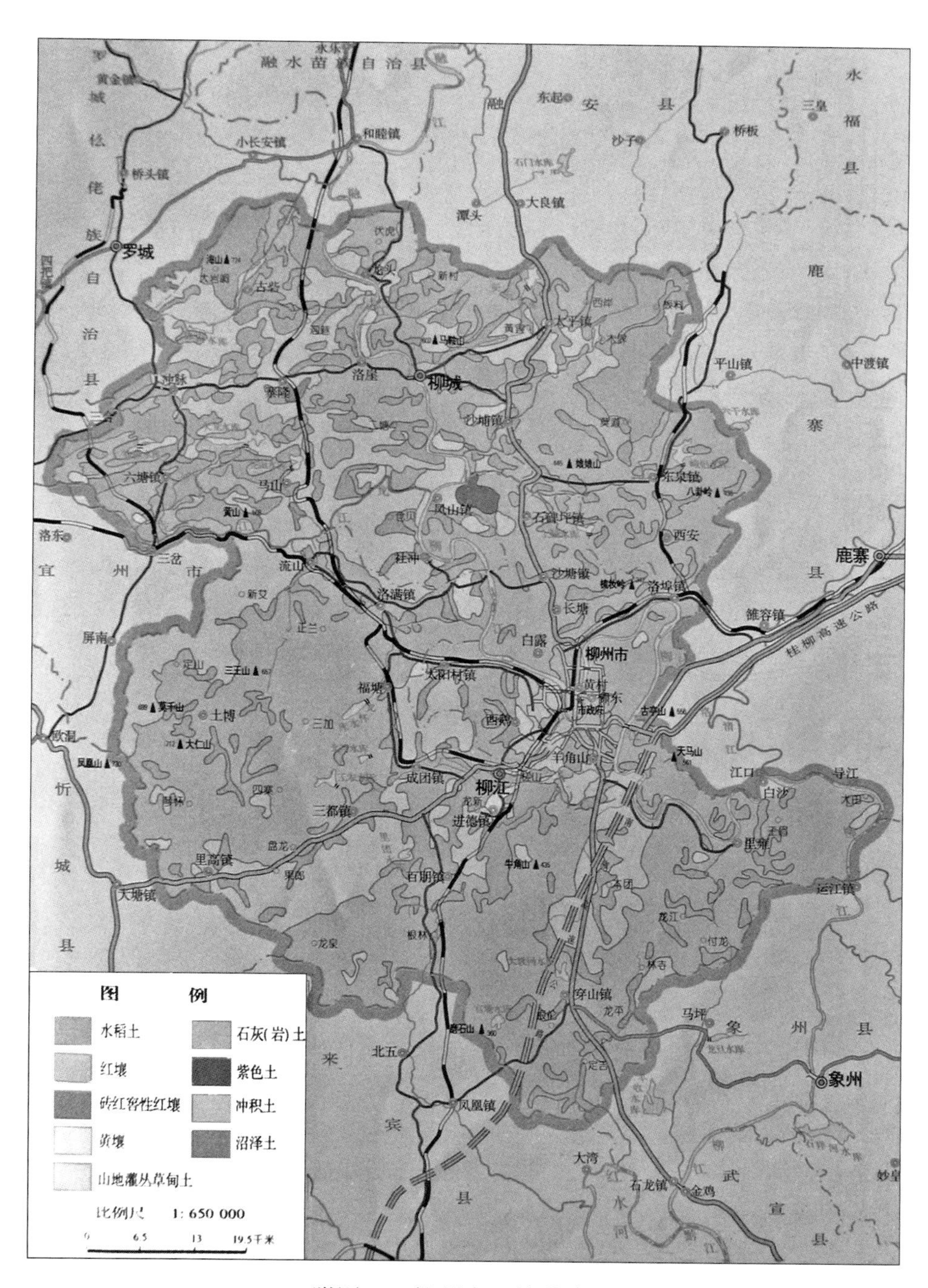

附图11 柳州市土壤分布图

（资料来源：柳州市地方志编纂委员会．柳州市志（第一卷）[Z] 南宁：广西人民出版社，1998，8：彩图页）

附图12　传统马平县西南隅的柳州平原——百朋根林

（资料来源：柳州市文化局）

附图13　传统马平县西南隅的柳州平原——成团

（资料来源：柳州市文化局）

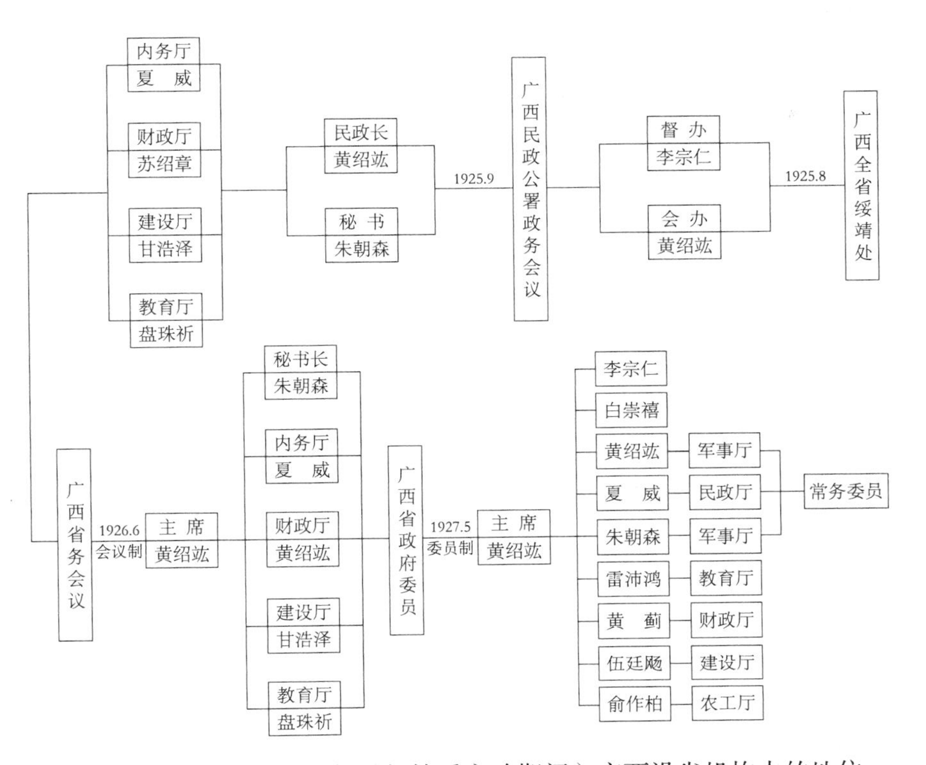

附图14 伍廷飏在1926年（新桂系主政期间）广西设省机构中的地位

（资料来源：李季.广西近代城市规划历史研究——以南宁、柳州、梧州、北海为中心[D].武汉：武汉理工大学硕士学位论文，2009，5：17）

附图15 抗日战争时期领取救济的柳州难民

注：客居于柳州的各地难民在广西善后救济总署（即柳州乐群社处）领取返乡费乘车离柳，照片中隐约可见经过立鱼峰下的轻便铁路。

（资料来源：http://dzh.mop.com/topic/readSub_5833423_12_0.html）

附图16　民国时期柑香亭

（资料来源：2007 年 2 月柳州乐群社展板图片）

附图17　民国时期柳侯公园 音乐亭

（资料来源：2007 年 2 月柳州乐群社展板图片）

(*a*)　(*b*)

(*c*)　(*d*)

附图18　清代马平县客家宗祠照片

（*a*）帽合村所好屯潘姓客家宗祠；（*b*）潘家宗祠碉楼；

（*c*）塘头村谭家（壮族）宗祠；（*d*）凉水屯刘家大院碉楼

（资料来源：柳州市地方志编纂委员会办公室．柳州宗祠 [M]. 南宁：广西人民出版社，2007，12：29–42）

附图19　民国时期罗池路上残存的清代岭南建筑风格的民居
（资料来源：柳州乐群社 2007 年 2 月展板图片）

附图20　抗战时期的庆云路（今中山中路）
（资料来源：柳州乐群社 2007 年 2 月展板资料图片）

附图21　民国时期柳州城（城西北望向南半城）

（资料来源：柳州市地方志编纂委员会办公室 . 飞虎队柳州旧影集 [M]. 昆明：云南民族出版社，2005，7：174）

后 记

从人文地理的层面讨论广西四大城市（桂柳邕梧）的城市史，一个清晰的文化锋面会浮现在古粤西的历史版图。文化锋面是一种历史现象，它在空间上由文化核心不断往边缘推移而形成，其发展规律在地域上具有一定的普遍性，并启动、引发建筑学意义的城市形态发展。将柳州作为当中个案进行剖析，是获取相关规律的一个路径和尝试，因而这一书稿的出版，或是学界在西南区域内探索这个规律的开端。

本选题的研究和出版面世，受益于前辈学者和国家科研基金的扶持。感谢吴庆洲教授，他对课题研究和书稿出版给予了大力支持。感谢田银生教授在论题之初以及不同阶段给予的启示、批评和建议。由于天资愚钝，笔者对课题的思考前后跨越十几年，幸得国家自然科学基金和华南理工大学亚热带建筑科学国家重点实验室开放基金的资助,得以延续和深入。期间，华南理工大学亚热带建筑科学国家重点实验室主任肖大威教授对课题研究也提出中肯、精辟的意见。

林哲博士对桂林的研究成果和见解促进和发展了柳州的论题。感谢柳州市图书馆地方文献部、柳州市地方文博领域的每一位耕耘者，尤其是具有深厚地方文献管理经验的郭丽娟老师，在长达几年的时间内，她不厌其烦地帮助我搜寻大量资料，并帮助将书稿的若干引用材料做了最后的确认。在此向他们表达我的敬意与谢意！也感谢柳州市博物馆馆长刘文先生与柳州地方文史专家戴义开先生的不吝赐教。

王丹师妹热情提供《四库全书》的学术情报。此外，巫丛老师在书稿编辑、排版与初校等琐碎环节做了大量细致的工作。感谢梁勉、洪涛伉俪，在笔者调研时提供各方面帮助。感谢我柳州一中的班主任韦碧碧老师、原敏老师以及同学们曾经给予的扶助，没有柳州一中就不可能开始这书稿的研究和写作。感谢一直鼎力支持我求学的阿姨、姨父、哥哥、嫂嫂！

生于斯长于斯的柳州市民，无不获益于这钟灵毓秀的城市空间和景观风貌。而未来柳州能否客观合理地利用和享受自己的城市资源，还在于能否掌握地域城市的历史规律和特点，以及相关的营建经验。因此，在地方城市实现生态、和谐的永续发展之前，从大尺度城市史到微观尺度城市景观空间的研究与探索，仍会是“筚路蓝缕，以启山林”。

2017 年 10 月 31 日于林海山庄